數位憑證技術與應用

Digital Certificate Technologies and Applications

林祝興・黃志雄　編著

▣作者序

近年來，網路電子商務已成為民眾生活的一部分，「資訊安全」是電子商務成功的關鍵，而「數位憑證」技術是普遍應用於資訊安全的重要支柱。數位憑證是在網際網路中達成身分驗證、資料保密、資料完整性、不可否認性等資訊安全需求，不可或缺的基礎。作者有鑒於坊間有關資訊安全技術方面的書籍，比較缺少從數位憑證、公開金鑰基礎架構等方向著墨，因此不揣淺陋，整理一些相關教材資料，而形成本書出版。

本書除了介紹資訊安全、應用密碼學、編碼解碼、破解密碼、數位憑證應用、智慧卡等知識；也著重於加密、解密、簽章、驗章與公開金鑰基礎架構的實務技術。

本書使用開放原始碼如 OpenSSL 等做實務操作，書中並逐步引導讀者實際作業的過程，從下載、安裝、建立 CA、產生金鑰、簽發憑證、以及憑證的各種應用，都有詳細的介紹。

本書第二版係將第一版「資訊安全實務：數位憑證技術與應用」全面更新內容，並增加新章節。第二版全書內容共計有十五章，包含：資訊安全簡介、基礎應用密碼學、公開金鑰基礎建設、數位憑證、Base64 編碼解碼、使用 John the Ripple 破解密碼、使用 OpenSSL 建立憑證中心、PHP 與 OpenSSL 應用、在 Windows 平台建置 PKI、安裝伺服器憑證、個人憑證應用、智慧卡安全與應用、智慧卡與憑證實務、自然人憑證、以及 PGP 之應用等。

本書可以作為大學院校、技專學院，資電學院、資訊學院、理工學院等，各種科系開授「數位憑證應用」、「公開金鑰基礎架構」等課程的教科書，其內容足夠一學期的教材。建議修課同學必須具有 C 語言撰寫能力，本課程以 PHP 及 C#語言實作應用，此兩種語言皆與 C 語言類似。熟悉 PHP 及 C#者能更快上手。

本書編者才疏學淺，編排內容雖力求完美，但謬誤之處在所難免，尚祈海內外專家、學者不吝給予指教。本書之編輯整理，要感謝全華圖書公司同仁、東海大學資工系資訊安全實驗室同學，由於他們的協助才能順利完成。

林祝興、黃志雄 謹識

回程式範例下載說明

　　本書第 8、13、14 章，介紹數位憑證之相關技術操作，為節省讀者繕打的時間，我們將這些範例程式以壓縮檔，放在以下 GitHub 連結：

https://github.com/chuhsinglin/digital-certificate-examples

　　檔名為：範例程式碼.rar

　　當您在閱讀本書時，看到如：「程式範例 ch8-7.php」，便可以開啓 ch8 目錄下的 ch8-7.php。

　　另外請您注意，程式中將可能使用到金鑰檔或憑證檔，這些檔案並不會包含在這個 .rar 壓縮檔中，這些是您必須事先依本書的操作步驟來產生的；因此，只要依本書的順序來閱讀，就能順利學會各項操作。

⊡目錄

CHAPTER 05　Base64 編碼與解碼

CHAPTER 06　使用 John the Ripper

CHAPTER 07　使用 OpenSSL 建立憑證中心

CHAPTER **15** PGP 應用

附錄 **A** 物件識別元（**OID**）

附錄 **B** **SSH** 遠端連線工具

附錄 **C** 辨識名稱（**Distinguished Name**）

CHAPTER 01

資訊安全簡介

本章針對資訊安全基礎做簡介，並且對本書內容做概括性的介紹，其內容包含：

隨著網際網路（Internet）連線速度不斷提升，全球網路使用人口全面普及化。根據中華民國國家發展委員會《2017 年數位機會調查報告》結果顯示，我國民眾上網率為 82.3%，換算為人數，網路族約 1,738 萬人。因此，多樣式的網路服務陸續推廣著，民眾只需在電腦前，透過簡易的操作，就能快速地完成其所需要的服務。諸如個人綜合所得稅結算申報、費用繳納、戶政及地政事務辦理等，皆能在家完成辦理，不必請假親臨櫃檯等候，使民眾能「少用馬路，多用網路」。

　　若您前往各服務機構辦理各項事務，櫃檯人員必先確認您的身分是否為本人，才能繼續為您服務。因此，您必須出示您的身分證明（如個人身分證或駕駛執照等），並由櫃檯人員核對證件上的照片與您本人正確無誤後，才為您辦理各項服務，以防止冒充身分的事件發生。然而，應用於網際網路中的服務，該如何才能辨識使用者的身分，以防止他人企圖以您的身分存取您的私密資料呢？

　　數位憑證（Digital Certificate）便是您在網路中的身分證，透過嚴密演算法計算出的金鑰，複製一張數位憑證在現今電腦設備中幾乎是不可能的事。

　　時下全球企業紛紛將商店推向網際網路，使民眾能線上付款購買商品或服務，而民眾所輸入的帳號、密碼，或極為重要的信用卡卡號、以及有效年月等，若被有心人士在網路中竊聽，將造成個人的私密資料曝光或財產損失。因此，使用公開金鑰基礎架構（PKI，Public Key Infrastructure）能將傳輸中的資料加密，攻擊者將無法直接取得明文訊息，以達到保密效果。另外，民眾也擔心付款對象是否為他人所偽裝假冒，例如，攻擊者架設網站 www.amazons.com 與 www.amazon.com 內容一模一樣，民眾就有可能會登入假冒的 Amazon 網站進行消費，並付款給攻擊者。因此，在伺服端使用數位憑證，則可證明網站並非偽裝的網站，以增加消費者對網站的信任。

　　本章主要講述有關資訊安全中，最根本之資通安全領域的基礎知識，將會論及資訊領域的環境與演化，並且提及幾項主要主軸議題。這些議題包含有：資訊安全的原則、威脅、以及網路商務安全概念。並針對各項議題提供簡單清晰的基礎概念，提供予初學者的入門知識。

1.1 網際網路

電腦的發明是資訊革命中一項重要的代表,它於 1950 年左右問世,讓人類得以在「資訊儲存」、「資訊傳遞」、「資訊處理」等各方面有了劃時代的進步。20 世紀早期,電腦的角色單純僅是用於科學計算、軍事用途、或大型企業資料處理。人性化、便利化的技術與設備隨著時間日新月異,使得資訊科技普遍進入人類生活各層面,正式開啓資訊生活的序幕。

其中,最具規模的發展就是網際網路(Internet),最早是在 1969 年美國軍方設立 ARPANET 實驗網路,將分散在三個洲十多處的研究單位的電腦連結起來。1974 年發展 TCP/IP,成為 ARPANET 上的標準通訊協定;1988 年將 NSF 建立的 NSFNET 當成網際網路的新骨幹;1990 年以前,在 Internet 上的電腦少於 30 萬台,但在 2002 年已經超過了 1 億 5 千萬台電腦。而根據 Cisco 估計,在 2012 年就有 8.7 billion(10^9)台裝置連接到 Internet。

至今,Internet 上的電腦數量已不可勝數,網際網路已經成為人們生活的核心。我們隨時可以連線到下列網站,知道 Internet 上使用者人數的即時狀況。例如,在 2018/07/21/pm 04:18 查詢的結果:有 3,974,461,171 Internet users in the world。(資料來源:http://www.internetlivestats.com/internet-users/)

網際網路特性:

1. 提供不同網路連線的解決方案、協定。
2. 連上網路便可與網路社群(Community)溝通。
3. 身處不同網路,也可以進行點對點連線。
4. 提供一致性服務(通聯、搜尋、計算、存取等等)。

除了網際網路之外,值得介紹的是全球資訊網(WWW,World Wide Web)。1989 年,當時年約 35 歲的牛津大學物理學家伯納斯李(Tim Berners-Lee)於歐洲粒子物理研究中心工作期間,為了使散居各地的人們可以共同研究大型問題,提出了:

1. 超文本標記語言(HTML,HyperText Markup Language):定義超文本檔案的結構和格式。記載於 RFC 1866。
2. 超文本傳輸協定(HTTP,HyperText Transfer Protocol):規定瀏覽器和伺服器怎樣互相交流。記載於 RFC 2068、RFC 2616。

3. 超文本定址器（通用資源定址器，URL，Uniform Resource Locator）訂定網路資源獨一無二的資源位址，並透過適當方式取得該項資源的通用工具。記載於 RFC 1738。

到了 1991 年夏天，他發佈此三項技術，創造出全球共用的資訊空間，稱為「全球資訊網」（WWW）。

1.2 資訊安全威脅

資訊安全的範疇包含很廣，如硬體安全、軟體安全、網路安全等。資訊面臨著各種潛在的威脅，如表 1.1 所示，分為天然或人為（蓄意或無意）、主動或被動、實體或邏輯；而對各項資料安全威脅而言，人員操作疏失及故意誤用，是最大的威脅。

表 1.1 各種潛在的資訊安全威脅

資訊安全的威脅	惡意範例	非人為、非惡意範例
硬體破壞	竊盜、搗毀	自然災害、儲存媒體損毀
資料破壞	資料竄改、資料增刪、更動系統資料	工程師技術不足、非故意、疏忽遺漏
資料外洩	資料複製、網路截取、詐騙	不小心
網路入侵	竊取資料、破壞、將受侵入電腦作為犯罪工具	密碼管理不當、參數設定不正確

以下將介紹蓄意、無意、主動、被動等各種威脅的介紹：

1. **蓄意**：駭客企圖破解資訊系統之安全。例如，竊取重要資料、直接或間接造成金錢的損失。

2. **無意**：系統管理不良或系統管理員的疏忽，導致系統出現安全上的漏洞。例如，架設電子商務網站時，網頁檔案讀寫權設定不當，如果系統管理員不小心把目錄或檔案的權限開放成所有人都可以讀寫，那麼此網站容易被入侵。

3. **主動攻擊**：利用大量封包傳送，癱瘓受害者的電腦、伺服器；或是竄改傳送中的封包資料；或是傳送假的訊息給另一具有利益關係的受害者，造成其財務上或精神上的損失。

4. **被動攻擊**：在傳輸過程中，竊取資訊或是在他人的電腦中植入木馬程式，取得電腦中的資源或機密文件，且不讓傳輸者或使用者發覺它的存在。

蓄意的威脅有許多例子。如：2003 年 8 月，W32 / Blaster 蠕蟲採取分散式阻斷服務（DDoS，Distributed Denial-of-Service）攻擊感染，影響範圍遍及日本、美國、加拿大、南韓、中國及台灣等，釀成嚴重災情。同時，快速變種為 W32 / Blaster.A、W32 / Blaster.B、W32 / Blaster.C、W32 / Blaster.D 等，餘害仍未完全消除。這些變種以及曾被列為十大電子郵件蠕蟲之一的 Sobig 變種，又隨著肆虐作怪。

非蓄意的威脅，如戴爾電腦台灣官網在 2009 年時，網路商店有兩次標價錯誤：19 吋與 20 吋液晶螢幕皆非常離譜地將價格標成超低價，吸引大量網友搶購。事後，戴爾並未出貨，而是以折扣來當作補救措施；然而，已經造成企業的負面形象。在 2010 年時，蘋果台灣線上教育商店將原價近 3.5 萬的電腦標成不到 2 萬元，也立刻引發網友搶購。最後，雖然同意出貨，但限制每個人只能購買一台，同樣地造成企業形象的負面影響。

綜合以上的敘述可以發現，「安全」是非常重要的議題；要提升「安全」，必須了解風險和採取各種方案，包含技術層面以及管理層面，並且訂定安全政策和執行各種安全計畫。優良的安全技術只是「必要條件」，所有技術方案都必須配合良好的管理，才能發揮技術應有的功能。

1.3　資訊安全基本原則

在這個資訊與網路的時代，資訊已經成為重要的財富，資訊安全也日益重要。根據 ISO 27001 資訊安全管理制度（ISMS，Information Security Management System）的精神，資訊安全的三項基本原則是機密性（Confidentiality）、完整性（Integrity）、與可用性（Availability）。這三項基本原則也稱為資訊安全三原則，簡稱 CIA 三原則。然而，為因應更多資訊應用上的安全需求，除此三項之外，還有其他重要原則必須考量，例如：不可否認性、驗證性、授權性、可歸責性等。

我們針對資訊安全三原則，做簡要說明：

1. **機密性**：機密性是要確保資訊，以免資訊和資源暴露於無權限的人員或程式，而危害到資訊安全。機密性即是要維護資訊在傳輸、儲存與處理時，不被非授權人員存取、使用或竄改。因為有一些攻擊手法，就是要破壞資訊的機密性。例如：攔截網路封包、偷取密碼檔案、使用監視軟體、掃描網路等，都是要破壞機密性之攻擊手法。如果在公眾網路上傳輸重要的資訊，一定要採用加密方法，否則資訊將暴露在危險中，被駭客或攻擊者所擷取，造成危害。

現行有許多方法可以確保資訊的機密性，以對抗這些可能的威脅。例如，採用資料加密軟硬體技術、嚴格限制存取控制、使用認證程序、將資料做安全分類等。更重要的是必須對員工做資訊安全教育訓練。

2. **完整性**：完整性是要求唯有具備權限的人能夠修改資訊內容，讓資訊維持它本來的面貌。資訊經過時間與空間改變，其內容要能保持一致。例如，資料透過網路傳輸，傳輸前、傳輸中與接收到的資料需要保持一致而且是可以驗證的。有一些事件可能讓資訊失去其完整性，例如，因疏忽而刪除檔案、輸入不正確的資料、下達錯誤的指令、受到病毒感染等。必須採取一些安全對策，以確保資訊完整性。例如，為了避免錯誤刪除檔案，而採用驗證程序或存取控制，以減少意外的發生。要避免輸入錯誤的資料，可使用資料查驗程式，將錯誤的資料過濾掉。

3. **可用性**：可用性是要保證系統能夠持續正常的提供服務。對於合法使用者的要求，例如，電子郵件、應用系統等，都可在適當的時間內回應，完成所需的服務。可用性必須要與前述的兩項安全原則——機密性與完整性配合，並整體考量，以符合資訊安全的目標。

機密性、完整性以及可用性，這三項原則必須整體考量，才可能達到既定的安全目標。例如，如果只考量機密性而不考慮應用環境的實際需求，對資訊做過度的加密，或是使用過度耗時的加密方法，可能會影響系統回覆時間，而使系統無法得到適切的可用性。

1.4 電子商務安全

網際網路是一個開放的環境，在網路商務的交易過程中，買賣雙方並無面對面，而只是透過網路來連結，如果無法建立安全與信賴的關係，則交易的雙方都面臨金錢與精神上的威脅。舉例來說，這些安全的威脅可能包含：

對於買方消費者而言，他會擔心：

1. 遇到假冒的商家，騙取買方的資料與金錢。
2. 雖然付款已經完成，但無法取得貨品或收到瑕疵品。
3. 買方商家將自己的資料外洩，或遭到商家濫用隱私資訊。
4. 遭到歹徒透過網路監聽竊取資料，對買方進行詐騙。

當買方消費者的資料外洩或被竊取，歹徒常利用 ATM 轉帳來詐騙財物。在買方轉帳以後，謊稱沒有收到貨款，或買方帳號已被凍結，導致轉帳失敗，誘使買方重複轉帳。歹徒也會利用轉帳失敗，讓買方因著急而亂了手腳，然後提供「金融中心」的電話，該金融中心電話也是詐騙電話，歹徒假裝是行員，指示買方到 ATM 前依步驟進行操作。歹徒並以確認身分或確認帳戶為由，要求買方輸入身分證號碼、或當天日期等數字，以便透過 ATM 轉帳，從買方帳戶轉到歹徒的人頭帳戶。

對於賣方商家而言，也可能會擔心：

1. 資訊系統的安全遭到入侵或破壞。
2. 歹徒假冒是買方消費者，對網路商務進行擾亂、影響系統的資訊安全原則。
3. 買方消費者對於賣方商家網站信賴度低，覺得可靠性低。
4. 網路商務應用系統或是作業系統，程式系統設計有瑕疵或漏洞，因而被入侵，影響網路商務正常運作。
5. 資料庫遭到駭客入侵，盜取公司或消費者的重要資訊。

近來，客戶資料被盜用的事件時有所聞，通常會引起重大的商譽損失與財物損失。例如，某電子商場的伺服器管理員，與銀行信用卡承辦人熟識，因信用卡業務有業績的壓力，該員便利用職務之便，盜用公司客戶資料庫，申請了 50 張信用卡，交付給信用卡承辦人。因銀行審查嚴格，該員原本認為申請通過的機會不高，但卻因信用卡承辦人的協助，意外得到許可發卡。該員非常得意並開始瘋狂刷卡，短短數個月，刷卡數百萬元，最終因為詐騙而被判徒刑。

近年來，網路商務安全逐漸受到各界的重視，要達到整體的安全，必須兼顧到幾項安全需求，除了資訊安全的三原則：機密性、完整性與可用性之外，還需要具備驗證性與不可否認性。

❖ **驗證性**（Authentication）：包含使用者驗證（User Authentication）與訊息驗證（Message Authentication）。使用者驗證是要能夠驗明系統使用者的身分，以保障合法使用者權益，並避免非法者或無授權者的登入與使用。訊息驗證則是要驗明訊息傳送者是否與宣告的一致，並避免訊息遭到竄改。

❖ **不可否認性**（Non-repudiation）是要確保消費者與商家，在交易完成後都無法否認自己已經訂購或已經確認之交易行為。透過網路商務系統，因為買方或賣方無法以實體方式簽名，在法律上要證明由消費者或商家所發出，在舉證上比較困難，因此，需要使用電子簽章技術以取代傳統簽名。除了技術的開發之外，為使電子簽章具有法律效力，必須制定電子簽章法，透過法律的協助以解決此問題。目前世界各國都已制訂了電子簽章相關的法令。

對於網路商務整體的安全防護，必須要兼顧三個層面：管理面、技術面與實體面，並遵守相關的規範，或採用相關技術。

1. 管理面：需要落實資訊安全管理機制，並依照相關標準實施資訊安全管理。例如，遵守 ISO 27001 資訊安全管理規範，並通過相關認證。

2. 技術面：隨著技術演進，採用或更新資訊安全軟硬體設施，包含安裝防火牆、防毒軟體、E-mail 過濾軟體、入侵偵測系統、滲透測試、數位簽章、身分識別、SSL 加密連線等網路商務防護技術。

3. 實體面：隨時檢測實體建築以及實體設施之安全防護，如建築物材料選擇、隔間配置、機房位置選擇、警衛、照明、網路設備、防火防災支援設備等。

針對網路連線的安全而言，SSL（Socket Secure Layer）是常用的網路安全協定標準。對於 Client-Server 架構，在客戶端與伺服器之間建立起安全的連線，使傳輸資料受到加密的保護，避免消費者輸入的信用卡號碼與客戶資料在網路傳輸時遭到竊取。透過 SSL 保護的連線，在瀏覽網頁時是使用安全超連結「https://」，而不是一般的「http://」。

使用 SSL 安全協定，商家之網站需要事先取得合法數位憑證；當消費者連線到伺服器時，會檢查網站的數位憑證正確性，其中查核的項目包含：

1. 數位憑證是否是由可信賴的憑證機構所簽發的；

2. 數位憑證是否在有效期限之內；

3. 數位憑證所登錄的名稱與消費者所檢視的網頁名稱，是否一致相符。

如果其中有一項不正確，連線時便會出現安全性警告視窗，消費者可以從視窗中檢視網站數位憑證的狀況，決定是否要繼續進行消費，以確保自己的權益。

使用 SSL 安全連線時，從 IE（Internet Explorer）瀏覽器可看到一個鎖頭鎖上的狀態。後面的章節將有更詳細的介紹與說明。

1.5　資訊安全防範對策與技術

　　資訊安全的防範對策需要從管理層面、技術層面與實體層面全面實施。但對於個人或企業，簡而言之，需要從四人防護目標做起，那就是：防毒、防駭、防災與防竊。

1. 防毒：電腦病毒的危害無所不在，最基本的是需要隨時更新系統程式或安裝修補（patch）程式，並定期更新病毒碼，以阻擋病毒之入侵。

2. 防駭：網路使用普及，資料交換頻繁，駭客隨時可找到機會入侵電腦，竊取重要的資訊。例如，個人密碼、信用卡號碼、銀行帳號、營運資料、系統設定資訊等，需要使用完整的驗證機制或防護措施，以降低駭客入侵的機會。

3. 防災：災害會使得系統無法運作，造成重大損失。例如，硬碟無法讀取、系統失效、軟體無法啟動等問題，需要具備充分的備援系統，當遇到災害時，可回復系統與資料。

4. 防竊：資訊交換普及，若系統防護措施不足，將使資料容易遭受竊取。需要加強存取控制或資料加密等措施，以防止遭竊。

　　以下介紹一些資訊安全相關的技術。

1.5.1　有加密的連線（Secure HTTP，https）

　　透過已存在於個人電腦中的憑證與伺服器進行具驗證功能的連線，讓資料經過加密後再傳輸至伺服器。

　　我們經常在使用電子商務系統或網路 ATM 時，都會發現 https 連線，如圖 1.1：

圖 1.1　玉山銀行 WebATM

1.5.2 資料編碼（Data Encoding）

編碼的目的與加密不同，加密是爲了確保資料保密性，編碼並非爲了確保資料之隱密性，而是爲了通訊時雙方溝通的一致性及方便性。有些軟體或使用者將欲傳送的資料先經過編碼後才傳送至接收方，等到接收方收到資料再將其解碼即可。例如：使用 base64 編碼，第 5 章將詳細介紹。

1.5.3 智慧卡（Smart Cards）

市面上販售的智慧卡內都有儲存個人憑證，方便讓使用者到任何地點、任何電腦上取得遠端系統提供的服務，只要透過智慧卡連結到電腦，即可享具有安全性的服務。例如：台灣智慧卡。

1.5.4 一次性密碼（One-Time Password，OTP）

一次性密碼是以時間差作爲伺服器與密碼產生器的同步條件。在需要登入系統的時候，就利用密碼產生器產生一次性密碼。OTP 一般分爲計次使用以及計時使用兩種。計次使用的 OTP 產出後，可在不限時間內使用；計時使用的 OTP 則可設定密碼有效時間，從 30 秒到兩分鐘不等。而 OTP 在進行認證之後即廢棄不用，也就是所謂的「用過即丟」，下次認證時必須使用新產生的密碼。一次性密碼，使試圖不經授權存取的攻擊者，增加了猜測密碼的困難度。

一次性密碼的優勢：

1. 解決使用者在密碼的記憶與保存上的困難性。
2. 由於密碼只能使用一次，而且因爲是動態產生，所以不可預測，也只有一次的使用有效性，可以大爲提升使用的安全程度。

1.5.5 虛擬私有網路（Virtual Private Network，VPN）

在公共的 Internet 上使用密道及加密方法，建立一個私人且安全的網路通道（Secure Channel）。

1.5.6 入侵偵測系統（Intrusion Detection System，IDS）

　　主要功能在針對可疑的活動進行分析以及偵測。無論是來自於內部員工的存取動作（沒有經過防火牆）、或是遠端的存取機制，甚至是允許外界對 WWW Server 的存取等，這些存取動作在防火牆看來都是「合法的存取動作」。但是，若有人在這些合法的存取動作間夾帶攻擊意圖的指令，一般防火牆幾乎都不能對這些動作進行處理或是分析，因此需要有入侵偵測系統。

1.6 使用憑證的認證方式

　　以往都是通訊的雙方透過彼此信任的第三者，來協助認證或傳送資料；但是，傳送過程中容易被惡意的第三者或第三者以外的人洩露內容。現今，有了加密以及認證功能，使傳送的資料就算被盜取了，盜取者如果沒有金鑰，也無法解開內容。

　　但是，近年來許多的駭客出現，使得加密系統的加密方式也越來越複雜化，使用者要記的密碼也越來越麻煩；如何用簡單的方式便可以將密碼記憶下來，且不容易忘記，成為一個重要的議題。在公開金鑰的年代，我們可以採用數位憑證來協助實現加密和身分認證的功能。

　　在遼闊無邊的網際網路裡，原本互不認識的雙方可以透過數位憑證而互相認證彼此的身分，進而互相溝通。這種情況就好比說：Alice 是一個 ABC 大學的學生，Bob 也是一個 ABC 大學的學生，但兩者在不同科系裡頭，彼此互不相識。某天，當他們走在路上相遇，身上各有一張學生證，透過學生證可以彼此認證兩人是同校同學，而受彼此信任的第三者就是 ABC 大學，這個憑證即是發給每位學生的學生證。

　　如果網路上許多的資料都未經過加密就傳送出去，這樣容易造成重要資料（如：個資、帳號密碼、信用卡卡號等）外洩。所以，在相互通訊過程中，需要透過加密系統來進行資料加密，會比較安全。

1.7 本書內容

本書包含 15 章，以下說明每章的內容。

第 1 章對資訊安全做一些基本的簡介。第 2 章介紹基礎應用密碼學。第 3 章講述公開金鑰基礎建設。第 4 章介紹數位憑證的原理。第 5 章說明 Base 64 編碼與解碼之原理及方法。

第 6 章介紹如何使用 John the ripper 破解密碼。第 7 章說明如何使用 OpenSSL 建立憑證中心。第 8 章說明 PHP 與 OpenSSL 應用。第 9 章介紹在 Windows 平台如何建置 PKI 的方法和步驟。第 10 章講解如何安裝伺服器憑證。

第 11 章介紹一些個人憑證應用上的實務操作。第 12 章說明智慧卡的安全與其應用範疇。第 13 章是智慧卡與憑證使用的實務介紹。第 14 章則針對自然人憑證及其應用做介紹。第 15 章介紹 PGP 之應用。

習 題

1. 根據中華民國國家發展委員會《2017 年數位機會調查報告》，我國民眾上網情況為何？

2. 網際網路有何特性？

3. 資訊安全有哪些威脅？

4. 資訊安全的三原則是什麼？

5. 網路電子商務應用，消費者和商家各有何擔心的安全議題？

6. 網路商務所要求的資訊安全原則有哪些？

7. 現行有哪些資訊安全技術可應用於電子商務？

8. 一次性密碼（OTP）有何優勢？

9. 編碼與加密的目的有何不同？

10. 簡單說，對於個人或企業的四大防護目標是什麼？

參考文獻

[1]   PKI: Implementing and Managing E-Security eBook, Andrew Nash, William Duane, Celia Joseph.

[2]   台灣網路人口：https://www.inside.com.tw/2018/01/02/taiwan-network-user。

[3]   了解公開金鑰加密。https://technet.microsoft.com/zh-tw/library/aa998077(v=exchg.65).aspx

[4]   Internet users in the world: http://www.internetlivestats.com/internet-users

[5]   James Michael Stewart, Ed Tittel and Mike Chapple, "Certified Information Systems Security Professional Study Guide 3rd Edition," published by SYBEX, 2004.

[6]   FIPS pub 180-2, "Secure Hash Standard," Aug. 1, 2002.

[7]   Douglas R. Stinson, "Cryptography Theory and Practice 2nd Edition," published by Chapman & Hall/CRC, 2002.

[8]   The RSA Challenge Numbers, RSA Security, http://www.rsasecurity.com/rsalabs/node.asp?id=2092.

[9]   林祝興、張明信，資訊安全概論，3rd Ed.，旗標出版股份有限公司，2017。

[10] Understanding PKI: Concepts, Standards, and Deployment Considerations, Second Edition By Carlisle Adams, Steve Lloyd, Addison Wesley, 2002, ISBN: 0-672-32391-5

[11] PKI: Implementing and Managing E-Security, Andrew Nash, William Duane, Celia Joseph and Derek Brink, publisher: McGraw-Hill, 2001, ISBN: B00005NJ9M.

CHAPTER **02**

基礎應用密碼學

本章介紹基礎的密碼學背景知識,說明原理和技術,內容包含:

2.1 密碼學

密碼學運用了許多數學的方法,來增加電子商務應用程式的安全度。以下將介紹密碼學的基本知識、技術以及如何運作。

2.1.1 密碼演算法

演算法是用來解決問題的一組步驟。在計算機科學領域,演算法是被用來實現程式的藍圖,根據演算法而開發出各式各樣的 routine 或 library。主程式只要藉由不斷的呼叫 routine 或 library 來對資料群組執行運算,即可得到所要的結果。

有一些演算法會以軟體形式實現;而有些演算法也許會被實作在特定的硬體上,例如:在特定的電腦上,3D 加速顯示晶片已被內嵌到顯示卡上。

加密演算法利用數學方法進行運算,可以針對不同的資料群組來操作。例如:在智慧卡上,加密時將會呼叫加密演算法;而解密時會呼叫解密演算法。加密服務提供商(Cryptographic Service Provider,CSP)提供加密 library 的演算法(加密演算法、簽章演算法等等),這些演算法都被定義得很清楚,並且有很好的介面可以用來呼叫各個加密相關功能。

由於加密演算法的複雜性,可以利用硬體加速的方式來獲得更快的效率。而現今有許多的 Web 服務,由於運用了許多複雜的數學加密運算,可以運用硬體加速的方式來達成更快的加密運算速度。

2.1.2 密碼學和密碼分析

密碼學是一個迷人的領域。在研究上,密碼學(Cryptography)與密碼分析(Cryptanalysis)是兩個不同的研究方向。密碼學,主要是要發明新的加解密及相關演算法,通常需要花費數學家與研究人員許多精力與時間,然後把研究結果公布出來,經由密碼分析專業人士來進行分析。

密碼分析專業人士會分析這個演算法的弱點,經由各種可能的攻擊,企圖來破解此演算法,並且通常會成功。然而,被破解也不是可恥的事情,通常從破解中而得到的新技術,經過不斷學習累積,從而設計出更安全的演算法。

2.1.3 演算法的公開

安全系統包含「加解密演算法」和「密鑰」這兩部分。密鑰毫無疑問的，必須是秘密的保存；而加解密演算法則必須要對外公開，並經過專業人士的審查分析，才可能達到真正的安全。如果加解密演算法不公開，其他人無法得知此演算法是否可以達到真正的安全需求。萬一被竊盜者知道了演算法，其安全性是否將會遭到威脅，將無從得知。

以下列舉出幾個將加解密演算法隱藏起來，但秘密訊息卻依然被破解的例子：

❖ Cellular Message Encryption Algorithm（CMEA）是手機上的鍵盤加密方法。它設計有 64 位元長度的加密保護，理應相當安全了，所以詳細的加密演算法並未公開。然而，在 1997 年時，康特帕恩系統和加州大學伯克萊分校合作將其破解，並從中發現，由於演算法的缺失，導致實際加密長度只有 32 位元，甚至只有 24 位元，因此，實際的安全度不如所宣稱的 64 位元這麼強。

❖ Content Scrambling System（CSS）原是 DVD 業者讓 DVD 影片只能在特定光碟機上才能播放的加密方式。同樣的，加密方式也未被公開。然而，在 1999 年時，15 歲的挪威少年 Johansen 為了讓自己買的 DVD 影片能在自己的電腦上播放，於是開發了 DeCSS 程式，成功破解了 CSS，並把此程式公佈在網路上讓大家下載。隨後，DVD 業者將 Johansen 告上了法院；然而，法官判定 Johansen 無罪，因為法官認為任何人破解了自己的財產，還要被判罪的話，是無法被接受的。

❖ A5 演算法是被用在 GSM 手機通訊系統的加密技術。然而，在 2000 年時，被 Adi Shamir（RSA 的作者之一）公開破解了，這將影響超過 200 萬的 GSM 手機用戶。同樣的，A5 演算法也是未被公開，並且未經過審驗的演算法。

2.1.4 密碼學基本概念

密碼學的基本觀念為：計算過程中，要得到結果是很簡單的；但要再逆推回來卻很困難。例如，在 RSA 公開密碼系統中，其安全度建立在大數字的質因數分解（Factoring）的難題上；也就是說：把兩個大質數做相乘，得到乘積是很容易的事；但是要把此乘積分解成原來的那兩個質數，卻是相當困難的。

2.2 古典加密方法

　　古典加密方法的兩個最基本技術，就是採用移位（Transposition）和代換（Substitution）。**移位**技術就是將每個明文字母，依 26 個英文字母的順序，向右若干個位置，並使用新字母作爲密文；而**代換**技術則是把每個明文字母，以其他的字母來取代作爲密文。

2.2.1 移位技術

　　首先介紹移位技術，它是最早被使用的加密方式之一。以英文爲例，26 個字母的順序由 A 到 Z。爲了把明文的字母打亂，讓竊聽者無法辨識，可將每個明文字母依英文字母順序向右位移若干次，並使用新字母作爲密文。

　　例如，將 A 向右移位 3 次變成 D，將 B 向右移位 3 次變成 E，其餘類推。在此情形下，則明文 HAPPY 將會被轉換成密文 KDSSB。使用移位技術，位移的次數必須保密，因爲它就是將來解密的密鑰。

　　相傳凱薩大帝即是使用位移次數爲 3（即密鑰爲 3），在戰役中傳遞機密訊息，稱爲「凱薩加密法」。

　　雖然移位技術表面上打亂了明文原本的意義；但如果單獨採用此法，安全度卻非常脆弱。其實在實際應用中，英文的各個字母出現頻率並不相同。一般而言，母音（A、E、I、O、U）出現的頻率較子音爲高，根據統計，「E」、「T」、「A」是出現頻率最高的前三個字母；而「Z」是出現頻率最低的。因此，攻擊者只要根據字母出現頻率高低，針對密文中最常出現的字母加以分析，便能夠猜出位移的次數，進而破解密文。

　　若是採用「暴力破解」的方法，因爲英文字母只有 26 個，位移的次數只有 1~26 次。因此，只要寫個電腦程式，密鑰由 1~26 帶入去解譯，在很短時間內就能破解密文。

2.2.2 代換技術

　　代換技術是把每個明文的每個字母，用其他的字母來取代作爲密文。由於移位技術的可能變化只有 26 種，可選擇的密鑰空間非常狹小，很容易遭受暴力攻擊法破解。

　　爲了增加更多可能變化，可採用亂序對應的方式，使每個明文字母以任意而單一的方式對應到另一個字母。例如：

明文字母：A B C D E F G H I J K L M N O P Q R S T V U W X Y Z

密文字母：J B H A M C V E K U D P I R G W X Z N Y O S F T Q L

　　使用代換技術，英文 26 個字母有 26!種不同排列，接近於 2^{88} 種不同可能性，使暴力攻擊法更加困難。然而，代換技術仍然可能使用統計字母出現頻率的攻擊方法所破解。

2.2.3　Vigenère 加密法

　　移位技術與代換技術，都是以固定字母取代每個明文字母，所以保留了各個字母出現頻率高低的特性。因此，只要採用統計分析，計算密文字母出現的頻率，就可以破解上述兩種加密方法。

　　Vigenère 加密法在 19 世紀時被提出，目的是希望破壞密文與明文具有相同字母頻率的特性。該加密法的作法是將明文分成幾個區段，每個區段使用移位技術以相同的密鑰來加密。

　　以下簡單例子說明 Vigenère 加密法。假設明文"yestaiwanisabeautifulcountry"被切成長度為 4 的區段，並且使用金鑰「badc」，則加密的結果如下：

明文：y e s t a i w a n i s a b e a u t i f u l c o u n t r y

密鑰：b a d c b a d c b a d c b a d c b a d c b a d c b a d c

密文　a f w w c j a d p j w d d f e x v j j x n d s x p u v b

　　我們可用英文 26 個字母當作密鑰，用 1~26 代表移位的次數，以循環的順序，因此密文也是英文字母。例如，明文「y」，遇到密鑰字母「b」，代表移位 2 次，可以得到對應英文字母為「a」，其他類推。

　　假設密鑰的長度為 n 個字母數，則 Vigenère 加密法的密鑰空間為 26^n，例如 n = 5，密鑰空間就有 26^5 種不同排列，接近於 2^{23} 種可能性。雖然 Vigenère 加密法破壞了密文與明文具有相同字母頻率的特性，但仍然可以用統計分析方法來破解。

2.3 對稱式加密

本節先從「對稱式加密系統」來說明。圖 2.1 表示對稱式加密系統的運作過程。

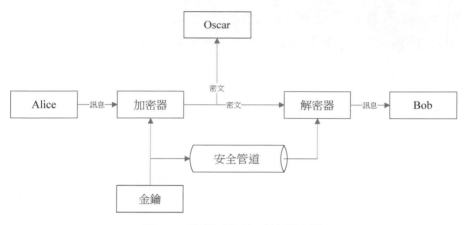

圖 2.1 對稱式加密系統概念圖

如圖 2.1 所示,當 Alice 要傳訊息給 Bob,可以先產生出一把密鑰(Secret Key),並將這把金鑰透過安全管道(可能是當面交接的方式,或是透過其他加密方法;當然,直接以 Email 等傳輸是不安全的管道)交給 Bob,再使用特定的加密器(Encrypter)將訊息加密後傳送給 Bob。

當 Bob 收到密文後,則使用解密器(Decrypter)利用密鑰將密文還原成原始訊息。若某一對手(Opponent)Oscar 試著在網路中監聽網路封包,因為沒有密鑰能解密,因此他將不知道訊息的內容。

在這種架構之下,加密及解密器所使用的密鑰都是同一把,因此被稱為「對稱式加密系統」,使用這種加密系統的好處是:加解密的運算速度快;但缺點則是密鑰的安全配送相當麻煩。

比較知名的對稱式加密演算法有:IDEA、DES(Data Encryption Standard)、3DES(Triple DES)及 AES(Advanced Encryption Standard)等。本小節針對對稱式加密系統做簡要介紹。表 2.1 列出幾種知名對稱式加密演算法。

表 2.1 對稱式加密演算法

	DES	3DES	AES
公布時間	1976 年	1999 年	2000 年
金鑰長度	56 bits	112 或 168 bits	128, 192 或 256 bits

「對稱式加密系統」是指加密和解密使用相同金鑰的加密方法，也稱為單金鑰加密系統。基本上，對稱式加密系統的加解密過程如下。

送信方將明文與金鑰輸入加密器中產生密文，並將密文傳送給收信方；送信方並透過安全的管道，將金鑰傳送給收信方。收信方收到後，將這把金鑰和密文輸入解密器，即可將密文解譯為明文。

原則上，對稱式加密系統的演算法利用上述的移位與代換，較少複雜的數學理論，因此比較不容易證明其安全性。相較於非對稱式加密系統，對稱式加密系統的加密速度較為快速。因此在實用上，結合對稱式和非對稱式加密系統搭配使用。對於較大的檔案，採用對稱式加密系統來加密，並且採用非對稱式加密系統對金鑰做加密。

2.3.1 DES 加密法

DES（Data Encryption Standard）是美國早期的資料加密標準，它是以 IBM 公司發展出來的 LUCIFER 演算法為基礎，在 1977 年美國國家標準局（NIST）採用為資料加密標準。以下簡要介紹 DES 的加密流程。

DES 加密是屬於一種塊狀加密法（Block Cipher），首先將明文切割成固定大小的區塊做加密。DES 的區塊大小（Block Size）為 64 位元，而金鑰長度是 56 位元，所以將明文（或密文）切割成若干個 64 位元區塊，然後對每一個區塊做加密（解密）的運算。但是將明文或密文切割成區塊時，最後一個區塊可能不滿 64 個位元，就要將該區塊的後面增補若干個「0」位元，使之補滿 64 位元。

DES 加密演算法採用 16 個回合的加密運算，將每個區塊的明文做以下的加密步驟：

輸入：64 位元的明文區塊資料。

輸出：64 位元的密文區塊資料。

❖ 步驟 1：將輸入區塊的資料做初始排列（Initial Permutation），以打亂資料順序。

❖ 步驟 2：將其分割成左（L_0）與右（R_0）兩個 32 位元區塊。

❖ 步驟 3：將 R_0 與第一個子金鑰 K_1 經過 f 函數運算，其輸出再與 L_0 做互斥（XOR）運算。將所得結果作為下一回合的 R_1；R_0 則成為下一回合的 L_1。（步驟 3 重複 16 個回合，每回合使用不同子金鑰）。

此 16 回合的運算過程，可表示成以下的遞迴式子：

$L_n = R_{n-1}$

$R_n = L_{n-1} \oplus f(R_{n-1}, K_n)$，　　　n=1,2,…,16。

❖ 步驟 4：將最後得到的 R_{16} 與 L_{16} 直接組合成 64 位元的區塊，再做一次逆初始排列運算（Inverse Initial Permutation），得到 64 位元的輸出。

　　DES 解密演算法與加密過程大致相同，只要將 64 位元密文資料區塊輸入，並使用相反順序的 16 個子金鑰就可解密，即加密時使用子金鑰順序為 K_1，K_2，…，K_{16}，解密時使用子金鑰順序為 K_{16}，K_{15}，…，K_1。

2.3.2　三重 DES（Triple DES）加密法

　　DES 加密法的金鑰長度只有 56 位元，攻擊者若採用暴力法破解，因電腦速度逐漸提升，所需破解時間將逐漸縮短；因此，DES 是不夠安全的。為了增加安全性，增長金鑰的長度是一個辦法。要擴充金鑰的長度，可將三個 DES 串接起來，即所謂的三重 DES 加密法（Triple DES），其加解密過程如下：

❖ 加密：輸入 64 位元的明文，先用金鑰 K_1 加密，再以金鑰 K_2 解密，最後用金鑰 K_3 加密，得到 64 位元的密文：

明文 ⇨ DES E_{K1} ⇨ DES D_{K2} ⇨ DES E_{K3} ⇨ 密文

❖ 解密：輸入 64 位元的密文，先用金鑰 K_3 解密，再以金鑰 K_2 加密，最後用 K_1 解密，得到 64 位元的密文：

密文 ⇨ DES D_{K3} ⇨ DES E_{K2} ⇨ DES D_{K1} ⇨ 明文

應用三重 DES 加密法時，如果使用的三把密鑰 $K_1 \neq K_2 \neq K_3$，則金鑰總長度可達 $56 \times 3 = 168$ 位元。若使用的三把密鑰 $K_1 = K_3 \neq K_2$，則金鑰總長度為 $56 \times 2 = 112$ 位元。三重 DES 加密法為美國標準 ANS X9.17 與 ISO 8732 所採用。

2.3.3 AES 進階加密標準

由於 DES 加密標準的安全性遭受到各方挑戰和質疑，美國國家標準與技術局於 1997 年，向外公開徵求新一代的進階加密標準（Advanced Encryption Standard，AES）。經過兩階段的淘汰，終於在 2000 年 10 月挑選出「Rijndael 加密法」作為進階加密標準演算法。

Rijndael 採用重複至少 10 個回合的打亂方式來對資料進行加密，其金鑰長度有 128、192、256 位元三種可以選擇。Rijndael 演算法可以提供 128、192、256 位元三種明文區塊長度；AES 為了簡化，只提供 128 位元的區塊長度。

一、基本符號

(一) 使用參數

Rijndael 使用 3 個參數來決定加密（解密）的回合數，其參數相關性如表 2.2，各個參數如下：

1. 金鑰區段數（N_k）：為加密金鑰的長度包含幾個區段，每一區段的大小為 32 位元。
2. 明文區段數（N_b）：為輸入的每個明文區塊可包含幾個區段，每一區段的大小為 32 位元。
3. 回合數（N_r）：為加密（或解密）運算所需重複的次數。其計算方式為：$N_r = 6 + \max(N_b, N_k)$。舉例說明：如果明文區塊長度為 128 位元（4 個區段），且金鑰長度也是 128 位元（4 個區段），則需要執行 10 個回合。

表 2.2 Rijndael 參數表

N_r	$N_b = 4$	$N_b = 6$	$N_b = 8$
$N_k = 4$	10	12	14
$N_k = 6$	12	12	14
$N_k = 8$	14	14	14

(二) 位元組

Rijndael 演算法以位元組（Byte）作為資料處理單位，一個位元組是由八個位元（bit）所組成。每一位元組的資料可用二進位、十六進位與多項式三種不同表示法：

1. 二進位：$\{b_7, b_6, b_5, b_4, b_3, b_2, b_1, b_0\}$，例如某個位元組 $A = \{10001101\}$。

2. 十六進位：$\{h_1, h_0\}$，則 A 可表為 $= \{8d\}$。

3. 多項式：$P(x) = b_7x^7 + b_6x^6 + b_5x^5 + b_4x^4 + b_3x^3 + b_2x^2 + b_1x + b_0$，則可表為 $A = x^7 + x^3 + x^2 + 1$。

(三) 位元組的運算

Rijndael 演算法以位元組為運算單位，而各種運算建立在「有限體」（Finite Field）當中。在有限體中，資料經過運算的結果都限制在某一範圍之內。例如：8 位元的資料經過加（或乘）法的運算，所得的結果也限制在 8 位元長度之內。

以有限體 $GF(2^8)$ 為例，我們可將 8 位元的資料用 7 次多項式表示。例如，某 8 位元的資料，十六進制表示為 $\{4b\}$，二進制表示為 $\{01001011\}$，多項式則表示為 $x^6 + x^3 + x + 1$。

1. 多項式加法
   兩個多項式的加法，則是定義為相同指數項的係數和再模餘 2，簡單的說，就是做 XOR 運算（i.e., 1+1=0）。例如：
   $(57)_{16}+(83)_{16}=(01010111)_2+(10000011)_2 = (11010100)_2 = (D4)_{16}$
   或是 $(x^6+x^4+x^2+x+1) + (x^7+x+1) = x^7+x^6+x^4+x^2$

2. 多項式乘法
   在乘法裡面，多項式相乘之後的結果，很容易造成溢位的問題，解決溢位的方式是把相乘的結果，再模餘一個不可分解的多項式 $m(x)$。在 Rijndael 中，定義一個這樣子的多項式為 $m(x)=x^8+x^4+x^3+x+1$ 或是 $(11B)_{16}$。
   例如：
   $(57)_{16} \cdot (83)_{16} = (x^6+ x^4+ x^2+ x + 1) \cdot (x^7+ x + 1) = x^{13}+ x^{11}+ x^9+ x^8+ x^7+x^7+ x^5+ x^3+ x^2+x+x^6+ x^4+ x^2+ x + 1$
   $= (x^{13}+ x^{11}+ x^9+ x^8+ x^6+ x^5+ x^4+ x^3+ 1+x^{13}+ x^{11}+ x^9+ x^8+ x^6+ x^5+ x^4+ x^3+ 1) \bmod (x^8+ x^4+ x^3+ x + 1)$
   $= x^7+ x^6+ 1=(C1)_{16}$

3. 多項式乘以 x

若把 P(x)乘上 x，得到 $b_7 x^8 + b_6 x^7 + b_5 x^6 + b_4 x^5 + b_3 x^4 + b_2 x^3 + b_1 x^2 + b_0 x$。若 $b_7=0$，不會發生溢位問題，答案即是正確的；若 $b_7=1$，發生溢位問題，必須減去 m(x)。我們可以把這種運算表示為 xtime(x)，其運算方式為 left shift（若溢位則和 $(1B)_{16}$ 做 XOR 運算），

例如：'57' · '13' = 'FE'

'57' · '02' = xtime(57) = 'AE'

'57' · '04' = xtime(AE) = '47'

'57' · '08' = xtime(47) = '8E'

'57' · '10' = xtime(8E) = '07'

'57' · '13' = '57' · ('01' $\oplus$ '02' $\oplus$ '10') = '57' $\oplus$ 'AE' $\oplus$ '07' = 'FE'

(四) 狀態陣列

AES 演算法首先將輸入的明文資料，存放於 4×4 的二維陣列，每個元素 8 個位元，然後針對此二維陣列做重複 10 個回合的運算工作。每次經過運算之後，此二維陣列的內容也將隨之變化，因此將中間過程暫時的資料稱為狀態陣列（State Array）。

二、AES 加密演算法

AES 加密演算法包含四個主要的金鑰擴充函數（KeyExpansion），分別為：位元組代換（ByteSub）、列位移（ShiftRow）、行混合（MixColumn）、與回合金鑰相加（AddRoundKey）。圖 2.2 是 AES 加密演算法的虛擬碼，其簡要加密步驟如下：

```
Cipher(State, CipherKey)
{
     KeyExpansion(CipherKey, ExpandedKey);
  AddRoundKey(State, ExpandedKey);
  for ( i=1; i<Nr; i++ )
  {
    ByteSub(State);
    ShiftRow(State);
    MixColumn(State);
    AddRoundKey(State, ExpandedKey+(Nb*i));
  }
  ByteSub(State);
  ShiftRow(State);
  AddRoundKey(State, ExpandedKey+(Nb*Nr));
}
```

圖 2.2　AES 加密演算法虛擬碼

❖ 步驟 1：將主金鑰 CipherKey 透過 KeyExpansion( ) 函數，產生出一把夠長的擴充金鑰 ExpandedKey。

❖ 步驟 2：將狀態陣列 State 與擴充金鑰 ExpandedKey 做 AddRoundKey( ) 運算。

❖ 步驟 3：執行 N_r 回合的打亂過程——前面的 $N_r - 1$ 回合，每一回合依序執行 ByteSub( )、ShiftRow( )、MixColumn( ) 與 AddRoundKey( ) 四個函數。而第 N_r 回合則是依序執行 ByteSub( )、ShiftRow( ) 與 AddRoundKey( ) 三個函數。

以下我們簡要介紹四個函數：ByteSub( )、ShiftRow( )、MixColumn( )、與 AddRoundKey( )。

(一) 位元組代換（ByteSub）

位元組代換函數（Byte Substitution，ByteSub( )）是利用 S-box（代換盒，見表 2.3），針對狀態陣列 S[] 中的每個位元組做代換運算（如圖 2.3）。例如：假設 $S_{1,1}$ 的 8 個位元內容以 16 進制表示為 {68}，則根據代換盒，將 x = 6、y = 8 代入表 2.3 中，可以得到 $S'_{1,1}$ 的內容為 {45}。

$S_{0,0}$	$S_{0,1}$	$S_{0,2}$	$S_{0,3}$
$S_{1,0}$	$S_{1,1}$	$S_{1,2}$	$S_{1,3}$
$S_{2,0}$	$S_{2,1}$	$S_{2,2}$	$S_{2,3}$
$S_{3,0}$	$S_{3,1}$	$S_{3,2}$	$S_{3,3}$

⇨ S-box ⇨

$S'_{0,0}$	$S'_{0,1}$	$S'_{0,2}$	$S'_{0,3}$
$S'_{1,0}$	$S'_{1,1}$	$S'_{1,2}$	$S'_{1,3}$
$S'_{2,0}$	$S'_{2,1}$	$S'_{2,2}$	$S'_{2,3}$
$S'_{3,0}$	$S'_{3,1}$	$S'_{3,2}$	$S'_{3,3}$

圖 2.3　位元組代換

表 2.3　S-box

		Y															
		0	1	2	3	4	5	6	7	8	9	a	b	c	d	e	f
x	0	63	7c	77	7b	f2	6b	6f	c5	30	01	67	2b	fe	d7	ab	76
	1	ca	82	c9	7d	fa	59	47	f0	ad	d4	a2	af	9c	a4	72	c0
	2	b7	fd	93	26	36	3f	f7	cc	34	a5	e5	f1	71	d8	31	15
	3	04	c7	23	c3	18	96	05	9a	07	12	80	e2	eb	27	b2	75
	4	09	83	2c	1a	1b	6e	5a	a0	52	3b	d6	b3	29	e3	2f	84
	5	53	d1	00	ed	20	fc	b1	5b	6a	cb	be	39	4a	4c	58	cf
	6	d0	ef	aa	fb	43	4d	33	85	45	f9	02	7f	50	3c	9f	a8
	7	51	a3	40	8f	92	9d	38	f5	bc	b6	da	21	10	ff	f3	d2
	8	cd	0c	13	ec	5f	97	44	17	c4	a7	7e	3d	64	5d	19	73
	9	60	81	4f	dc	22	2a	90	88	46	ee	b8	14	de	5e	0b	db
	A	e0	32	3a	0a	49	06	24	5c	c2	d3	ac	62	91	95	e4	79
	B	e7	c8	37	6d	8d	d5	4e	a9	6c	56	f4	ea	65	7a	ae	08
	C	ba	78	25	2e	1c	a6	b4	c6	e8	dd	74	1f	4b	bd	8b	8a
	D	70	3e	b5	66	48	03	f6	0e	61	35	57	b9	86	c1	1d	9e
	E	e1	f8	98	11	69	d9	8e	94	9b	1e	87	e9	ce	55	28	df
	F	8c	a1	89	0d	bf	e6	42	68	41	99	2d	0f	b0	54	bb	16

(二) 列位移 ShiftRow( )

列位移函數（Shift Row，ShiftRow( )）是將狀態陣列 S[] 以每列爲單位做旋轉左移。如圖 2.4 所示，第一列不動；第二列旋轉左移一個位元組；第三列旋轉左移兩個位元組；第四列旋轉左移三個位元組。

圖 2.4　列位移函數

(三) 行混合 MixColumn( )

行混合函數（Mix Column，MixColumn( )）是將狀態陣列 S[] 以每行爲單位經過一個函數運算，以進行行混合的運算（如圖 2.5）。

圖 2.5　行混合函數

此一函數所包含的運算式如下：

$$S'_{0,j} = (\{02\} \cdot S_{0,j}) \oplus (\{03\} \cdot S_{1,j}) \oplus S_{2,j} \oplus S_{3,j}$$

$$S'_{1,j} = S_{0,j} \oplus (\{02\} \cdot S_{1,j}) \oplus (\{03\} \cdot S_{2,j}) \oplus S_{3,j}$$

$$S'_{2,j} = S_{0,j} \oplus S_{1,j} \oplus (\{02\} \cdot S_{2,j}) \oplus (\{03\} \cdot S_{3,j})$$

$$S'_{3,j} = (\{03\} \cdot S_{0,j}) \oplus S_{1,j} \oplus S_{2,j} \oplus (\{02\} \cdot S_{3,j})$$

其中 $0 \le j < N_b$。

(四) 回合金鑰相加 AddRoundKey( )

回合金鑰相加函數（Round Key Addition，AddRoundKey( )）是將該回合的回合金鑰 W[]與狀態陣列 S[]中某一行做互斥或（XOR）運算（如圖 2.6）。

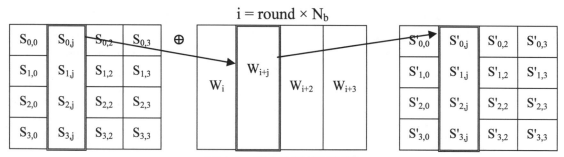

圖 2.6　回合金鑰相加函數

其運作的方式為：

$$[S'_{0,j} , S'_{1,j} , S'_{2,j} , S'_{3,j}] = [S_{0,j} , S_{1,j} , S_{2,j} , S_{3,j}] \oplus [W_{round \times N_b +c}] ,$$

其中 $0 \le j < N_b$，且 round 表示第幾個回合($0 \le round < N_r$)。

三、AES 解密演算法

AES 解密演算法包含三個逆向函數：逆列位移函數（InvShiftRow( )）、逆位元組代換函數（InvByteSub( )）與逆行混合函數（InvMixColumn( )）。（註：逆回合金鑰相加與回合金鑰相加相同，不再贅述。）圖 2.7 為 AES 解密演算法的虛擬碼。

```
InvCipher(State, CipherKey))
{
    KeyExpansion(CipherKey, ExpandedKey);
    AddRoundKey(State, ExpandedKey+(Nb*Nr));
    for ( i=Nr-1; i>0; i--)
    {
        InvShiftRow(State);
        InvByteSub(State);
        AddRoundKey(State, ExpandedKey+(Nb*i));
        InvMixColumn(State);
    }
    InvShiftRow(State);
    InvByteSub(State);
    AddRoundKey(State, ExpandedKey);
}
```

圖 2.7　AES 解密演算法虛擬碼

(一) 逆列位移 InvShiftRow( )

逆列位移為 ShiftRow( )的反函數，是將狀態陣列 S[]的內容旋轉「右」移，恢復相同 byte 數（圖 2.8）。

$S_{0,0}$	$S_{0,1}$	$S_{0,2}$	$S_{0,3}$	⇨不移動　⇨	$S'_{0,0}$	$S'_{0,1}$	$S'_{0,2}$	$S'_{0,3}$
$S_{1,0}$	$S_{1,1}$	$S_{1,2}$	$S_{1,3}$	⇨右旋 1 Byte⇨	$S'_{1,3}$	$S'_{1,0}$	$S'_{1,1}$	$S'_{1,2}$
$S_{2,0}$	$S_{2,1}$	$S_{2,2}$	$S_{2,3}$	⇨右旋 2 Byte⇨	$S'_{2,2}$	$S'_{2,3}$	$S'_{2,0}$	S'_{21}
$S_{3,0}$	$S_{3,1}$	$S_{3,2}$	$S_{3,3}$	⇨右旋 3 Byte⇨	$S'_{3,1}$	$S'_{3,2}$	$S'_{3,3}$	$S'_{3,0}$

圖 2.8　列位移反函數

(二) 逆位元組代換 InvByteSub()

逆位元組代換為 ByteSub( ) 的反函數，是採用 S-box 的逆向代換盒，使用方式如前所示（見表 2.4）。

表 2.4　逆向 S-box

		0	1	2	3	4	5	6	7	8	9	a	b	c	d	e	f
									Y								
x	0	52	09	6a	d5	30	36	a5	38	bf	40	a3	9e	81	f3	d7	fb
	1	7c	e3	39	82	9b	2f	ff	87	34	8e	43	44	c4	de	e9	cb
	2	54	7b	94	32	a6	c2	23	3d	ee	4c	95	0b	42	fa	c3	4e
	3	08	2e	a1	66	28	d9	24	b2	76	5b	a2	49	6d	8b	d1	25
	4	72	f8	f6	64	86	68	98	16	d4	a4	5c	cc	5d	65	b6	92
	5	6c	70	48	50	fd	ed	b9	da	5e	15	46	57	a7	8d	9d	84
	6	90	d8	ab	00	8c	bc	d3	0a	f7	e4	58	05	b8	b3	45	06
	7	d0	2c	1e	8f	ca	3f	0f	02	c1	af	bd	03	01	13	8a	6b
	8	3a	91	11	41	4f	67	dc	ea	97	f2	cf	ce	f0	b4	e6	73
	9	96	ac	74	22	e7	ad	35	85	e2	f9	37	e8	1c	75	df	6e
	A	47	f1	1a	71	1d	29	c5	89	6f	b7	62	0e	aa	18	be	1b
	B	fc	56	3e	4b	c6	d2	79	20	9a	db	c0	fe	78	cd	5a	f4
	C	1f	dd	a8	33	88	07	c7	31	b1	12	10	59	27	80	ec	5f
	D	60	51	7f	a9	19	b5	4a	0d	2d	e5	7a	9f	93	c9	9c	ef
	E	a0	e0	3b	4d	ae	2a	f5	b0	c8	eb	bb	3c	83	53	99	61
	F	17	2b	04	7e	ba	77	d6	26	e1	69	14	63	55	21	0c	7d

(三) 逆行混合

逆行混合函數為 MixColumn( ) 的反函數，此一反函數的運算式如下：

$$S'_{0,j} = (\{0e\} \cdot S_{0,j}) \oplus (\{0b\} \cdot S_{1,j}) \oplus (\{0d\} \cdot S_{2,j}) \oplus (\{09\} \cdot S_{3,j}) ,$$

$$S'_{1,j} = (\{09\} \cdot S_{0,j}) \oplus (\{0e\} \cdot S_{1,j}) \oplus (\{0b\} \cdot S_{2,j}) \oplus (\{0d\} \cdot S_{3,j}) ,$$

$$S'_{2,j} = (\{0d\} \cdot S_{0,j}) \oplus (\{09\} \cdot S_{1,j}) \oplus (\{0e\} \cdot S_{2,j}) \oplus (\{0b\} \cdot S_{3,j}) ,$$

$$S'_{3,j} = (\{0b\} \cdot S_{0,j}) \oplus (\{0d\} \cdot S_{1,j}) \oplus (\{09\} \cdot S_{2,j}) \oplus (\{0e\} \cdot S_{3,j}) 。$$

（註：解密的 AddRoundKey( ) 與加密的函數相同，不過金鑰字組（Word）在取用時須與加密時的順序相反。）

四、金鑰擴充

AES 演算法是將主金鑰的長度（128 位元）加以擴充，使其能滿足每個回合所需的回合金鑰長度。以金鑰長度 128 位元為例，圖 2.9 為金鑰擴充演算法的虛擬碼。首先，輸入的主金鑰會被複製到擴充金鑰的前四個字組（word）；而擴充金鑰的其餘部分，則會以一次填入四個字組的方式填滿，直到滿足所有回合所需的長度。某個字組 W[i] 的內容，取決於前一個字組 W[i - 1]，以及往前算第四個字組 W[i - 4]。其作法是：

(一) 如果 i mod 4 ＝ 0，則

W[i] = W[i - 4] XOR (WordSub(WordRot(W[i - 1])) XOR Rcon[i/Nk])

(二) 如果 i mod 4 ≠ 0，則

W[i] = W[i - 4] XOR W[i - 1]

```
KeyExpansion(byte Key[4*Nk], word W[Nb*(Nr+1)])
{
    word Temp;
    for ( i=0; i<Nk; i++ )
    {
        W[i] = (Key[4*i], Key[4*i+1], Key[4*i+2], Key[4*i+3]);
    }
    for ( i=Nk, i<Nb*(Nr+1), i++ )
    {
        Temp = W[i-1];
        if (i%Nk==0 )
        {
            Temp = WordSub(WordRot(Temp)) ^ Rcon[i/Nk];
        }
        else if ((Nk>6) && (i%Nk==4))
        {
            Temp = WordSub(Temp);
        }
        W[i] = W[i-Nk] ^ Temp;
    }
}
```

圖 2.9　金鑰擴充演算法虛擬碼

其中各個函數的功能為：

1. WordSub( )：字組代換（Word Substitution），是利用 S-box（見表 2.3）來轉換輸入字組（32 位元）中的每一個位元組（8 位元）。

2. WordRot( )：字組旋轉（Word Rotation），是將輸入的字元旋轉左移一個位元組。例如：將 $\{b_0 , b_1 , b_2 , b_3\}$ 轉換成 $\{b_1 , b_2 , b_3 , b_0\}$。

3. Rcon[ ]：回合常數字組陣列（Round Constant Word Array），其欄位存放一個與回合有關的字組，通常是取 Rcon[i] = [x^{i-1}, {00}, {00}, {00}]，而 i 是從 1 算起。

2.4 非對稱式加密

公開金鑰密碼系統亦稱為「非對稱式加密系統」。非對稱式加密系統是將加密及解密的金鑰分開來，使加密器及解密器各使用不同的金鑰進行加解密（如圖 2.10 所示）。比較知名的非對稱式加密有 RSA、EGamal、Rabin 及 Elliptic Curve Cipher 等。在此，我們以常用的 RSA 演算法做介紹。

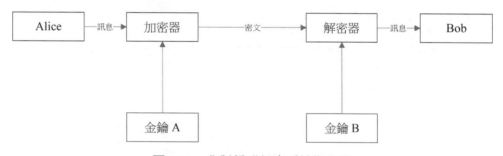

圖 2.10　非對稱式加密系統概念圖

RSA 演算法為 Ron Rivest、Adi Shamir 及 Len Adleman 三位學者在 1978 年所發明。這似乎是真實世界中的不可能任務；因為真實世界中，以一把鑰匙將門上鎖，卻只能以相同的鑰匙才能開門，無法以另一把鑰匙解鎖。然而，RSA 卻能使用金鑰 A 加密，而使用金鑰 B 解密。而它的安全度是建立在：因式分解一個大整數的難題上。

以下我們將說明 RSA 的基本運作。首先，任意選取兩個大質數 p 及 q，並計算 $n = pq$，接著計算：

$$\phi(n) = (p-1)(q-1)$$

選取整數 e 使得：

$$\gcd(\phi(n), e) = 1; 1 < e < \phi(n)$$

再求得 d 使得：

$$de \bmod \phi(n) = 1$$

因此，(e, n)為公開金鑰，(d, p, q)則為私密金鑰。假設明文為 P 而密文為 C，加密方法為：

$$C = P^e \pmod{n}$$

解密方法則為：

$$P = C^d \pmod{n}$$

在此我們舉一實例。首先產生金鑰：選定兩個質數 $p = 17, q = 11$ ，因此 $n = pq = 187$ ，$\phi(n) = (p-1)(q-1) = 160$；選出 $e = 7$ 與 $\phi(n)$ 互質，且 $e < \phi(n)$；再計算 $d = 23$，使得 d 與 e 互為反元素：$de \bmod 160 = 1$。金鑰產生完畢後，我們將$(7, 187)$公開出去，並將$(23, 17, 11)$保密。

若我們要將明文 P=88 加密，密文 C 為：

$$C = P^e \pmod{n} = 88^7 \bmod 187 = 11$$

當收到密文時，則可以如此計算進行解密：

$$P = C^d \pmod{n} = 11^{23} \bmod 187 = 88$$

RSA 演算法從發明到目前為止，受到各界攻擊測試，皆能維持其安全度的原因，乃是因為要因式分解 n，從 n 分解出原始的 p 及 q，以現今最快速電腦設備，仍然是一項非常耗時的計算，因此許多系統皆採用 RSA 演算法。然而，針對小數字的因式分解卻是非常地簡單，例如：

❖ 若 $n = 21$　則 $p = ?, q = ?$

❖ 若 $n = 77$　則 $p = ?, q = ?$

❖ 若 $n = 221$ 則 $p = ?, q = ?$

但若是 RSA 採用 200 位數以上的 *n*，其因式分解問題將極爲困難。試問，如何從以下的 *n* 分解出 *p* 及 *q* 呢？

❖ *n*=135066410865995223349603216278805969938881475605667027524485143851526510604859533833940287150571909441798207282164471551373680419703964191743046496589274256239341020864383202110372958725762358509643110564073501508187510676594629205563685529475213500852879416377328533906109750544334999811150056977236890927563

若您能將上面這個 309 位數（十進制）的整數分解出來，成爲兩個質數的乘積，則您將可獲得十萬美元的獎金並留名青史。表 2.5 爲 RSA Security 公司所設置的 RSA 挑戰，其中 RSA-1024 代表 *n* 值共有 1024 bits；若您能將 RSA Security 公司所提供的數字因式分解，您將能獲得對應的獎金。相關訊息可參考 RSA Security 公司的網站。然而，此項競賽及獎金只提供到 2007 年就結束了；但是全世界許多有心人還是持續設法在做因數分解的研究工作。

表 2.5　RSA Security 公司所提供的因式分解挑戰

挑戰長度	獎金（美元）	目前狀況	破解日期	破解者
RSA-576	$10,000	已破解	Dec. 3, 2003	J. Franke 等人
RSA-640	$20,000	已破解	Nov. 2, 2005	F. Bahr 等人
RSA-704	$30,000	已破解	Jul. 2, 2012	S. Bai 等人
RSA-768	$50,000	已破解	Dec. 12, 2009	T. Kleinjung 等人
RSA-896	$75,000	未破解		
RSA-1024	$100,000	未破解		
RSA-1536	$150,000	未破解		
RSA-2048	$200,000	未破解		

2.5 單向雜湊函數

單向雜湊函數（One-way Hash Function）能任意輸入一個可變長度的訊息，而輸出固定長度的雜湊碼（訊息指紋）。

2.5.1 雜湊函數的特性

雜湊函數的主要目的，就是產生資料的「訊息摘要」（或稱訊息指紋）。以下說明設計一個雜湊函數必須滿足的一些要求或特性。

假設有個雜湊函數 $H(x)$

❖ 可以處理任意長度的輸入資料；

❖ 產生固定長度的輸出；

❖ 給定輸入值 x，可容易的計算出 $H(x)=y$；

❖ 給定 y，無法找出 x；

❖ 對於任意的 x_1，無法找到 x_2，使得 $H(x_1)=H(x_2)$，這種性質稱為弱碰撞抵抗力；

❖ 找不到 (x_1, x_2)，使之符合 $H(x_1)=H(x_2)$，這種性質稱為強碰撞抵抗力。

雜湊函數的處理方式大都使用疊代式的方法，先將原文 m 內容切割成固定大小的區塊 $m_1, m_2, m_3, ..., m_n$，最後一個區塊再按照規則填滿；接著，再依順序用類似壓縮的函數 F 處理，由 H_0 開始，做 $H_i=F(H_{i-1}, m_i)$ 運算，最後的 H_n 即是結果。

表 2.6　MD5 與 SHA 比較表

項目／名稱	MD5	SHA
提出年代	1992	1993
設計者	Rivest	NIST
輸出長度（bit）	128	160
輸入明文區塊長度（bit）	512 之倍數，無限制長度	512 之倍數，最多為 2^{64}
標準		美國標準
原始邏輯函數	4	3
備註	已遭受碰撞攻擊法	有加強版 SHA-1

2.5.2 MD5

MD5 是 Ron Rivest 於 1992 年 4 月,在 MIT 發展出來的,可輸入任意長度的資料,將之切割成長度為 512 位元的訊息區段,處理完後輸出固定長度為 128 位元的訊息摘要。如圖 2.11。

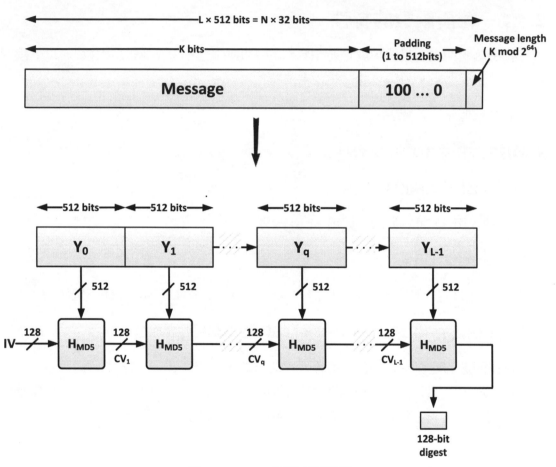

圖 2.11　MD5 運算處理流程

2.5.3　安全雜湊函數 SHA

安全雜湊函數(SHA)是由美國國家標準技術局(NIST)發展,1993 年發表在 FIPS PUB 180,1995 年更新版本為 FIPS PUB 180-1,通常稱之為 SHA-1。SHA-1 也列入了 RFC3174,兩者內容相同,但 RFC3174 追加了 C 程式碼的實作。

SHA-1 會產生 160 位元的雜湊值。在 2002 年，NIST 又修訂此標準，並公佈 FIPS 180-2，定義了 SHA 的三個新版本，分別為 SHA-256、SHA-384、SHA-512。這些新版的架構都相同，也使用 SHA-1 的同餘算術和二進位邏輯運算。在 2005 年，NIST 表示逐漸淘汰 SHA-1，並在 2010 年之前以其他的 SHA 家族（SHA Family）作為正式標準。如表 2.7。

表 2.7　SHA 家族參數比較

	SHA-1	SHA-256	SHA-384	SHA-512
訊息摘要長度	160	256	384	512
訊息長度	2128	2128	2128	<2128
區塊長度	512	512	1024	1024
字組長度	32	32	64	64
步驟數量	80	64	80	80
安全性	80	128	192	256

在此僅就 SHA-512 做說明。SHA-512 與其他 SHA 版本的架構最為類似。SHA-512 輸入最大訊息長度必須小於 2^{128} 位元，並且會產生 512 位元的訊息摘要作為輸出。輸入的訊息會切割成每區段 1024 位元來進行處理。如圖 2.12。

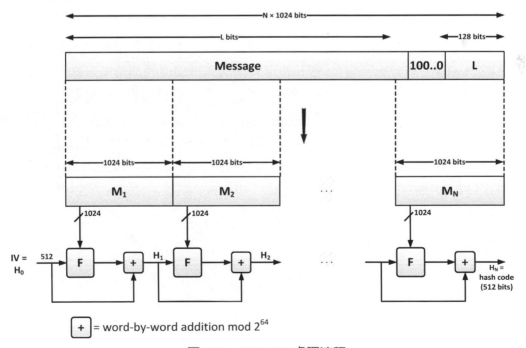

圖 2.12　SHA-512 處理流程

1. **附加填充位元**：在訊息之後附加填充位元，讓訊息長度符合 896 (mod 1024)。附加填充位元是必要步驟，縱使訊息本身的長度已經符合需求。因此，附加的填充位元數量從 1 到 1024，而填充位元的組成，是先加一個「1」位元，後續再補上所需長度的「0」位元。

2. **加上長度**：在訊息之後加上一段 128 位元區塊。此區塊被視為無正負號的 128 位元整數（以最高位元為優先），區塊內容是原始訊息（附加填充位元之前）的長度。前兩步驟的結果產生長度為 1024 位元整數倍的訊息。

3. **初始雜湊暫存區**：我們使用 512 位元暫存區儲存雜湊函數的中間值以及最後的結果。整個暫存區可以分成 8 個 64 位元的暫存器（a、b、c、d、e、f、g、h）。

4. **處理 1024 位元（128 字組）區塊裡的訊息**：這個演算法的核心是由 80 個回合所組成的模組。每個回合的輸入是 a、b、c、d、e、f、g、h 等合計 512 位元的暫存區，並且會更新這些暫存區的值。在第 1 回合的輸入，暫存區取得雜湊的中間值 H_{i-1}。每個回合 t 會利用源自目前 1024 位元區塊（M_i）所要處理的 64 位元的 W_t。利用訊息排程可以得到這些值；隨後會解說訊息排程。每個回合也會利用加法常數 K_t（$0 \leq t \leq 79$）表示這 80 個步驟。這些字組呈現了前 8 個質數立方根的前 64 位元，而常數提供了 64 位元樣式的「隨機化」集合，這會排除輸入資料的任何規律性。第 80 回合的輸出會加到第 1 回合（H_{i-1}）的輸入，而產生 H_i。相加的方式，是暫存區每 4 個字組，與 H_{i-1} 每個相對應的字組，以字組各自獨立相加，並且取 2^{64} 同餘。

5. **輸出**：處理過所有 n 個 1024 位元區塊之後，第 n 個階段的輸出就是 512 位元的訊息摘要。SHA-512 演算法有一個特性：雜湊碼的每個位元都是所有輸入位元的函數。基本的函數 f_t 在反覆使用後，讓產生的結果得以充分混合。也就是說，不太可能會有兩個隨機選取的訊息卻可以產生一模一樣的雜湊碼。即使選取的兩個訊息有類似規律的內容，也不太可能產生相同的雜湊碼。除非在 SHA-512 有隱藏的缺點（目前為止還沒有被發現），要發現兩個不同訊息卻有相同的訊息摘要的困難度為 2^{256} 個運算；而給予一個訊息摘要，卻想要產生出原來的訊息，其困難度為 2^{512} 個運算。

2.6　數位簽章

2.6.1　數位憑證的金鑰對

　　當與其他個人或企業通過網路環境進行通信時，需要建立一個安全的交換資訊通道來保證不會有第三方非法用戶截獲和讀取資訊。現在最先進的加密資料的方法，是透過使用金鑰對（Key pair）的方式。金鑰對包含一個公鑰和一個私鑰。我們可以把開鎖的鑰匙比作金鑰，不同的是，金鑰是一對數位的鑰匙，一把用於鎖門來保證安全，即加密；而另一把用於開門，即解密。應用軟體使用金鑰對中的一個金鑰來加密文件，必須使用與之配對的另一個金鑰才能解密。

　　在應用系統中，怎樣才能確保資訊被安全地寄送到接收方，途中不被他人截獲呢？透過使用金鑰對就可解決上述問題。

　　當使用者申請一個數位憑證時，瀏覽器產生一個私鑰和一個公鑰。私鑰只被憑證申請者使用，而公鑰會成為數位憑證的一部分。瀏覽器會要求你提供一個在你使用私鑰時的口令，該口令只有自己知道，這點是非常重要的（口令不要是自己的生日或別人容易猜到的數字或字母）。

　　收到並安裝數位憑證後，把數位憑證發給任何需要發送資訊給你的人。在數位憑證中包含了用於加密資訊的公鑰。別人向你發送資訊時會使用你的公鑰將資訊進行加密。因為只有你有與之配對的私鑰，所以，只有你才能夠解密。

　　同樣的，當你想要向別人發送加密的資訊，你必須先取得他們的公鑰。你可以在目錄伺服器中（一般而言，CA 系統在簽發憑證的同時，會將該憑證發佈到公開的目錄伺服器中供其他客戶查詢、下載用）查找他們的數位憑證。如果你收到經過簽名處理的電子郵件，你的電子郵件應用軟體一般會自動保存寄送方的數位憑證。

2.6.2　實現加密

　　加密技術使資料轉換成不可讀的型態。有許多不同的（和複雜的）打亂和還原資訊的方法。在網際網路上，加密技術常被用在兩種時機上：一種是當我們瀏覽使用了伺服器憑證的安全 Web 網站（例如線上購物），稱之為伺服器端加密技術；另一種則是接收和發送加密的電子郵件。這兩種用途中的加密處理過程都包含了交換公鑰的過程。

在加密過程中，可以使用公鑰（或私鑰）來加密資訊；反之，也可以使用與之配對的私鑰（或公鑰）來解密資訊。這看起來像是用一把鑰匙上鎖，而用另一把鑰匙開鎖。

例如，當訪問一個安全 Web 網站時，用戶端電腦接收到這個 Web 網站的公鑰（公鑰儲存在憑證裏，用戶端電腦對 Web 網站發送資訊時，可使用 Web 網站的公鑰加密；而解密這些資訊的唯一方法是由 Web 網站使用他們的私鑰。

同樣的處理方法也適用於電子郵件的收送。在向其他人發送加密資訊之前，你需要得到包含其公鑰的數位憑證，電子郵件應用軟體使用其公鑰對資訊進行加密處理；發送後，接收者使用他們的私鑰對資訊進行解密，不擁有接收者私鑰的其他人都無法完成該資訊的解密工作。因此，你可以向可能與你通訊的人發送你的數位憑證。值得注意的是，你務必保護好自己的私鑰，因為它是用於解密資訊的。

2.6.3　數位簽章流程

數位簽章的原理，首先將文件透過雜湊函數取得訊息摘要，再將訊息摘要使用自有的私鑰來加密，所得到的密文便是數位簽章。因為使用非對稱式加密系統，金鑰通常長度為 1024 位元。若文件長度較小尚無關緊要；然而，要簽章的文件若相當地大，使用這種方式加密必須花費相當多的運算時間。

因此，在實作上，我們必須先將文件取得訊息摘要（Message Digest），再對它加密。取得訊息摘要的方法就是使用雜湊函數（Hash Function）。雜湊函數的特性便是能把任意長度的訊息，經過計算後輸出成固定長度的雜湊值。前節已經敘述雜湊函數的特性，此處再做一些補充說明：

1. 若 $H(x)$為雜湊函數，x 為某訊息，則在任何時間下，$H(x)$永遠等於 $H(x)$。

2. 若 $H(x)=h$，無法由 h 反推 x 的值。亦稱為「單向」（One-way）。

3. 給定任意的 x 卻無法找出 y，且 $y \neq x$，使得 $H(y)=H(x)$。此稱為「弱碰撞抵抗力」（Weak Collision Resistance）。舉例來說，令 x="我愛你"，而 $H(x)=123$；假如 y="我恨你"，且 $H(y)$剛好也等於 123，此時就是 $H(x)=H(y)$。然而，我們雖然知道了 x 及 $H(x)$的值，卻無法再找出 y 使得 $H(y)=123$。

4. 無法找到 x 與 y，$(x \neq y)$，使得滿足 $H(x)=H(y)$，此稱為「強碰撞抵抗力」（Strong Collision Resistance）。若能找到 x 與 y，使得滿足 $H(x)=H(y)$，例如，x="我最愛妳了！"，y="我最恨你了！"且 $H(x)=H(y)=5920$。當某男孩寫了封信給他的女朋友，說"我最愛妳

了！"而某個情敵攔截了這封信件，即可竄改內容為"我最恨你了！"但是這種情況幾乎是不可能的，況且即使找到了，也要使句子通順又要符合題意，機會是很小的。

圖 2.13 為數位簽章的概念圖，簽章流程如下：

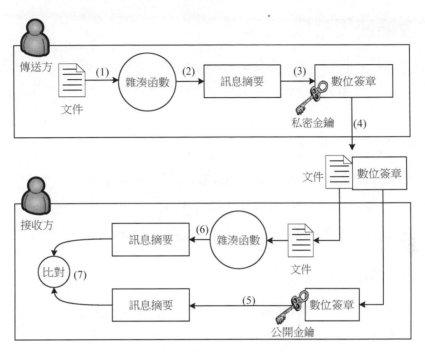

圖 2.13　數位簽章流程圖

上述的數位簽章流程，每個步驟說明如下：

❖ 步驟 1：傳送方提供一個文件。

❖ 步驟 2：將此文件進行雜湊函數運算後，取得訊息摘要。

❖ 步驟 3：傳送方使用自有的私密金鑰，將訊息摘要加密，密文則為數位簽章。

❖ 步驟 4：傳送方將文件及數位簽章一併傳送給接收方。

❖ 步驟 5：接收方使用傳送方的公開金鑰，將數位簽章解密後，取得訊息摘要。

❖ 步驟 6：接收方執行與傳送方相同的雜湊函數演算法，將傳送方的文件取得訊息摘要。

❖ 步驟 7：比對文件的訊息摘要與數位簽章解密後的值是否一樣，如果不相同，則代表文件或數位簽章可能被他人竄改過，或是數位簽章錯誤，或是簽章者並非傳送方本人。

2.6.4 金鑰使用時機

在 PKI 的環境，將會有一組金鑰對（Key pair），也就是公鑰及私鑰。可以應用的範圍相當廣泛，包括加密、解密、訊息簽章及簽章驗證。以下列出公鑰及私鑰的使用時機：

1. 當您要對訊息加密，則必須使用對方的公鑰。
2. 當您要解開別人加密給您的訊息時，必須使用您的私密金鑰。
3. 當您要將訊息簽章給別人時，必須使用您的私鑰。
4. 當您收到他人具有簽章的訊息時，必須使用他的公鑰才能驗章。

2.6.5 數位簽章演算法

數位簽章演算法包含「簽章演算法」及「驗章演算法」兩部分，您可使用您的私鑰並結合簽章演算法 $sig(x)$，將訊息 x 簽章；而他人可以使用驗章演算法 $ver(x)$ 及您的公鑰，來將 $sig(x)$ 檢驗是否合法。以下為數位簽章的演算法。

數位簽章演算法內含五個元素 $(\prod, A, K, \sum, v)$，其中：

❖ $\prod$ 為訊息的有限集合

❖ $\mathcal{K}$ 為簽章的有限集合

❖ $\mathcal{A}$ 是所有金鑰的有限集合

❖ $\sum$ 是簽章演算法的有限集合

❖ v 是驗章演算法的有限集合

每個 $K \in \mathcal{K}$，簽章演算法 $sig_K \in \sum$，相對應的驗章演算法 $ver_K \in v$；每個 $sig_K : \prod$

$\rightarrow \mathcal{A}$ 且 $ver_K : \prod \times \mathcal{A} \rightarrow \{true, false\}$，驗證函數如下所示，其中訊息 $x \in \prod$，簽章值 $y \in \mathcal{A}$：

$$ver(x, y) = \begin{cases} true & \text{if } y = sig(x) \\ false & \text{if } y \neq sig(x) \end{cases}$$

以上為數位簽章整體的定義，就上述而言，y 就是訊息 x 的數位簽章。以下我們將為您說明目前廣為使用的各種數位簽章演算法。

一、RSA 簽章演算法

RSA 不僅能將資料加、解密，也是常用的數位簽章演算法[4]，其定義如下。

系統任選兩個大質數 p、q。

計算其乘積 $n = p \times q$，而且 $\phi(n) = (p-1) \times (q-1)$

使用者隨意選擇一把公開金鑰 e，但是這把公開金鑰 e 必須與 $\phi(n)$ 互質，也就是說 $\gcd(e, \phi(n)) = 1$ 這項式子成立。

系統計算 $d \times e = 1 (\mod \phi(n))$，即可得到私密金鑰 d。

當使用者需要對文件 m 簽章時，就可以使用私密金鑰去簽署，而得到簽章 $s = m^d \mod n$ 。

如果收到別人送來已簽署的文件和簽章 (m, s) 需要驗證，則透過計算 $m' = s^e \mod n$

進一步驗證 m 是否等於 m′，如果相等就表示該簽章是正確的。

二、ElGamal 簽章演算法

ElGamal 加密演算法是在 1985 年時提出的[5]，是建立在解離散對數問題（Discrete Logarithm Problem，DLP）困難度上的加密演算法，其應用在數位簽章的演算法如下。

1. 首先產生一個大質數 p 及模 p 之原根（Generator）g。

2. 使用者隨意選擇一把私密金鑰 x，但是 x 必須滿足 $1 < x < p-1$。

3. 系統計算出公開金鑰 $y = g^x \mod p$。

4. 當使用者欲對文件 m 簽章時，必須先選擇任一個整數 k，滿足 $\gcd(k,(p-1))=1$。

系統計算出 $r = g^k \bmod p$、$s = k^{-1}(m-xr)\bmod(p-1)$，且 $1 < m < p\text{-}1$。

即完成了簽章動作，也就是送出文件 m 和簽章(r,s)。

對方收到文件 m 和簽章(r,s)後，進行驗證的動作是：

計算 $g^m \overset{?}{\equiv} y^r r^s (\bmod p)$，如果等式成立，即確認簽章是正確的。

三、Schnorr 簽章演算法

Schnorr 在 1989 年提出 Schnorr 演算法，該方法獲得美國專利編號 4995082，於 1991 年 2 月發佈，在 2008 年 2 月期滿，它的安全性基於解離散對數的困難問題上，其應用在數位簽章的演算法如下。

1. 系統產生兩個大質數 p 及 q，且滿足 $q \mid p-1$、$q \geq 2^{160}$ 及 $p \geq 2^{512}$。

2. 系統任意選擇 $g \in Z_p$，且滿足 $g^q \bmod p = 1$，但是 g 不為 1。

3. 使用者隨意選擇一把私密金鑰 x，且 x 滿足 $1 < x < q$。

4. 系統計算公開金鑰 $y = g^x \bmod p$。

5. 當使用者欲對文件 m 簽章時，先隨意選擇一個整數 k，且 k 滿足 $1 < k < q$。

6. 系統計算出 $t = g^k \bmod p$、$r = h(t,m)$ 以及 $s = (k-xr)\bmod q$；$1 \leq m \leq (p\text{-}1)$，$h$ 為任意一種單向雜湊函數。

7. 最後將文件 m 和簽章(r,s)傳送給對方。

當對方收到文件 m 和簽章(r,s)後，計算出 $t' = g^s y^r \bmod p$，帶入 $h(t',m)$ 計算後的值與 r 比較是否相等，如果相等則確認簽章是合法的。

四、DSA 簽章演算法

DSA 為 1991 年 8 月間由美國國家標準技術局（National Institute of Standard and Technology，NIST）所提出。DSA 的安全度與上述 ElGamal、Schnorr 演算法一樣，都是建立在解離散對數問題（DLP）的困難度上。

1. 系統產生 p、q 兩個大質數，且 p 是 512 位元的質數，q 是 160 位元的質數，並滿足 $q \mid p-1$。

2. 系統計算 $g = h^{(p-1)/q} \bmod p$ ；h 為 1 到 $p-1$ 之間的任一整數。

3. 當使用者欲對文件 m 簽章時，選擇一把私密金鑰 x，且 x 滿足 $1 < x < q$。

4. 系統計算出公開金鑰 $y = g^x \bmod p$。

5. 接著使用者再隨意選擇一整數 k，滿足 $0 < k < q$ 且 $k^{-1}k \bmod q = 1$。

6. 系統計算出 $r = g^k \bmod p$、$s = k^{-1}(H(m) + xr) \bmod q$ ；$1 < m < (p-1)$，H 為任意一種單向雜湊函數。

7. 最後將文件 m 和簽章(r, s)傳送給對方。

    當對方收到文件 m 和簽章(r, s)，先檢查 r 與 s 是否介於 0 到 $q-1$ 之間。

    如果是，系統計算出 $t = s^{-1} \bmod q$、$r' = (g^{(H(m)t)} y^{rt} \bmod p) \bmod q$。

    比對 r 是否等於 r，如果是，則確認簽章的合法性。

習 題

1. 密碼安全系統分哪兩部分？

2. 公開金鑰密碼系統分為哪兩種？

3. 雜湊函數有哪些特性？

4. SHA 目前有哪些版本？

5. 數位簽章的流程？

6. 在 PKI 環境下，密鑰對要如何使用？哪種情況使用公開金鑰？哪種情況使用私密金鑰？

7. 數位簽章方法是由哪兩種演算法組成的？

8. 目前有哪些常用的數位簽章演算法？

9. RSA 除了可以數位簽章，還可以做何用途？

10. 在 DSA 裡頭有幾個公開金鑰？幾個私密金鑰？

參考文獻

[1] William Stallings, Cryptography and Network Security: Principles and Practice (7th Edition), Published by Pearson Education Inc., 2017.

[2] Windows Server 2012 R2 Implementing a Basic PKI:

https://mva.microsoft.com/en-us/training-courses/windows-server-2012-r2-implementing-a-basic-pki-8419?l=qbdJhRKz_804984382

[3] RFC3280, "Internet X.509 Public Key Infrastructure Certificate and Certificate Revocation List CRL) Profile," Apr., 2002.

[4] RFC922, "Standard for the Format of ARPA Internet Text Messages," Aug.13, 1982.

[5] R. Rivest, A. Shamir and L. Adleman, "A Method for Obtaining Digital Signatures and Public-Key Cryptosystems," Communications of the ACM, Vol.21, No.2, pp.120-126, 1978.

[6] T. Elgamal, "A Public Key Cryptosystem and A Signature Scheme Based on Discrete Logarithms," IEEE Transactions on Information Theory, Vol. IT-31, No.4, pp.469-472, 1985.

[7] "Proposed Federal Information Processing Standard for Digital Signature Standard (DSS)," Federal Register, Vol.56, No. 169, pp.42980-42982, 1991.

[8] "The Digital Signature Standard Proposed by NIST," Communications of the ACM, Vol.35, No.7, pp.36-40, 1992.

[9] Andrew Nash, William Duane, Celia Joseph, "PKI: Implementing and Managing E-Security," Published by McGraw-Hill, 2001.

[10] John the Ripper v1.4 使用說明 http://www.skrnet.com/skrdoc/text/f02/f02001.htm

[11] RSA Factoring Challenge: https://en.wikipedia.org/wiki/RSA_Factoring_Challenge

CHAPTER 03

公開金鑰基礎建設

數位憑證應用的推廣,以公開金鑰基礎建設(PKI)為根本。本章將說明什麼是 PKI,以及介紹 PKI 的應用。內容包含:

3.1 公開金鑰基礎建設

3.2 PKI 的組成

3.3 我國公開金鑰基礎建設

3.4 PKI 的應用

本書的內容以數位憑證技術與應用為主題；而數位憑證技術則以公開金鑰基礎建設（PKI）為根本。本章將說明什麼是 PKI，以及介紹 PKI 的應用。

3.1　公開金鑰基礎建設

　　公開金鑰基礎建設簡稱為 PKI，PKI 是 Public Key Infrastructure 的縮寫。PKI 透過非對稱加密演算法（Asymmetric Cryptosystem），亦即公開金鑰加密演算法，配合公鑰（Public Key）及私鑰（Private Key）的使用，將傳輸的資料進行加（解）密及簽（驗）章。因此，PKI 的應用，可以達到資料完整性及身分驗證等效果。

　　如前所述，非對稱式加密系統包含一組金鑰對（Key pair），即一把公鑰及一把私鑰；公鑰公諸於世，私鑰則由自己妥善保管。資料由某一把金鑰加密（Encrypt），則必須以另一把配對的金鑰才能解密（Decrypt）。若 Bob 的公鑰及私鑰分別為 *PubK* 及 *PrivK*，則 Alice 可使用 Bob 的公鑰將訊息 M 加密成密文 C：

$$C = E_{PubK}(M)$$

　　而 C 只能由 Bob 才得以解密回復訊息 M：

$$M = D_{PrivK}(C)$$

　　因為只有 Bob 擁有解開密文 C 的私鑰。相反地，若 Bob 以他的私鑰將訊息 M 進行加密，並得到密文 S：

$$S = E_{PrivK}(M)$$

　　計算出 S 後，Bob 將 S 連同訊息 M，即 (M, S)，一併傳送給 Alice，Alice 便可以使用 Bob 的公鑰進行解密，並算出明文 M'：

$$M' = D_{PubK}(S)$$

　　並檢查 M' 是否等於 M，若是，則表示訊息 M 確實為 Bob 所傳送，且未遭到竄改，而此種加密行為即為數位簽章（Digital Signature）的概念。有關公開金鑰密碼系統以及數位簽章，請參考第 2 章有更詳細的說明。

3.1.1 PKI 四大功能

一、身分驗證（Authentication）

身分驗證為驗證某個個體是否具有合法身分。身分驗證必須由個體主動提出驗證資訊，使對方能依此資訊進行比對。如前所述，許多生活中的服務都已資訊化，無論登入內外部網路，或從事網路購物交易，都必須經過身分驗證，以確定對方身分，如此才能確保網路安全，以及防止私密資料外洩。

目前有許多不同的身分驗證機制，以下介紹幾種常見的身分驗證的類型：

1. 你所知道的東西（Something You Know）：這種身分驗證方法是最常用的方式，也就是經由你記住的東西來做驗證，像是密碼、通關密語（Pass Phrase）及個人識別碼（PIN）等。

2. 你所擁有的東西（Something You Have）：就是你所握有的物品，經由這個物品來使對方確定是你本人。例如智慧卡（Smart Card）、USB 符記（Token）及 RFID 標籤等，便是屬於此類驗證方式。

3. 你自己（Something You Are）：此種方式是最為安全，同時也是設備最昂貴的一種識別方式，針對個人的特徵進行比對。目前應用的生物特徵識別方式包含臉型、指紋、掌紋、虹膜、視網膜、語音及體形等特徵。

4. 你所做的動作（Something You Do）：此方式是以個人習慣加以驗證，例如敲擊鍵盤的力度、頻率或筆跡、說話方式等皆是，但準確率較低。

5. 你所處的位置（Somewhere You Are）：根據所在的位置加以判斷身分，例如電話號碼。此方式最常用在防火牆的設定，如使用者從哪個國家（IP Address）連結。

以我國內政部憑證管理中心所核發的「自然人憑證」為例，所應用的身分驗證方式為上述第 1、2 種方式，使用者上網應用服務時，必須先將個人所擁有的 Smart Card（即 Something You Have）插入讀卡機，並輸入 PIN 碼（Something You Know），經過遠端伺服器驗證成功後，才能使用線上服務。

PKI 提供數位憑證機制，以達成身分驗證作用，使用者（或企業、伺服器等）必須先自行（或由 CA）產生金鑰對及憑證簽章要求（Certificate Signing Request），再向憑證中心（Certificate Authority，CA）提出申請，最後在 CA 所核發給您的數位憑證中便包含您的公鑰、身分資料及 CA 簽章。因此，同時使用數位憑證及私鑰，就能向他人證明自己的身分。

二、完整性（Integrity）

　　確保接收方所接收到的資料內容與發送方所傳送的內容一致，亦即資料在傳輸、儲存或行程（Process）中未受任何竄改，便是資料完整性。維持資料完整性必須致力於三項工作：

1. 預防未授權者（人、行程、程式及執行緒等）修改系統資源。

2. 預防已授權者修改不在他權限範圍內的系統資源。

3. 資料對內對外、傳送前及傳送後都必須保持一致性。

　　因此，使用 PKI 的數位簽章技術，能使用您的私鑰將訊息加密（加密後的密文也就是該訊息的數位簽章），同時將訊息及數位簽章傳送給對方；當對方接收到之後，則使用您的公鑰將數位簽章解密，並與訊息加以比對。若解密後的數位簽章等於原訊息，便能證明此一訊息未受到竄改。如果發現訊息曾被竄改，接收方可以要求您重新傳送一次，如此可達到資料的完整性。

　　如同在第 2 章的介紹，在實作上並不會直接將訊息進行「簽章」的動作，因為若訊息相當大，使用非對稱式加密系統（如 RSA）對訊息簽章，必須耗費非常可觀的運算時間及系統資源。因此，將訊息進行數位簽章前，可先取得訊息摘要（Message Digest），也就是取得該訊息的指紋。這種轉換函數稱為「雜湊函數」（Hash Function），能將任意長度的訊息，計算出一組固定長度的輸出值（Hash Value），再針對此輸出值進行簽章，便能提升簽章速度。表 3.1 為目前常見的雜湊函數及其輸入、輸出長度的比較。

表 3.1　常見的雜湊函數比較

雜湊函數	MD5[1]	SHA-1[2]	SHA-512
可接受的輸入長度	∞	$< 2^{64}$ bits	$< 2^{128}$ bits
輸出長度	128 bits	160 bits	512 bits

三、機密性（Confidentiality）

能將資料、文件或資源等加以處理，使其無法被未授權者進行存取，便可達到「機密性」。在 PKI 環境中，我們可以使用金鑰（可能是對稱式加密系統的 DES、Triple DES 及 AES，或是非對稱式加密系統的 RSA、ElGamal 或 Elliptic Curve，或是兩者的結合）將重要的訊息加密，但僅有特定人員才能解密閱讀其內容。

假設您欲使用「網路 ATM」（假設未使用 PKI），將一筆錢轉帳給您的朋友，但管控您所使用網路的房東在您按下「確定轉帳」後，透過封包監聽得知該內容，並將此轉帳的網路封包內容加以竄改，將該筆款項轉入房東的人頭帳戶中，如此，將造成您財產上的損失。

因此資料的機密性，亦是 PKI 重要的一環。

四、不可否認性（Non-repudiation）

使用非對稱式加密系統，能使對方無法否認他曾經做過的事情；因為只有發送者握有他的私密金鑰，因此他不能否認某數位簽章是由他發出的。試著想想：若全國民眾收到一封由地方政府所發出的電子郵件，內容寫著「即日起至 12 月 31 日止，65 歲以上民眾可至縣（市）政府領取 6,000 元老人年金」，那麼將對許多人產生相當大的不便；但由於一般電子郵件未進行電子簽章，因此縣（市）長可以否認曾發出此郵件。

---

[1]　MD5 已於 2004 年證實已被破解。王小雲等學者於 2004 年 8 月 17 在國際密碼會議 Crypto 2004 發表一篇論文 "Collisions for Hash Functions MD4, MD5, HAVAL-128 and RIPEMD"，論文指出能在短時間內找出一對碰撞(Collision)值，也就是說使用 MD5 的數位簽章將不再安全，數位簽章將會被竄改。如您有興趣，破解 MD5 之原始碼已發表：http://it.slashdot.org/article.pl?sid=05/11/15/2037232。

[2]　SHA-1 目前廣泛的使用在許多系統，其他更安全的雜湊函數請參閱第 2 章。

然而，使用 PKI 則可將訊息先進行數位簽章，再發送給對方，如此一來，對方能確定寄信者身分，寄信者亦不能否認其行為，如此能大大提高可信度。表 3.2 為 PKI 特性比較表。

表 3.2　PKI 特性比較表

特性	目的	加密系統	演算法
身分驗證（Authentication）	驗證對方身分	對稱式	MAC
		非對稱式	RSA、DSA、ElGamal
完整性（Integrity）	檢查收到的資料內容是否與傳送的內容一致	雜湊函數	MD5、SHA-1
		對稱式	MAC
		非對稱式	RSA、DSA
機密性（Confidentiality）	使得資料不被未授權者閱讀內容	對稱式	DES、3-DES、AES
		非對稱式	RSA、DH
不可否認性（Non-repudiation）	使得傳送方無法否認其行為	非對稱式	RSA、DSA

3.1.2　註冊中心之功能職掌

❖ 產生自己的公鑰／私鑰對。

❖ 要求 CA 產生使用者憑證。

❖ 驗證使用者所出示的公鑰是否唯一對應至其所持有的私鑰（大多透過零知識協定，Zero-knowledge Protocol）。

❖ 遞送憑證給其擁有者（使用者憑證）。

❖ 維護憑證擁有者的電話號碼、職務及通訊地址等資訊。

❖ 建立及維護系統的稽核紀錄（Audit Logs）。

❖ 註冊中心（RA）的操作人員（們）要使用分持機密（Knowledge Splitting）的方式來分享系統權力。

3.1.3 憑證中心之功能職掌

❖ 產生自己的公鑰／私鑰對。

❖ 執行公鑰／私鑰對的品質測試（依據 FIPS 186 標準規範）。

❖ 產生、遞送、註銷及封存所屬憑證中心（CA）或使用者的憑證。

❖ 確保其所屬 CA 與使用者的命名並無碰撞（Collision）。

❖ 在發行憑證之前，驗證所屬 CA 或使用者所出示的公鑰是否唯一對應至其所持有的私鑰。

❖ 簽署及驗證數位簽章。

❖ 產生、維護、分派及封存憑證撤銷名單（CRLs）。

❖ 維護已發行憑證的記錄。

❖ 產生時戳（Time Stamp）。

3.1.4 政策認可機構之功能職掌

❖ 建立 CAs 與 RAs 的安全政策，包括人員安全（Personnel Security）、實體及系統安全（Physical & System Security）、封存（Archiving）、記錄（Logging）與稽核（Auditing）。

❖ 檢核 CAs 與 RAs 的一致遵循性（Compliance）。

❖ 設立內部交互認證的政策。

❖ 建立使用政策之識別符（Policy Identifier）。

❖ 設立根憑證中心（Root CA）與其他外部 PKI 之交互認證的政策。

3.1.5　目錄服務之功能職掌

❖ 由一個或多個互連的目錄服務（Directory Service，DS）提供憑證、CRLs、CKLs 及其他政策資訊的線上可用性（On-line Availability）。

❖ 以 X.500 Directory 為技術基礎。

❖ 所用的軟硬體設備或系統必須為 C2 以上安全等級。

❖ 所儲存的資料必須由 DS 的建立者加以簽署（例如 DSA）。

❖ 提供所有使用者讀取的權力，但只有被授權者可以擁有寫入的權力。

3.1.6　電腦安全物件註冊機構之功能職掌

❖ 必須經由政府主管機關的授權方可執行任務。

❖ 指定物件識別符（OIDs）、CA 作業政策、CA 發行政策。

❖ 所註冊的政策必須由提出機構加以簽署，但電腦安全物件註冊機構（Computer Security Objects Register，CSOR）並不對這些政策加以檢查、驗證、或訂立制裁規則（Sanction）。

❖ 用於政府機構的政策及可信任等級（Assurance Level）在向政策認可機構（Policy Approval Authority，PAA）註冊之前，必須由 CSOR 加以審核及訂立制裁規則。

3.2　PKI 的組成

整個 PKI 環境，將由以下數個要素所組成。

3.2.1　安全政策（Security Policies）

建置 PKI 環境必須嚴謹地考量整體組織所需要的各種安全性政策。首先需要了解使用者人數，並規劃所要達到的目標，接著衡量哪些單位必須導入 PKI，最後再依這些需求開始訂定安全政策。

例如：是否需要建立自簽憑證中心，或是由更具公信力之憑證中心為組織簽發憑證、是否需要多個次級憑證中心、發行給使用者的憑證有效期間多長、金鑰長度、金鑰使用方式、使用智慧卡或 USB Token 來儲存個人憑證。許多安全政策必須先行釐清，才能進行 PKI 的部署。

3.2.2　憑證中心（Certificate Authority）

憑證中心（Certificate Authority，CA）對照現實生活中，有如各地戶政事務所的角色一般。以「印鑑證明」為例，某民眾可向戶政事務所申辦自己的印鑑證明，如此一來，他便能使用他的印章在各處進行「簽章」，檢驗者便可以由他的印鑑證明與他的簽章比對，這就是生活中的簽、驗章。然而，印鑑證明必須要有一個關鍵，也就是政府單位的「戳印」，因為政府單位具公信力，因此驗章者便能相信該民眾的簽章是正確的。

圖 3.1　GRCA 通過 AICPA/CICA WebTrust for CAs 稽核標章

相同地，CA 必須是具公信力的第三者，所核發的憑證才會被其他人所信任；若某不具公信力的 CA（像是您自行建置的）核發一張數位憑證給您，而您以此憑證進行數位簽章，自然不被他人所信任。

然而，如何才能成為「具公信力」的 CA 呢？CA 的私鑰等機密檔案必須安全地保管著，若是私鑰遭他人非法取得，則他將可無止境地以 CA 的身分核發出大量的數位憑證。因此，必須在 CA 的電腦設備進行多樣的安全性保全，包含門禁管理、防火牆設置、入侵偵測、異地備援等十分嚴密的安全控管。

以我國「政府憑證總管理中心」（GRCA）為例，GRCA 通過 BS7799-2:2002 認證[3]、通過 ISO 27001:2005 評鑑、通過 AICPA/CICA WebTrust for CAs 稽核標章等（如圖 3.1），因此，全球大多數的系統商才願意將臺灣 GRCA 加入其根憑證列表之中。

圖 3.2 為微軟（Microsoft）的根憑證列表，您亦可由"Internet Explorer"瀏覽器中的「**工具**」／「**網際網路選項**」／「**內容**」頁籤／「**憑證**」中開啟此畫面。

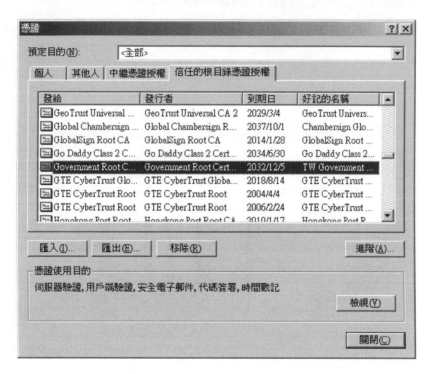

圖 3.2　微軟作業系統「信任的根目錄憑證授權」

如圖 3.3 所示，微軟所發展的作業系統，為了使電腦中的根目錄憑證能經常更新，使用者只需使用微軟的線上更新（Windows Update）服務，便能將目前最新的根目錄憑證升級至最新版本；但「根憑證更新」並非重大更新，因此您必須手動選取才能安裝。

---

[3]　BS7799 為英國標準協會 (British Standards Institution, BSI) ，所提出的資訊安全標準，是目前國際間最常採用的資訊安全管理制度。有關 BSI 資訊安全標準請參考：http://emea.bsi-global.com/InformationSecurity/index.xalter 。

圖 3.3　微軟作業系統的根憑證更新

一、CA 的主要功能

CA 的主要功能包含以下四項：

1. 憑證核發（Issue）、展期（Renew）及廢止（Revoke）：CA 接受憑證簽署要求（Certificate Signing Request，CSR），並核發所要求的憑證，以及憑證的展期、廢止等。

2. 憑證保存：CA 除保存自有之憑證外，尚必須完整記錄所有的有效憑證、過期憑證及經廢止過的憑證清單（Certificate Revocation List，CRL），以及憑證各種異動紀錄。

3. 憑證查詢與分送：必須回應客戶端對其他用戶憑證資料的查詢（Online Certificate Status Protocol，OCSP），包含有效憑證、過期憑證及廢止憑證，並且能分送憑證管理的相關資料給要求者。圖 3.4 為微軟 IE「**工具**」／「**網際網路選項**」中的畫面，畫圈部分勾選則表示若被瀏覽的伺服器裝有數位憑證，將線上檢查該憑證是否被廢止；勾選此選項後，瀏覽含有數位憑證的網站，瀏覽速度將會降低。

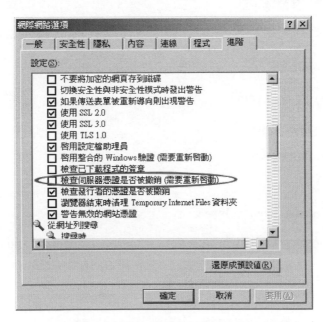

圖 3.4　微軟 IE 能自己檢查伺服器憑證是否被撤銷

4. 憑證提供：當用戶發生各種糾紛時，CA 必須能提供用戶數位憑證等相關資料供仲裁單位參考。憑證中心（CA）的功能，如圖 3.5 所示。

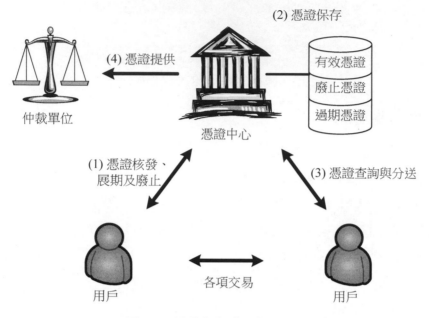

圖 3.5　憑證中心（CA）的功能

二、SSL 憑證服務提供者

以下是幾家著名的 SSL 憑證服務提供者（SSL Certificate Providers）：

1. VeriSign：www.verisign.com

2. GeoTrust：www.geotrust.com

3. Comodo：www.comodo.com

4. DigiCert：www.digicert.com

5. Thawte：www.thawte.com

6. GoDaddy：tw.godaddy.com/web-security/ssl-certificate

7. Network Solutions：www.networksolutions.com/SSL-certificates/index.jsp

三、CA 的種類

我們將 CA 分為三種，分別為 Root CA、Subordinate CA 及 Bridge CA。圖 3.6 為三種 CA 的關係圖。

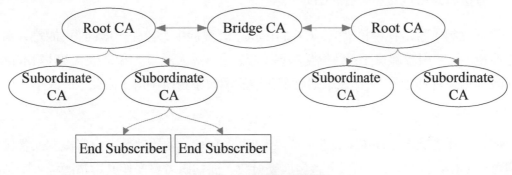

圖 3.6　CA 種類關係圖

1. Root CA：即為整個 PKI 架構之首，其憑證為「自簽憑證」（Self-signed Certificate），也就是自己簽發給自己，因此發行者（Issuer）及主體（Subject）都是 CA 自己。

2. Subordinate CA：由其他 CA 所核發的憑證管理中心，能再向下核發憑證給其他單位或個人。

3. Bridge CA：用以橋接其他 PKI 的 CA。如圖 3.7 所示，若有五個國家，共有五個 PKI 環境，若要將這五個 PKI 相互認證，則必須 10 條認證路徑（如圖 3.7 左邊）；但若建置一個橋接式的 CA，這五個 PKI 只要認證中間這個 Bridge CA，便能認證其他四個 PKI 環境（如圖 3.7 右邊）。

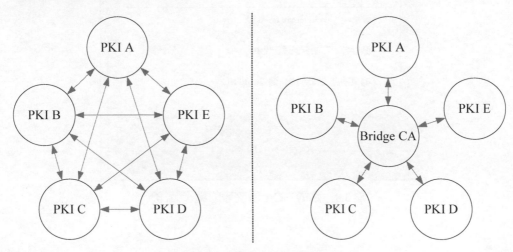

圖 3.7　Bridge CA 的角色

3.2.3　註冊中心（Registration Authority）

　　註冊中心（Registration Authority，RA）為憑證申請者申辦憑證的窗口。申請者必須向 RA 提出身分證明，如符合規定，則 RA 再通知 CA 產生申請者的憑證，最後再依規定，直接將憑證送交申請者或由 RA 送交。

　　舉例說明：若是在學校單位，CA 將由電子計算機中心擔任，RA 則可能是人事室及註冊組，同時對教職員工以及學生服務；若以「自然人憑證」為例，CA 則是 MOICA（內政部憑證管理中心），而民眾則可至各地的戶政事務所申辦，因此，戶政事務所便是 RA。

　　還有一種方式，是將 CA 與 RA 整合，如我國 GCA 便屬此類。政府機關或各民營機構可向 GCA（由行政院研究考核發展委員會，簡稱研考會操作）申請憑證，申請時須由該單位發公文（函）至行政院研考會，說明申請原因，經核准後便可直接下載 GCA 所核發的憑證。圖 3.8 為 GCA 所核發出來的憑證。

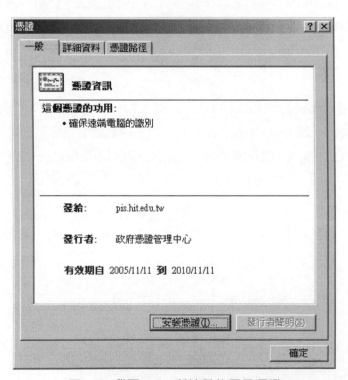

圖 3.8　我國 GCA 所核發的電子憑證

3.2.4　憑證發放系統（Certification Distribution Systems）

在 CA 產生申請者的數位憑證後，某些 CA 會建置一個電子化的數位憑證發放系統，供申請者線上取得核發的憑證。圖 3.9 為 Comodo 個人電子郵件數位憑證領取之通知畫面。當 Comodo 核准產生數位憑證後，便會發出一封含有 PIN code 的電子郵件給憑證申請者，申請者可直接輸入 PIN code 後，便能線上取得其數位憑證。Comodo 的 90 天免費憑證申請網址為：https://secure.instantssl.com/products/SSLIdASignup1a。

圖 3.9　Comodo 個人數位憑證領取通知

3.2.5　應用程式（PKI-enabled Applications）

除了既有的應用程式能服務使用者外，必須另有供 PKI 環境使用的應用程式。PKI 應用程式必須能夠讀取使用者的數位憑證，並加以剖析及驗證，除確認其身分的正確性、簽章路徑及憑證正確性外，還必須驗認憑證的有效期間是否過期，經過上述檢驗後才能繼續使用其他應用程式。

一般應用於 HTTP 網頁式的應用程式，若欲結合 PKI 的驗證機制，通常必須以 ActiveX 的方式將 PKI 程式整合起來，供瀏覽者直接下載安裝並執行。

3.2.6 使用者（Users）

使用者為 PKI 環境中最主要的服務對象，憑證使用者可能為：

1. 民眾
2. 伺服器
3. 終端設備
4. 行動裝置
5. 應用程式

3.3 我國公開金鑰基礎建設

3.3.1 政府機關公開金鑰基礎建設

政府機關公開金鑰基礎建設（Government Public Key Infrastructure，GPKI）是依據「電子化政府推動方案」，為健全電子化政府基礎環境、建立行政機關電子認證以及安全制度而設立，並依照 ITU-T X.509 標準建置階層式的 PKI。GPKI 的起源為「政府憑證總管理中心」（Government Root Certification Authority，GRCA），由 GRCA 向下核發各政府機關的憑證，圖 3.10 為 GPKI 的第 1、2 層 CA 架構。

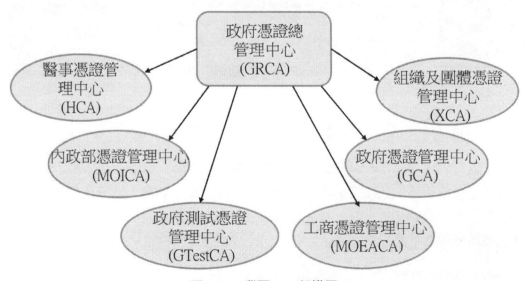

圖 3.10　我國 PKI 架構圖

政府憑證總管理中心下轄有：政府憑證管理中心（GCA）、政府測試憑證管理中心（GTestCA）、組織及團體憑證管理中心（XCA）、工商憑證管理中心（MOEACA）、自然人憑證管理中心（MOICA）、醫事憑證管理中心（HCA）等。

加入政府機關公開金鑰基礎建設的憑證中心，為各目的事業主管機關所建置的憑證中心，其所核發的憑證應用於電子化政府的各項應用，以提供更便捷的網路便民服務、提昇政府行政效率、促進電子商務的應用發展，以及網路安全的應用發展。

3.3.2 電子化政府的電子認證服務分工

依據「電子化政府推動方案」所訂定的具體措施分工如下：

1. 國家發展委員會：政府憑證總管理中心（GRCA）、政府憑證管理中心（GCA）、政府測試憑證管理中心（GTestCA）、組織及團體憑證管理中心（XCA）。

2. 經濟部：工商憑證管理中心（MOEACA）。

3. 內政部：自然人憑證管理中心（MOICA）。

4. 衛生福利部：醫事憑證管理中心（HCA）。

3.4 PKI 的應用

網路上的 PKI 應用程式與日俱增，應用範圍從身分證明、資料加密、網路繳費、各項資料查詢申辦，以至於單機操作的存取控管（如 USB Token），都是 PKI 所專屬的應用服務，以下是時下最受歡迎的 PKI 應用：

1. 戶政、地政應用服務

2. 交通罰鍰查詢

3. 帳單查詢、繳費

4. 稅務申報

5. 電子郵件簽章、加密

6. 伺服器身分證明

7. 通訊加密

雖然使用 PKI 似乎增加了一些麻煩，但為了建立一個安全的網路應用環境，民眾、企業及政府等事業單位逐漸能夠接受且投入資源，因為 PKI 帶來的優點遠大於這些麻煩，各項 PKI 應用如雨後春筍一般出現。

習 題

1. PKI 有哪四大功能？

2. PKI 的組成元素有哪些？

3. CA 的主要功能為何？

4. CA 有哪幾種？個別的功能又如何？

5. 我國電子化政府的電子認證服務分工情形如何？

6. 註冊中心（RA）的主要功能為何？

7. PKI 應用程式需要具有哪些功能？

8. 什麼是 Root CA？

9. HCA（醫事憑證管理中心），由哪個政府單位負責？

10. 政府憑證總管理中心（GRCA）下轄有哪些憑證管理中心（CA）？

參考文獻

[1] 台灣網路資訊中心：網路統計資料庫線上查詢系統 http://stat.twnic.net.tw/

[2] 瞭解公開金鑰加密 - TechNet – Microsoft：https://technet.microsoft.com/zh-tw/library /aa998077(v=exchg.65).aspx

[3] User Authentication: https://searchsecurity.techtarget.com/definition/user-authentication.

[4] FIPS Publication 180-4, Secure Hash Standard: https://ws680.nist.gov/publication/get_pdf.cfm? pub_id=910977.

[5] Douglas R. Stinson, "Cryptography Theory and Practice," 2nd Edition published by Chapman & Hall/CRC, 2002.

[6] "The RSA Challenge Numbers", RSA Security, http://www.rsasecurity.com/rsalabs/node.asp? id=2092.

[7] 林祝興、張明信，資訊安全概論，3rd Ed.，旗標出版股份有限公司，2017。

[8] PKI: Implementing & Managing E-Security By: Andrew Nash, William Duane, Celia Joseph

[9] http://en.wikipedia.org/wiki/Public_key_infrastructure

[10] GRCA: https://grca.nat.gov.tw/index2.html

[11] GPKI: https://grca.nat.gov.tw/02-01.html

CHAPTER 04

數位憑證

本章將介紹數位憑證的意義、功用、種類、格式及階層，也介紹數位憑證的安全性和
數位憑證的應用等。內容包含：

本章將介紹數位憑證格式及階層，以及數位簽章的原理，如何使用數學計算，來將電子形式的文件簽章。也介紹數位憑證的安全性和數位憑證的應用等。

4.1　數位憑證簡介

　　數位憑證（Digital Certificates）就是網路中標識個體身分資訊的一系列資料，提供了一種在網路上驗證個體身分的方式，其作用類似於日常生活中的身分證，有時被稱為數位化身分證。它是由憑證機構（Certificate Authority，或稱憑證中心）所核發的，人們可以在網上用它來識別及驗證對方的身分。

　　數位憑證是經憑證授權中心數位簽名的一系列資料，包含公開金鑰擁有者資訊以及其他相關的資訊。最簡單的憑證包含一個公開金鑰、憑證擁有者名稱以及憑證授權中心的數位簽名。一般情況下，憑證中還包括金鑰的有效期限、發證機關（憑證中心）的名稱、該憑證的序列號碼等資訊。憑證的格式遵循 ITUT X.509 國際標準。

　　一個標準的 X.509 數位憑證包含以下各項欄位：

1. **版本號碼**：憑證所符合之 X.509 標準的版本。
2. **序號**：憑證授權單位所發行，可用來唯一識別該憑證的號碼。
3. **憑證演算法識別碼**：憑證授權單位簽署數位憑證時，所使用的特定公開金鑰演算法的名稱。
4. **發行者名稱**：實際發行憑證之憑證授權單位的身分。
5. **有效期限**：數位憑證具有效力的期間，包含開始日期與到期日期。
6. **主體名稱**：數位憑證擁有者的名稱。
7. **主體公開金鑰資訊**：和數位憑證擁有者關聯的公開金鑰，以及和公開金鑰關聯的特定公開金鑰演算法。
8. **發行者唯一識別項**：可用來唯一識別數位憑證發行者的資訊。
9. **主體唯一識別項**：可用來唯一識別數位憑證擁有者的資訊。
10. **其他資訊**：使用及處理憑證的其他相關資訊。
11. **憑證授權單位的數位簽章**：使用憑證授權單位的私密金鑰，透過憑證演算法識別項欄位中所指定的演算法，所做出的實際數位簽章。

　　這裏是一個常見的例子：

使用線上銀行系統時，銀行必須確認客戶的真實身分，通過身分核實後的客戶才能進入線上銀行的相關頁面，進行相應的帳戶管理操作，如：轉帳、查詢帳務。這就像駕駛執照或是護照一樣，數位憑證向線上銀行證實了你的真實身分。

4.2　X.509 憑證服務

X.509 是 ITU-T（International Telecommunication Union – Telecommunication Standardization Sector）所提出的，並屬於 X.500 系列的一部分。X.500 定義出全球目錄（Global Directories）服務；而「目錄」是利用資料庫來儲存個人電腦、伺服器等資訊，就如同以電話簿來儲存電話用戶一般。

而 X.509 便是利用 X.500 的目錄結構，提供一套憑證服務的架構，可以用來儲存使用者（或電腦、伺服器等）的數位憑證及公開金鑰。X.509 的發表日期為 1988 年，應用的範圍包含：S/MIME、SSL/TSL、IP Security 及 SET 等。

4.3　X.509 憑證格式

4.3.1　X.509 第一版

X.509 第一版發表於 1988 年，除了比較舊的根憑證之外，目前已較不常見到第一版的憑證了。圖 4.1 為 X.509 第一版的範例，為知名的憑證中心 VeriSign 的一張憑證，有效日期已於 1999 年到期。

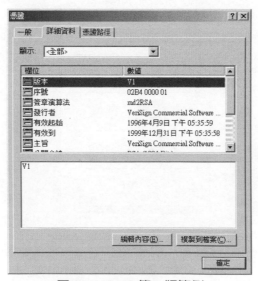

圖 4.1　X.509 第一版範例

圖 4.2 為 X.509 第一版的格式，包含以下欄位：

1. 版本（Version）：為此張數位憑證所使用的版本，目前最新版為第三版。這個欄位起始值為 0，所以第三版所填入的值是 2。

2. 憑證序號（Serial Number）：為方便管理，每個 CA 發行憑證時會使用一個唯一的整數值，以作記錄用。

3. CA 簽章演算法（CA Signature Algorithm）：此欄位包含數位簽章演算法及所使用的參數，用來將整個憑證加以簽章。但這個欄位與最後一個欄位「簽章值」有所重複，因此顯得多此一舉。

4. 發行者名稱（Issuer Name）：簽發此張數位憑證的 CA 之 X.500 名稱或是在 RFC（Request for Comment）3280 中所定義的 X.509 名稱規格[3]。

5. 憑證有效期間（Validity Period）：包含有效起始日及終止日。

6. 主體名稱（Subject Name）：也就是使用者、電腦、網路或服務的名稱，此名稱可以是 X.500 的名稱、X.509 的名稱，或是其他的名稱格式，如 RFC822 所定義的格式[4]。

圖 4.2　X.509 第一版憑證格式

7. 主體公開金鑰（Subject Public Key）：也就是憑證持有者的公開金鑰。當使用者將「憑證簽章要求」（Certificate Signing Request，CSR）提供給 CA 後[1]，CA 便能從 CSR 中取得公開金鑰，並將此公開金鑰置入到使用者的憑證中。此欄位包含金鑰所使用的演算法、參數以及金鑰值。

8. 簽章值（Signature Value）：這個欄位包含了 CA 的數位簽章演算法、參數及簽章值。CA 產生一個憑證時，會將上述的欄位取得雜湊值（Hash Value），再使用 CA 的私密金鑰加以簽章，以證明此憑證的來源。

4.3.2　X.509 第二版

圖 4.3 為第二版的 X.509 憑證，發表於 1993 年，除了包含第一版的欄位外，新增了兩個欄位：發行者唯一識別碼及主體唯一識別碼。

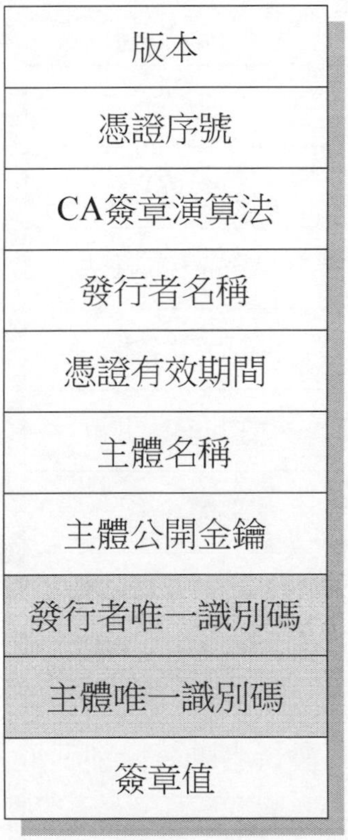

```
版本
憑證序號
CA簽章演算法
發行者名稱
憑證有效期間
主體名稱
主體公開金鑰
發行者唯一識別碼
主體唯一識別碼
簽章值
```

圖 4.3　X.509 第二版憑證格式

---

[1] 在產生 CSR 之前，必須先產生私密金鑰。一般都是憑證申請者自行產生私密金鑰及 CSR，再將 CSR 送給 CA 簽署；然而，還是有許多 CA 幫申請者產生所有的東西，申請者只需填入相關資料即可取得數位憑證。有關私密金鑰及 CSR 的產生方法，可詳閱後面相關章節。

1. 發行者唯一識別碼（Issuer Unique ID）：此欄位儲存了一個唯一的識別碼，當 CA 對它自己的憑證展期（Renew）時，便會產生另一個十六進位值存入這個欄位之中。此欄位為非必要。

2. 主體唯一識別碼（Subject Unique ID）：此欄位為 CA 所產生給主體的一個唯一值，亦為非必要。

針對第二版所新增的兩個欄位而言，是為了預防名稱重複而設置的。因為其他 CA 可以取名 VeriSign（某知名的 CA）來矇騙他人；或 CA 所核發出去的憑證，若主體名稱與他人一樣時，便能以唯一識別碼來驗證。

4.3.3　X.509 第三版

為預防數位憑證在未來有各種的變化，因此，於 1996 年所公布的 X.509 第三版中，新增加了一個擴充欄位以解決此需求。

圖 4.4　X.509 第三版憑證格式

目前應用在 X.509 第三版的擴充欄位計有：

1. 管理中心金鑰識別元（Authority Key Identifier）：用以儲存

   (1) 主體資訊及序號

   (2) 經 Hash 過的 CA 公開金鑰

2. 主體金鑰識別元（Subject Key Identifier）：用以儲存這張憑證中的公開金鑰之 Hash 值。

3. 金鑰使用方式（Key Usage）：在憑證中能定義使用者金鑰的使用方式，以我國內政部發行的自然人憑證為例，在 Smart Card 之中存有兩張數位憑證，一張用來數位簽章，另一張則用來將金鑰加密及資料加密。您可至內政部憑證管理中心查詢您的憑證，查詢結果將有兩個憑證出現，就是因為 GPKI 採用雙金鑰對（Dual-Key）的政策[2]。以下列出目前金鑰的使用方式：

4. 數位簽章（Digital Signature）：憑證上的公開金鑰能驗證數位簽章值，亦可使用此金鑰來驗明對方身分。

5. 不可否認（Non-Repudiation）：使用憑證上的公開金鑰可以證明該簽章為簽署者所簽出，簽署者並不得否認。

6. 金鑰加密（Key Encipherment）：加密者可先在本地端產生對稱式加密系統（如 3DES 或 AES）的金鑰，並用這把金鑰將資料加密；最後再用憑證上的公開金鑰將這把金鑰加密，將密文及加密後的金鑰傳送給對方，以確保金鑰的安全，且使用對稱式加密系統可加速加解密的速度。

7. 資料加密（Data Encipherment）：使用公開金鑰將資料直接加密，僅能由憑證擁有者使用私密金鑰解密。

8. 金鑰協議（Key Agreement）：使用公開金鑰能將對稱式金鑰與對方交換，能以 Diffie-Hellman 的方式共同協調出一把暫時的金鑰。

9. 核對憑證簽章（Key Cert Sign）：使用公開金鑰驗證憑證上的簽章是否正確。

10. 驗證憑證廢止清單（CRL Sign）：用來驗證憑證廢止清單的簽章。

11. 僅可加密（Encipher Only）：用在對稱式加密系統之中，能使用對稱式金鑰進行加密。

---

[2] 您可至內政部憑證管理中心 http://moica.nat.gov.tw/PEXE_MOICA/Query.CEXE 從 MOICA 直接查詢您的憑證，屬於您自己的憑證一共有兩張。當然，您亦可在本機直接讀取自然人憑證智慧卡裡的憑證，但您必須先安裝 SafeSign CSP 軟體，也就是自然人憑證晶片廠牌 G&D 所提供的 CSP（Cryptographic Service Provider），我們將在第 10 章及第 11 章說明智慧卡的使用。

12. 僅可解密（Decipher Only）：用在對稱式加密系統之中，能使用對稱式金鑰進行解密。

表 4.1 爲目前常用的金鑰使用方式（Key Usage）。

表 4.1　常用的金鑰使用方式

金鑰使用方式
Certification Authority Certificate
Certificate Signing
S/MIME Encryption
S/MIME Signing
SSL Client
SSL Server

此外，還有其他欄位：

1. 私密金鑰使用期間（Private Key Usage Period）：通常私密金鑰的使用期限會與公開金鑰不同，因此，能使用這個欄位來限制私密金鑰的期限。

2. 憑證政策（Certificate Policies）：這個欄位使用 OID（有關 OID 細節請詳閱附錄 A）來表示各種政策，因此，在驗證此憑證前必須遵守這些政策。許多 CA 會將一個網址塡入這個欄位中，以表示這個憑證的政策宣告。

3. 政策對應（Policy Mappings）：當憑證與多個 CA 有關聯時，才會有這個欄位；當兩個 CA 的憑證政策相同，但政策名稱不同時，則可使用這個欄位來加以對應。

4. 主體別名（Subject Alternative Name）：這個欄位可以讓使用者取一個別名，像是姓名、網址、IP Address 或 E-Mail address 等。

5. 發行者別名（Issuer Alternative Name）：如同主體別名，但較少 CA 使用。

6. 主體目錄屬性（Subject Directory Attribute）：用來表示使用者所使用的 X.500 或 LDAP 的目錄屬性值。

7. 基本限制（Basic Constraints）：這個欄位可以限制次級 CA（Subordinate CA）的數量。

8. 名稱限制（Name Constraints）：能限制憑證上的主體名稱。

9. 政策限制（Policy Constraints）：這個欄位能禁止 CA 憑證之間的政策對應。

10. 加強的金鑰使用方式（Enhanced Key Usage）：這個欄位能另外指定金鑰的使用方式，通常是使用 OID 來指定金鑰用途。例如：電子郵件安全的 OID 便是「1.3.6.1.5.5.7.3.4」，有關 OID 您可參照附錄 A。

11. 憑證廢止清單發布點（CRL Distribution Point）：亦稱為 CDP，可使他人知道 CA 所核發的 CRL 位置。通常都是以網址（HTTP）、FTP 或 LDAP 的方式表示。

12. 管理中心資訊存取（Authority Info Access）：這個欄位提供一個網址（或多個），開啓憑證後便能以此網址取得 CA 的憑證。

13. 最新的憑證廢止清單（Freshest CRL）：一般而言，廢止清單有兩種格式：一種為完整的廢止憑證（Base CRL）；另一種則是在某個時間後所新增的廢止憑證（Delta CRL）。因此，在某個時間取得完整 CRL 後，若要再查詢某憑證是否已被廢止，只需取得 Delta CRL 便能加以判斷，而不需浪費太多時間去取得全部的清單。

14. 主體資訊存取（Subject Information Access）：此欄位能提供憑證擁有者的資訊。

4.3.4 憑證廢止清單（CRL）的格式

在某些情況下，CA 有權將所核發的憑證加以廢止（Revoke），使得該憑證無法繼續發揮其效用[3]。CA 在廢止某憑證時，必須取該憑證的序號及廢止原因等資訊加入憑證廢止清單（Certificate Revocation List，CRL）之中。廢止原因如下：

1. 私密金鑰被他人取得（Key Compromise）：由於使用者的金鑰洩露出去、被他人竊取或是被破解，必須將此憑證廢止。

2. CA 被破解（CA Compromise）：當 CA 的金鑰被他人取得後，所核發出去的憑證將不再有意義。

3. 主體異動（Affiliation Changed）：當使用者異動或離職時，其憑證必須廢止。

4. 新的憑證取代（Superseded）：由於使用者的資訊變動（如更名、更改 E-Mail 或憑證遺失）而核發新的憑證時，必須將舊有的憑證廢止。

5. 保留憑證（Certificate Hold）：使用者可申請憑證暫時廢止，屆時亦可以再復原。

6. 從 CRL 中移除（Remove from CRL）：當使用者憑證需要復原時，可以將舊的憑證廢止，再產生一張新的憑證。

7. 其他（Unspecified）：由管理者制定的其他廢止原因。

---

[3] 當然 CA 也能將自己的憑證廢止，而 CA 自己的廢止清單就稱為 ARL (Authority Revocation List)。

圖 4.5 為 CRL 的格式，CA 在產生 CRL 時，必須將簽章演算法、發行者名稱、更新日期、下次更新日期及廢止過的憑證置入 CRL 之中，並將上述欄位進行 Hash，再用 CA 的私密金鑰將 Hash Value 加密（即簽章值）。

圖 4.5　CRL 格式

4.4　為何要使用數位憑證

　　由於網路上現行的電子商務技術，很容易使顧客得到企業或商家的資訊；相對的也替顧客、企業或商家帶來一些風險。買、賣雙方交易過程中，都需要傳送一些敏感性的資料，不法的使用者容易從中盜取這些敏感性的資料。所以要讓交易更有可靠性，就必須使用數位憑證，以達到資料傳輸的保密性、資料交換的完整性、發送訊息的不可否認性、以及交易者身分的確定性。

1. 資訊傳輸的保密性：在傳輸資料過程中，有些資料是必須被隱藏的，例如：信用卡卡號、身分證號碼、帳號密碼等，如被不法的使用者盜取，可能會造成雙方的損失。

2. 資料交換的完整性：資料在進行交換的時候，不可有被修改或竄改的可能，以避免造成雙方的損失。例如：A 先生向 B 商家購買一項價值 1000 元的商品，但是在資料交換過程中有被竄改過，價格變成 10000 元，進而造成 A 先生的損失，故資料交換時必須保護資料不被竄改。

3. 發送訊息的不可否認性：由於市場價格經常有浮動性，所以在交易過程中必須讓雙方所送出的訊息具有不可否認性，否則容易導致雙方的損失。例如：C 小姐向 D 店家訂製銀飾品，訂購當天說好了價格；但是到了交易時間，D 店家卻因為銀價漲價，故調整了價格，造成 C 小姐如欲購買此物品需要多付額外的金額才可獲得此飾品，所以在已發送的訊息必須具備不可否認性。

4. 交易者身分的確定性：由於電子商務發達，通常買賣雙方是互不相識的，所以要如何確認對方就是我要交易的對象，必須要透過一些物品或方式來辨識。現行的網路都是使用註冊時的帳號密碼，但在這裡我們使用憑證來當作這物品，讓雙方不相認識，但是可以很明確的辨別對方是誰。

4.5 數位憑證的種類

4.5.1 伺服器憑證

伺服器憑證安裝在 Web 伺服器上，你可將伺服器憑證視為一種可以讓訪問者利用網頁瀏覽器來驗證網站真實身分的數位證明，且可以通過伺服器憑證進行具有 SSL 加密的通訊過程。

伺服器憑證操作方式，簡要說明如下：

1. 用戶連接到你的 Web 站點，該 Web 站點受伺服器憑證所保護（可由查看 URL 的開頭是否為"https:"來進行辨識，或瀏覽器會提供相關的資訊）。

2. 由伺服器進行回應，並自動傳送網站的數位憑證給用戶，用以鑑別網站。用戶的網頁瀏覽器程式產生一把唯一的「交談鑰匙碼」（Session key），用以跟網站之間所有的通訊過程進行加密。

3. 使用者的瀏覽器以網站的公鑰對交談鑰匙碼進行加密，以便只有讓你的網站得以閱讀此交談鑰匙碼。

4. 現在，具有安全性的通訊過程已經建立。這個過程僅需幾秒鐘時間，且使用者不需進行任何動作。依不同的瀏覽器程式而定，使用者會看到一個鎖的圖示變得完整，或一個門栓的圖示變成上鎖的樣子，用於表示目前的工作階段具有安全性。

4.5.2　個人憑證

個人向各機構或伺服器申請的憑證，例如：自然人與法人。

4.5.3　軟體憑證

若個人想使用某軟體，則必須向此軟體的擁有者或機構申請憑證，等待拿到憑證才可正式使用該軟體。

軟體憑證可由商業憑證授權單位發行憑證。如果您是系統開發人員，而且想要從商業憑證授權單位（例如 VeriSign, Inc.）取得數位憑證，您或您的組織必須向該單位提出申請。視您是哪一種開發人員而定，您申請的可能是等級 2 或等級 3 的軟體發行者數位憑證：

1. **等級 2 數位憑證**：針對個人發佈軟體設計的數位憑證。這個等級的數位憑證有助於保證個人發行者的身分識別。

2. **等級 3 數位憑證**：針對發行軟體之公司與其他組織設計的數位憑證。這個等級的數位憑證有助於對發行組織的身分識別提供更大的保證。等級 3 數位憑證的設計，是要呈現軟體零售通路所提供的保證等級。等級 3 數位憑證的申請者還必須符合根據 Dun & Bradstreet Financial Services 評等的最低財務穩定性等級。

4.6　公用憑證與私用憑證

私用數位憑證都是由企業內的私用認證中心發行，而所有的私用數位憑證都與其根 CA 公鑰連結在一起，以辨識該機構在管理憑證的層級。當您購買了憑證伺服器並開始運作之後，您就可以建立起自己的根 CA 公鑰。

然而，您必須將根 CA 公鑰發送給所有能接收並辨識私用數位憑證的軟體才行。這對於使用 S/MIME 格式的安全電子郵件會產生一個極大問題，因為幾乎企業中的每一個人都有對外送電子郵件的機會，而這些企業外部電子郵件收信人的應用程式並沒有您企業的根 CA 公鑰。所以，私用數位憑證比較適合注重企業內部聯繫的企業使用。

相較下，迅通誠信代理的 Geotrust 公用數位憑證的根 CA 公鑰，早就嵌入到能支援憑證的主要應用程式中了，包括網景公司和微軟公司的網頁瀏覽器及電子郵件程式，以及將近 40 家網頁伺服器廠商。公用數位憑證比較適合經常需要與外界聯繫的企業應用環境使用。

由迅通誠信簽發中心簽發的數位憑證，在國內的所有客戶都有相同的根憑證，因此都可以很容易互相認證。例如，安全電子郵件就是一個例子。因為使用者除了在企業內發送訊息之外，也常須對外界發送電子郵件。

4.7　憑證階層

正如前所述，X.509 憑證是以 X.500 為基礎，使用了階層的概念。當憑證中心（CA）所核發的憑證數量相當多的時候，CA 的管理任務將增加複雜度（包含核發、展期及廢止等）。

另外，當憑證驗證機構需要查詢某個使用者的憑證是否合法，必須向 CA 查詢（如以 OCSP 協定）。因此，大家的請求，將造成 CA 的負擔，必須使用憑證階層的管理方式，來減輕上述的問題。

圖 4.6 為一個簡單的憑證階層範例，圖中最上方的憑證為根憑證中心（Root CA），為整個階層之首。此張憑證是屬於「自簽憑證」（Self-signed Certificate），也就是自己核發給自己的憑證，因此，發行者（Issuer）及主體（Subject）都是「ABC 公司」[4]。

第二層的兩張憑證：「研發部門」及「財務部門」，稱為次級憑證（Subordinate CA），發行者都是「ABC 公司」，而這些次級憑證中心可以再核發憑證給他人[5]，如工程師、會計師便是由這兩個部門所核發的憑證。當然，若工程師 A 的金鑰使用方式（Key Usage）具有足夠的權限，他也能當個 CA，來核發憑證給下一層。

---

[4] 有關根憑證的部分，您可參考第三章第二節的 "憑證中心"。

[5] 一個 CA (Root CA 及 Subordinate CA 皆是)憑證中的 "金鑰使用方式 (Key Usage)" 必須擁有 Certificate Signing, Off-line CRL Signing 及 CRL Signing，才能核發憑證及憑證廢止清單(CRL)。

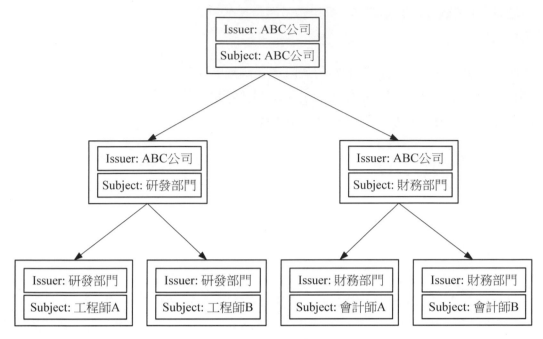

圖 4.6　數位憑證階層架構

　　圖 4.7 為筆者向內政部申請的「自然人憑證」（Citizen Digital Certificate），圖中可清楚地看到，筆者的憑證是由「內政部憑證管理中心」（MOICA）核發，而 MOICA 則是由「臺灣政府根憑證管理中心」（GRCA）所核發。

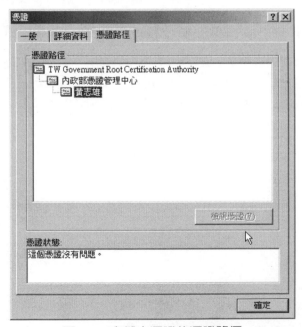

圖 4.7　自然人憑證的憑證路徑

4.8 數位憑證原理

數位憑證採用公鑰體制，即利用一對互相匹配的金鑰進行加密、解密。每個用戶自己設定一把特定且僅爲用戶自己所知的私有金鑰（私鑰），用它進行解密和簽名；同時設定一把公開金鑰（公鑰）並由用戶自行公開，爲其他用戶所使用，用於加密和驗證簽章。

當發送一份保密文件時，發送方使用接收方的公鑰對資料加密；而接收方則使用自己的私鑰解密，這樣資訊就可以安全無誤地到達目的地了。通過數字運算的手段，保證加密過程是一個安全過程，即只有用私鑰才能解密。

在公開金鑰密碼系統中，常用的是一種非對稱性公開金鑰加密機制，即 **RSA 加密法**。公開金鑰技術解決了密鑰發佈的管理問題，商家可以公開其公鑰，而保留其私鑰。購物者可以用人人皆知的公鑰對發送的資訊進行加密，安全地傳送給商家，然後由商家用自己的私鑰進行解密。

用戶也可以採用自己的私鑰對資訊加以處理，由於私鑰僅爲用戶自行所有，這樣就產生了別人無法生成的文件，也就形成了數位簽章。採用數位簽章，能夠確認以下兩點：

1. 保證資訊是由簽名者自己簽名發送的，簽名者不能否認或難以否認。
2. 保證資訊自簽發後到收到爲止，未曾做過任何修改，簽發的文件是眞實文件。

數位簽章的產生過程爲：

1. 將資料按雙方約定的雜湊函數（Hash）計算，得到一個固定位數的訊息摘要。在數學上保證，只要改動資料中任何一個位元，重新計算出的訊息摘要值就會與原先的值不相符。這樣就保證了資料的不可修改性。
2. 將該訊息摘要值用發送者的私鑰加密，然後連同原資料一起發送給接收者，而產生的密文即稱數位簽章。
3. 接收方收到數位簽章後，用同樣的雜湊函數（Hash）對資料計算摘要值，然後與用發送者的公鑰進行解密解開的訊息摘要值相比較。如果相等，則說明資料確實來自所稱的發送者。

4.9　數位憑證的應用

目前由 ITU 所定義的 X.509 標準最為廣泛使用，因此，符合此標準的應用程式皆可以正確存取此格式之數位憑證。目前數位憑證應用於下列產業：

❖ 網路科技業：電子商務、如騰訊等；

❖ 物流業：大榮貨運、統一速達股份有限公司等；

❖ 製造業：汽車製造業、塑膠製造業等；

❖ 金融產業：銀行、金融等；

❖ 政府單位：鄉公所、縣政府等；

❖ 線上遊戲業：遊戲橘子、華義數位娛樂網等；

❖ 電信通訊業 ：中華電信、Wi-Fi 等；

❖ 教育、醫療業：各大醫院、各縣市學校等。

4.10　數位憑證的安全性

數位憑證是非常安全的，而提供給您保管的是私鑰及專屬的密碼。您可以將密碼視為一個安全的鑰匙。假如只有本身才擁有鑰匙，則對保管的內容是非常安全的。然而，假如您與其他人分享您的鑰匙，將會降低保管內容的安全性。

假如其他人取得您的數位憑證，他們仍舊不能使用它，除非他們也擁有相對應的私鑰，且亦取得私鑰的使用密碼。在網頁瀏覽器傳送您的數位憑證前，瀏覽器提示您必須輸入密碼。在使用數位憑證前，也必須輸入密碼。

數位憑證也有不同的長度，最少的長度為「40 位元」，指的是憑證內金鑰的長度大小。最高的長度為「128 位元」，假如 40 位元的金鑰於四小時被破解，而欲破解 120 位元的金鑰則需要超過宇宙的時間。

例如：40 位元相當於由電腦自動產生 000…000~111…111（40 個 0 到 40 個 1），一共有 2^{40} 筆資料，目前電腦的 CPU 速度是 3.2GHz 四核心，我們約略將此速度計算成

10GHz（速度/每秒），$2^{3.1x}$ 約 10，故 $2^{40} = 10^{12.x}$，也就是需要 $10^{12.x}$ 秒，一天 86400 秒，一年 31536000 秒 $\equiv 3 \times 10^7$，破解 40 位元需要 100 年左右。

但是 128 位元將會是個天文數字的年數。

為了要避免有人進行長期跟蹤型的攻擊行為，每一把金鑰都應該有其有效的使用期限。金鑰的有效期間會儲存於數位憑證中。每個瀏覽器或電子郵件應用軟體檢查數位憑證內的有效期間，以確保您所接受的數位憑證（及其保護的資訊）於有效期限內。同時也不可以接受已經過期的金鑰所簽章的訊息。當金鑰過期之後，必須於認證中心更新數位憑證。

1. 一個標準的 X.509 數位憑證至少包含哪些欄位？

2. X.509 第一版是由哪個機構發表的？是哪一年發表的？

3. X.509 第二版是哪一年發表的？新增了哪些欄位？

4. X.509 第三版是哪一年發表的？新增了哪些欄位？

5. 使用數位憑證有哪些好處？

6. 憑證有哪幾種？

7. 使用數位簽章有哪兩點好處？

8. 為什麼每一把金鑰都要設定有效的使用期限？

9. 假如其他人取得您的數位憑證，是否會發生冒名簽章的問題？

10. 什麼是憑證階層？其目的為何？

參考文獻

[1]　William Stallings, Cryptography and Network Security: Principles and Practice, 7th Edition, published by Pearson Education Inc., 2017.

[2]　Public key certificate: https://en.wikipedia.org/wiki/Public_key_certificate

[3]　Internet X.509 Public Key Infrastructure Certificate and Certificate Revocation List (CRL) Profile: https://tools.ietf.org/html/rfc5280

[4]　X.509: https://zh.wikipedia.org/wiki/X.509

[5]　R. Rivest, A. Shamir and L. Adleman, "A Method for Obtaining Digital Signatures and Public-Key Cryptosystems," Communications of the ACM, Vol. 21, No. 2, pp. 120-126, 1978.

[6]　T. Elgamal, "A public Key Cryptosystem and A Signature Scheme Based on Discrete Logarithms," IEEE Transactions on Information Theory, Vol. IT-31, No. 4, pp. 469-472, 1985.

[7]　"Proposed Federal Information Processing Standard for Digital Signature Standard (DSS)," Federal Register, Vol. 56, No. 169, pp. 42980-42982, 1991.

[8]　"The Digital Signature Standard Proposed By NIST," Communications of the ACM, Vol. 35, No. 7, pp. 36-40, 1992.

[9]　Digital Signature Standard (DSS): https://www.nist.gov/publications/digital-signature-standard-dss-2

[10]　PKI: Implementing & Managing E-Security By: Andrew Nash, William Duane, Celia Joseph

[11]　http://en.wikipedia.org/wiki/Public_key_certificate

CHAPTER 05

Base64 編碼與解碼

本章針對編碼與解碼、Base64 編碼原理、使用 PHP 函數編碼、使用網頁程式編碼等，做基本原理介紹，並且舉實際範例做說明，其內容包含：

5.1 編碼與解碼

編碼（encode）是指將資料從一種形式或格式，轉換爲另一種形式或格式的過程。使用事先規定的方法，將文字、數字或其他物件轉換成某種特定的格式；或將資訊、資料轉換成特定的電磁信號。

解碼（decode）則是編碼的反向過程。

編碼在電腦、通訊、電視和遙控等各方面都有廣泛應用。常見的文字編碼技術如：ASCII code、Extended ASCII、Unicode、Big 5 code 等。本書各章節使用到的編碼則有：Base64、UTF-8、DER（Distinguished Encoding Rules）等。本章針對 Base 64 編碼做詳細介紹。

目前電腦中最廣泛使用的字元集及其編碼，是由美國國家標準局（ANSI）制定的 ASCII 碼。ASCII（American Standard Code for Information Interchange）是「美國資訊交換標準編碼」的英文縮寫。ASCII 碼規定，使用十進制數字 0 ~ 127 代表 128 個符號；其中包括 33 個控制碼、1 個空格碼和 94 個一般字元。一般字元包括了大小寫英文字母、阿拉伯數字、標點符號、運算符號等。在電腦的儲存單元中，一個 ASCII 碼值占用一個位元組（8 個位元），其最高位元（b7）作爲奇偶同位檢查（odd even parity check）之用。

萬國碼（Unicode）是電腦科學領域的業界標準，包括字元集、編碼方法等。1994 年正式公佈。萬國碼是爲了解決傳統字元編碼系統的局限性而產生，它提供每種語言中的每個字元唯一的二進制編碼，以滿足跨語言文件交流的要求。

因爲 ASCII 編碼使用 8 個位元表示每個字元符號，例如 A 的編碼是 65，z 的編碼是 122。使用 8 個位元能表示至多 256 個不同的符號。如果還要表示其他如中文、日文、韓文等其他語言的符號，顯然 8 個位元是不夠的，至少需要使用 2 個位元組，而且也不能和原有的 ASCII 編碼衝突。

爲了整合所有文字的編碼，萬國碼（Unicode）應運而生。萬國碼原始版本使用 2 個位元組的字元集。而萬國碼到第五版時，提供 4 個位元組的字元集，且可以與 ASCII 及 Extended ASCII 完全相容。萬國碼把所有語言都整合到一套編碼，能夠使電腦實現跨語言、跨平臺的文字交換及處理。

5.2　Base64 編碼原理

　　Base64 編碼的基本原理，是採用含有 64 個可列印字元的符號集合來重新表示來源字元；換言之，將每個來源字元對應到集合中的某個可列印字元。由於要表示 64 個不同的字元符號需要 6 個位元，所以將每 6 個位元作為 Base64 的一個目標單元。

　　舉例說明，如果有 3 個來源字元符號，即有 3 個位元組（共 24 個位元），將每 6 個位元作為一組，則對應到 4 個 Base64 的符號單元。所以，3 個來源字元符號，經過 Base64 編碼，可表示成為 4 個可列印的字元符號。

　　在 Base64 使用的 64 個可列印字元集（character set）S 包括：英文大小寫字母（共 52 個）、阿拉伯數字符號（10 個）、以及另外 2 個可列印符號。關於另外「兩個」可列印符號，不同的系統可能使用不同的符號；例如，在電子郵件 MIME 格式當中，使用：加號（+）、和斜線（/），亦即字元集 S = {A~Z, a~z, 0~9, +, /}。此外，等號（=）則作為結尾填補之用。完整的 Base64 定義可參考 RFC 1421、RFC 2045。

　　Base64 常用於處理文字資料的場合，用來表示、儲存或傳輸二進位資料，包括 MIME 格式的電子郵件資料及 XML 格式的資料。

　　通過 Base64 編碼後輸出的資料長度，比原始輸入的來源資料要長；輸出資料的長度是輸入資料的 4/3 倍。當 Base64 編碼使用在電子郵件時，若根據 RFC 822 的規定，每 76 個字元還需要再加上一個 Enter 換行符號。在這種應用情況下，編碼後的輸出資料長度估計大約是輸入來源資料的 135.1%。

　　Base64 編碼轉換的時候，每次將 3 個位元組的來源資料，放入一個長度 24 位元的緩衝區中，先到的位元組占高位元。如果資料不足 3 個位元組，於緩衝區中剩餘的位元用「0」補足。

　　接著，依序每次讀取緩衝區中的 6 個位元，作為索引。以此索引去查詢索引表。並從索引表中找到正確的索引後，輸出對應的字元作為目標符號 C_i。重複上述步驟，直到所有輸入的來源資料處理完畢，即完成編碼轉換的工作。

Base64 編碼的基本演算法如下：

輸入：n 個字元的來源資料 M (= M_1, M_2, …, M_n)、Base64 索引表。

輸出：m 個字元的目標資料 C (= C_1, C_2, …, C_m)。

❖ 步驟 1：將來源資料 M 分割成每 3 個符號一組（24 位元），依序放入緩衝區中。若長度 n 不是 3 的倍數時，則於緩衝區中剩餘的位元用「0」補足。

❖ 步驟 2：依序讀取緩衝區資料，每次取出 6 個位元作為索引。以此索引去查詢索引表。

❖ 步驟 3：從索引表中找到正確的索引，並輸出對應的字元作為目標符號 C_i。

❖ 步驟 4：重複步驟 2、步驟 3，直到緩衝區處理完畢。

❖ 步驟 5：輸出編碼結果，即目標資料 C (= C_1, C_2, …, C_m)。

此外，關於輸出的編碼結果，如果來源資料長度不是 3 的倍數，且剩餘 1 個輸入字元時，則在編碼結果後面加上 2 個「=」；若剩下 2 個輸入字元，則在編碼結果後面加上 1 個「=」。請看後面的範例說明。

5.3 編碼範例

舉例來說，《Blowing in the wind》（隨風飄逝）是 Bob Dylan 創作的美國民歌。如果我們將《Blowing in the wind》的第一段歌詞：

```
How many roads must a man walk down Before you can call him a man? How
many seas must a white dove sail Before she sleeps in the sand? Yes,
how many times must the cannon balls fly Before they're forever banned?
The answer my friend is blowin' in the wind The answer is blowin' in
the wind.
```

經過 Base64 編碼之後得到：

SG93IG1hbnkgcm9hZHMgbXVzdCBhIG1hbiB3YWxrIGRvd24gQmVmb3JlIHlvdSBjYW4g
Y2FsbCBoaW0gYSBtYW4/IEhvdydyBtYW55IHNlYXMgbXVzdCBhIHdoaXRlIGRvdmUgc2Fp
bCBCZWZvcmUgc2hlIHNsZWVwcyBpbiB0aGUgc2FuZD8gWWVzLCBob3cgbWFueSB0aWll
cyBtdXN0IHRoZSBjYW5ub24gYmFsbHMgZmx5IEJlZm9yZSB0aGV5J3JlIGZvcmV2ZXIg
YmFubmVkPyBUaGUgYW5zd2VyIG15IGZyaWVuZCBpcyBibG93aW4nIGluIHRoZSB3aW5k
IFRoZSBhbnN3ZXIgaXMgYmxvd2luJyBpbiB0aGUgd2luZC4=

以下我們解釋前三個字母「How」的編碼過程。

❖ 步驟 1：找出來源字元 H、o、w 對應的 ASCII code，以十進制表示：H = 72 ；o = 111；
　　　　w= 119。

❖ 步驟 2：將步驟 1 中的十進制轉換為二進制：72=(01001000)$_2$；111=(01101111)$_2$；
　　　　119=(01110111)$_2$。有 3 個位元組，共有 24 個位元。

❖ 步驟 3：將步驟 2 中的 24 個位元切割成 4 個單元，每個單元的長度為 6 位元。再將
　　　　每個 6 位元的單元轉換成十進制，分別得到 18, 6, 61, 55，作為索引值
　　　　（index）。

❖ 步驟 4：根據上述的索引值，從 Base64 索引表（表 5.2）查表得到對應的 Base64 字
　　　　元，分別是 S, G, 9, 3。請參考以下表 5.1「How」的編碼過程。

表 5.1　「How」的編碼過程

來源字元	H								o								w							
ASCII 碼	72(0x48)								111(0x6F)								119(0x77)							
二進制	0	1	0	0	1	0	0	0	0	1	1	0	1	1	1	1	0	1	1	1	0	1	1	1
索引	18						6						61						55					
Base64 字元	S						G						9						3					

在此例中，Base64 演算法將來源字元 H、o、w 的 3 個位元組，編碼成為 Base64 的 4 個字元 S、G、9、3。Base64 索引表（index table）如表 5.2。

表 5.2　Base64 索引表

索引	字元	索引	字元	索引	字元	索引	字元
0	A	16	Q	32	g	48	w
1	B	17	R	33	h	49	x
2	C	18	S	34	i	50	y
3	D	19	T	35	j	51	z
4	E	20	U	36	k	52	0
5	F	21	V	37	l	53	1
6	G	22	W	38	m	54	2
7	H	23	X	39	n	55	3
8	I	24	Y	40	o	56	4
9	J	25	Z	41	p	57	5
10	K	26	a	42	q	58	6
11	L	27	b	43	r	59	7
12	M	28	c	44	s	60	8
13	N	29	d	45	t	61	9
14	O	30	e	46	u	62	+
15	P	31	f	47	v	63	/

在上面的範例中，我們可以發現輸出的編碼結果，最後面有一個「＝」，此處做說明。

如果輸入來源資料的位元組數量不是 3 的倍數；換言之，最後剩餘 1 個或 2 個位元組。我們可以使用以下方法處理：先在緩衝區末尾用 0 補足，使其成為 3 的倍數，再進行 Base64 編碼。完成編碼之後，再於編碼結果後面加上 1 個或 2 個＝。

舉例說明：假設來源資料是 A，在編碼處理時，緩衝區後面補了 2 個位元組的 0，如表 5.3。因此，輸出的 Base64 字元是 Q、Q、=、=；在最後面補上了兩個等號。

表 5.3　填補 2 個等號的情況

來源字元	A			
二進制	0 1 0 0 0 0 0 1	0 0 0 0 0 0 0 0	0 0 0 0 0 0 0 0	
Base64 字元	Q	Q	=	=

又，假設來源資料是 B、C，在編碼處理時，緩衝區後面補了 1 個位元組的 0，如表 5.4。因此，輸出的 Base64 字元是 Q、k、M、=；在最後面補上了一個等號。

表 5.4　填補 1 個等號的情況

文字	B		C	
二進制	0 1 0 0 0 0 1 0	0 1 0 0 0 0 1 1	0 0 0 0 0 0 0 0	
Base64 字元	Q	k	M	=

5.4　使用 PHP 函數編碼

本小節使用 PHP 函數的 decode 與 encode 來示範如何進行 Base64 的解碼與編碼過程。

首先，我們說明解碼的方法。假如使用者有以下一個以 Base64 編碼過的訊息，如引號內的字串：「5pW45L2N5oaR6K2J5Li76K…AguWwj+aYjiDkuIo=」。在 PHP 環境使用$str =輸入該訊息內容，並使用 base64_decode 函數，此函數將以 MIME Base64 將該字串解碼。解碼後的字串可能爲中文字串或其他的資料字串。

程式解碼範例如下：

```php
<?php
   $str =
   "5pW45L2N5oaR6K2J5Li76KaB5Zyo5YmW5p6Q5YWs6ZaL6YeR6ZGw5Z+656SO5b
u66KitKFBLSSnvvIzlhbbkuK3ljIXlkKvlhazplovph5HpkbDlr4bnorzlrbjkuYvl
paflr4bjgIHpm7vlrZDmhpHorYnkuYvlip/og73jgIHmnrbmp4vvvIzku6Xlj4rmhp
HorYnkuYvkv6Hku7vpl5zkv4LoiIflsaTntJrpl5zkv4LjgILoqrLnqIvlsJrljIXl
kKvpg6jliIblr6bpqZfmk43kvZzvvIzkvb/nlKhPcGVuU1NM6Luf6auU5Lul6Kit57
2uQ0HvvIzkuKbnmbzooYzmrKHntJrmhpHorYnku6XpgZTliLDmlofku7blgrPpgZ4o
5aaCRW1haWwsIGh0dHBzKeewveeroOWPiuWKoOWvhuS5i+ebrueahO+8jOS9v+iqsu
eoi+eQhuirluiIh+WvpuWLmeebuOe1kOWQiO+8jOmAsuiAjOW8t+WMlueuoeeQhuef
peiDveOAguWwj+aYjiDkuIo=";

   echo base64_decode($str);
?>
```

經過上面程式解碼之後，可得到以下的編碼前的資料：

> 數位憑證主要在剖析公開金鑰基礎建設（PKI），其中包含公開金鑰密碼學之奧秘、電子憑證之功能、架構，以及憑證之信任關係與層級關係。課程尚包含部分實驗操作，使用OpenSSL軟體以設置CA，並發行次級憑證以達到文件傳遞（如Email, https）簽章及加密之目的，使課程理論與實務相結合，進而強化管理知能。

解碼完成後，為了要確認解碼所得到的訊息內容是否正確，可以將剛剛的解碼結果，利用 base64_encode 編碼函數再做一次，此函數將字串以 MIME Base64 編碼。最後，將結果與原來解碼前的資料進行核對，檢查兩者是否相同。

編碼程式執行範例如下：

```php
<?php
   $str = "數位憑證主要在剖析公開金鑰基礎建設（PKI），其中包含公開金鑰密碼學之奧秘、電子憑證之功能、架構，以及憑證之信任關係與層級關係。課程尚包含部分實驗操作，使用OpenSSL軟體以設置CA，並發行次級憑證以達到文件傳遞（如Email, https）簽章及加密之目的，使課程理論與實務相結合，進而強化管理知能。小明 上";

   echo base64_encode($str);
?>
```

上述編碼得到的結果：

```
5pW45L2N5oaR6K2J5Li76KaB5Zyo5YmW5p6Q5YWs6ZaL6YeR6ZGw5Z+656SO5bu66Ki
tKFBLSSnvvIzlhbbkuK3ljIXlkKvlhazplovph5HpkbDlr4bnorzlrbjkuYvlpaflr4
bjgIHpm7vlrZDmhpHorYnkuYvlip/og73jgIHmurbmp4vvvIzku6Xlj4rmhpHorYnku
Yvkv6Hku7vpl5zkv4LoiIflsaTntJrpl5zkv4LjgILoqrLnqIvlsJrljIXlkKvpg6jl
iIblr6bpqZfmk43kvZzvvIzkvb/nlKhPcGVuU1NM6Luf6auU5Lul6Kit572uQ0HvvIz
kuKbnmbzooYzmrKHntJrmhpHorYnku6XpgZTliLDmlofku7blgrPPpgZ4o5aaCRW1haW
wsIGh0dHBzKeewveeroOWPiuWKoOWvhuS5i+ebrueahO+8jOS9v++iqsueoi+eQhuirl
uiIh+WvpuWLmeebuOe1kOWQiO+8jOmAsuiAjOW8t+WMlueuoeeQhuefpeiDveOAguWw
j+aYjiDkuIo=
```

以上就是利用 PHP 函數 decode 與 encode 來做編碼與解碼的使用範例。

5.5　使用線上程式編碼

現在有許多網站都提供可以直接線上進行 Base64 或其他編碼法的解碼與編碼服務，只要輸入訊息，按下按鈕後就可以得到想要的結果，非常方便。

例如，以下網址即有提供編碼解碼的線上服務程式，只要將欲編碼或解碼的資料複製，並貼到對話視窗，按下編碼（或解碼）的按鈕，就可迅速得到結果。如圖 5.1。

```
https://www.base64encode.org/
```

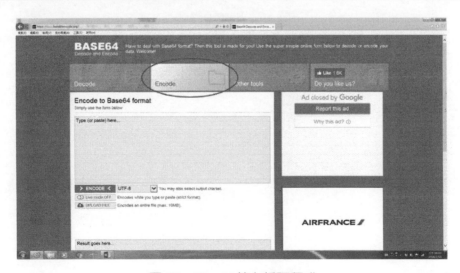

圖 5.1　Base64 線上編碼程式

舉例說明，我們連線到上述網站，點選編碼（Encode）的標籤，將《麥帥爲子祈禱文》（General MacArthur's Prayer for son）如以下的片段內容，剪貼到對話框內，如圖 5.2，並按下> ENCODE <按鈕。

> 主啊！請陶冶我的兒子，使他成爲一個堅強的人，能夠知道自己什麼時候是軟弱的；使他成爲一個勇敢的人，能夠在畏懼的時候認清自己，謀求補救；使他在誠實的失敗之中，能夠自豪而不屈，在獲得成功之際，能夠謙遜而溫和。請陶冶我的兒子，使他不要以願望代替實際作爲；使他能夠認識主—並且曉得自知乃是知識的基石。

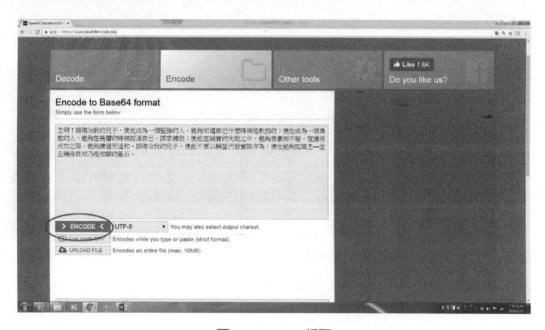

圖 5.2　Base64 編碼

當按下> ENCODE <按鈕之後，我們即可看到編碼的結果，如圖 5.3。

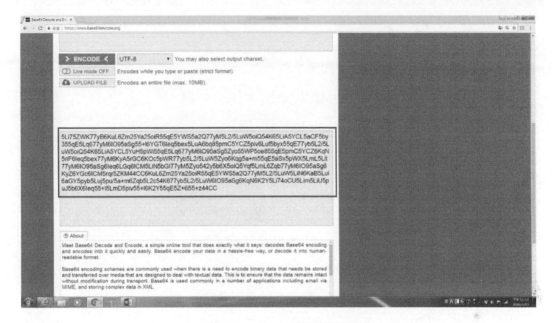

圖 5.3　Base64 編碼結果

相反的，我們如果點選解碼（Decode）的標籤，將編碼結果剪貼到對話框內，並按下> DECODE <按鈕，即可解碼回復原來的祈禱文片段內容。

習題

1. 何謂 ASCII 編碼？

2. 萬國碼（Unicode）解決了什麼問題？

3. 萬國碼使用多少個位元組的字元集？

4. Base64 編碼使用什麼字元集（character set）？

5. 說明 Base64 編碼的基本演算法。

6. Base64 編碼後的資料長度與原始資料有何關係？

7. 如何處理 Base64 來源資料長度不是 3 的倍數之情況？

8. 說明如何使用 PHP 函數進行 Base64 的編碼與解碼？

9. 在電腦的儲存單元中，一個 ASCII 碼占用幾個位元？

10. 在 Base64 編碼用到的索引表（index table）是什麼？

參考文獻

[1]　Base64: http://www.convertstring.com/zh_TW/EncodeDecode/Base64Encode

[2]　RFC 1421 (Privacy Enhancement for Electronic Internet Mail): https://tools.ietf.org/html/rfc1421

[3]　RFC 2045 (MIME): https://tools.ietf.org/html/rfc2045

[4]　RFC 3548 (The Base16, Base32, and Base64 Data Encodings): https://tools.ietf.org/html/rfc3548

[5]　Home of the Base64 specification, with an online decoder and C99 implementation: http://josefsson.org/base-encoding/

[6]　Base64 Decode: https://passwordsgenerator.pro/base64-decode

[7]　Base64 編碼解碼：https://www.base64encode.org/

[8]　ASCII 碼：http://kevin.hwai.edu.tw/~kevin/material/JAVA/Sample2016/ASCII.htm

[9]　Unicode 萬國碼：https://zh.wikipedia.org/wiki/Unicode

CHAPTER 06

使用 John the Ripper

本章介紹有關密碼保護、密碼破解,使用 John the Ripper 破解密碼,以及密碼安全強
度實驗,內容包含:

6.1　密碼保護

一般電腦系統利用使用者名稱（user name）與密碼（password）以便驗證登入系統的使用者身分。計算機系統保存每一個用戶的名稱與密碼在檔案中，如圖 6.1 所示，作為登入系統的密碼比對依據。但這樣做是相當危險的，因為系統管理人員或其他用戶可能有機會窺視密碼檔案，甚至冒用合法用戶的帳號與密碼。

使用者名稱	密碼
Alice	Alice01234
Bob	B3o4b5

圖 6.1　密碼檔案

因此，有的系統使用加密技術或雜湊函數來解決此問題；即是所謂的加鹽法（salted method）。

「鹽」的意思，就是利用亂數產生的一個參數；將密碼與這個參數串接起來，再透過加密或雜湊計算。如此作法，一方面可增加密碼長度，另方面提升字典攻擊的困難度。採用加鹽雜湊法，即使儲存密碼的檔案被窺視，非法者也無法冒用帳號與密碼。

如圖 6.2，建立使用者帳號時，將使用者名稱（User Name）寫入檔案，並產生對應的參數，再利用例如雜湊函數計算使用者名稱、鹽等資料的「密碼雜湊值」，儲存於檔案中。

使用者名稱	鹽	密碼雜湊值
Alice	803hd157	uC2coc7joxRLA
Bob	5Ul9840i	RSqI2yM99vhes

圖 6.2　密碼加鹽的雜湊值

使用者登入時，系統分別比對 User Name 以及其對應的「密碼雜湊值」，若兩者比對皆符合，則登入成功；否則，登入失敗。即使此檔案被窺視或竊取，單從密碼雜湊值，並無法猜出正確的密碼，因此無法冒名登入系統。

6.2　John the Ripper

John the Ripper（JTR）是一個用於在已知密文的情況下，嘗試破解密文的**破解密碼軟體**，主要支援對於使用 DES 加密、MD5 雜湊等的密碼進行破解工作。可參考：John the Ripper password cracker（網址 http://www.openwall.com/john/）；或是：John the Ripper v1.4 使用說明（中譯：James Lin，網址：http://www.skrnet.com/skrdoc/text/f02/f02001.htm）。

表 6.1 是 DES 加密與 MD5 雜湊的說明。

表 6.1　DES 加密與 MD5 雜湊說明

加密方式	說明
DES	資料加密標準（DES），是一種對稱密鑰加密的塊狀密碼演算法，使用 56 位金鑰的對稱演算法。DES 現在已經不是一種安全的加密方法，主要因為它使用的 56 位金鑰長度過短。
MD5	一種被廣泛使用的密碼雜湊函式，可以產生出一個 128 位元（16 位元組）的雜湊值（hash value），用於確保資訊傳輸完整性。

John the Ripper 支援以下幾種破解模式：

1. 有規則及不規則的字典檔（Wordlist Mode）破解模式。

2. 簡單破解模式（Single Crack），用帳號作為資訊進行破解，速度最快。

3. 增強破解模式（Incremental Mode，暴力法），嘗試所有可能的字元組合。

若要採用 JTR 破解密碼，**建議使用的模式優先順序為：single 模式 ==> wordlist 模式 ==> incremental 模式 ==> 預設模式**。預設模式會先嘗試 single 模式，再嘗試 incremental 模式，直到把所有的規則都跑完，較花費時間。

表 6.2　各種破解模式說明

破解模式	說明
字典檔模式 （Wordlist Mode）	所有破解模式中最簡單的一種，使用者唯一工作就是告訴 JTR 字典檔在哪裡。字典檔就是文字檔，內容每行一個單字代表試驗的密碼。在「字典檔」破解模式裡可以使用「字詞變化」功能，來讓這些規則自動套用在每個讀入的單字中，以增加破解的機率。
簡單模式 （Single Crack Mode）	專門針對「使用帳號當作密碼」的情況所設計的；例如：如果一個使用者帳號是「john」，密碼也取為「john」。在「簡單」破解模式裡，JTR 會拿密碼檔內的「帳號」欄位等相關資訊來破解密碼，並且使用多種「字詞變化」的規則套用到的「帳號」內，以增加破解的機率。如帳號「john」，它會嘗試用「john」、「john0」、「njoh」、「j0hn」等規則變化來嘗試密碼的可能性。
增強模式 （Incremental Mode）	功能最強大的破解模式，它可嘗試所有可能的字元組合來當作密碼，但是這個模式是假設在破解中不會被中斷，所以當你在使用長字串組合時，最好不要中斷執行。

增強模式（Incremental Mode）說明：

As of version 1.8.0, pre-defined incremental modes are:

"ASCII" (all 95 printable ASCII characters),

"LM_ASCII" (for use on LM hashes),

"Alnum" (all 62 alphanumeric characters),

"Alpha" (all 52 letters),

"LowerNum" (lowercase letters plus digits, for 36 total),

"UpperNum" (uppercase letters plus digits, for 36 total),

"LowerSpace" (lowercase letters plus space, for 27 total),

"Lower" (lowercase letters),

"Upper" (uppercase letters),

"Digits" (digits only).

例如：若要使用增強模式中的 ASCII 模式，指令為：

john --incremental:ASCII [文件檔名]

表 6.3 為命令列的參數功能說明，每個版本略有不同，可以輸入指令：john 查看。
參數指令輸入方式：

john [-功能選項] [密碼文件檔名]

表 6.3 命令列的參數功能說明

參數	說明
-pwfile:<檔名>[,..]	指定密碼檔檔名
-wordfile:<檔名> -stdin	字典檔破解模式，由字典檔讀取來破解，或是 stdin
-rules	打開規則式字典檔破解模式
-incremental[:<mode>]	增強模式（使用 john.ini 中定義的模式）
-single	Single Crack 簡單破解模式
-external:<mode>	外部破解模式，使用你在 john.ini 定義的<mode>
-restore[:<檔名>]	回復上一次的破解工作[經由<檔名>]
-makechars:<檔名>	製作字元表，所指定的檔名若存在，會被覆寫
-show	顯示已破解的密碼
-test	執行速度測試
-users:<login|uid>[,..]	只破解這一個使用者（或群組）
-shells:[!]<shell>[,..]	只針對某些使用你指定的 shell(s)的使用者破解
-salts:[!]<count>	只破解 salts 大於<count>的帳號
-lamesalts	設定 salts 中密碼所使用的 cleartext
-timeout:<time>	設定最長的破解時間<time>分鐘
-list	列出每一個字
-des -md5	強制使用 DES 或 MD5 模式

更多詳細說明請見：John the Ripper's cracking modes

（http://www.openwall.com/john/doc/MODES.shtml）。

使用說明中文版：http://www.skrnet.com/skrdoc/text/f02/f02001.htm。

以下介紹如何下載安裝 John the Ripper 並進行範例說明。

首先請進入 John the Ripper 網站：http://www.openwall.com/john。

如圖 6.3 所示，John the Ripper 支援許多作業系統，使用者可依自己所需下載適合作業系統的版本。在這裡我們將安裝官方免費版 John the Ripper 1.7.9 (Windows)。

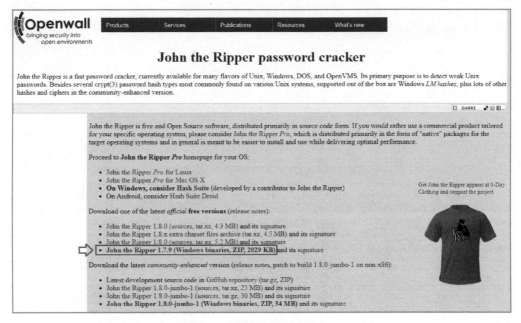

圖 6.3　下載 John the Ripper

John the Ripper 無須安裝，下載後的壓縮檔為 john179w2.zip，解壓縮後即可使用。Windows 版本的 John the Ripper 需要在「命令提示字元」（command line）模式底下進行操作，而 Unix / Linux 版本則是在終端機（terminal）模式下執行。

6.3　使用 John the Ripper

首先，開啓命令提示字元 CMD，進入解壓縮後的 John the Ripper 資料夾裡的 run 資料夾。例如：範例中的資料夾路徑位於 C:\Users\OwO\Downloads\john179w2\john179\run。

```
C:\Windows\System32>cd
C:\Users\OwO\Downloads\john179w2\john179\run
C:\Users\OwO\Downloads\john179w2\john179\run>
```

一、檢視 john 命令列的參數功能說明

檢視 john 命令列的參數功能說明，我們可以使用以下指令：

指令：john

```
C:\Users\OwO\Downloads\john179w2\john179\run>john
John the Ripper password cracker, version 1.7.9
Copyright (c) 1996-2011 by Solar Designer
Homepage: http://www.openwall.com/john/

Usage: john [OPTIONS] [PASSWORD-FILES]
--single                   "single crack" mode
--wordlist=FILE --stdin    wordlist mode, read words from FILE or
                           stdin
--rules                    enable word mangling rules for wordlist
                           mode
--incremental[=MODE]       "incremental" mode [using section MODE]
--external=MODE            external mode or word filter
--stdout[=LENGTH]          just output candidate passwords [cut at
                           LENGTH]
--restore[=NAME]           restore an interrupted session [called
                           NAME]
--session=NAME             give a new session the NAME
--status[=NAME]            print status of a session [called NAME]
--make-charset=FILE        make a charset, FILE will be overwritten
--show                     show cracked passwords
--test[=TIME]              run tests and benchmarks for TIME seconds
                           each
--users=[-]LOGIN|UID[,..]  do not] load this (these) user(s) only
--groups=[-]GID[,..]       load users [not] of this (these) group(s)
                           only
--shells=[-]SHELL[,..]     load users with[out] this (these) shell(s)
                           only
--salts=[-]COUNT           load salts with[out] at least COUNT
                           passwords only
--save-memory=LEVEL        enable memory saving, at LEVEL 1..3
--format=NAME              force hash type NAME: des/bsdi/md5/bf/afs
                           /lm/trip/
                           dummy
```

二、檢視密文檔案 01.txt

指令：type <文件路徑>

我們事先準備好一個檔名為 01.txt 的密文檔案，內容為：Ss/PE.98JayiM。

現在我們輸入密文檔案 01.txt 的所在路徑，該文件位於 C:\Users\OwO\Downloads\john179w2\john179\01.txt。

利用 type 顯示 01.txt 文字檔內容，內容為：Ss/PE.98JayiM。

```
C:\Users\OwO\Downloads\john179w2\john179\run>type C:\Users\OwO\Down
loads\john179w2\john179\01.txt
Ss/PE.98JayiM
C:\Users\OwO\Downloads\john179w2\john179\run>
```

三、使用 John the Ripper 對 01.txt 文件進行破解

指令：john <文件路徑>

輸入 john 加上密文檔 01.txt 的路徑，該文件位於 C:\Users\OwO\Downloads\john179w2\john179\01.txt。

```
C:\Users\OwO\Downloads\john179w2\john179\run>john  C:\Users\OwO\Down
loads\john179w2\john179\01.txt
cygwin warning:
MS-DOS style path detected: C:\Users\OwO\Downloads\john179w2\john179
\01.txt
Preferred POSIX equivalent is: /01.txt
CYGWIN environment variable option "nodosfilewarning" turns off this
warning.
Consult the user's guide for more details about POSIX paths:
http://cygwin.com/cygwin-ug-net/using.html#using-pathnames
Loaded 1 password hash (Traditional DES [128/128 BS SSE2])
windows         (?)
guesses: 1  time: 0:00:00:00 100% (2)  c/s: 247466  trying: friday -
Money
Use the "--show" option to display all of the cracked passwords reliably
```

　　由上述程式執行破解過程說明可以得知此文件 01.txt，其內容經過 DES 加密，原來的明文為 windows，解密時間為 0:00:00:00。

四、使用 John the Ripper 對 02.txt 文件進行破解

　　我們另外也事先準備好一個檔名為 02.txt 的密文檔案，檔案內容為：

1fvGM5H1B$ZoFXr.gs0t4Ay3O1p71xN

　　現在使用以下兩個指令：

　　　　指令：type <文件路徑>

　　　　指令：john <文件路徑>

與前兩個步驟相同，該文件位於 C:\Users\OwO\Downloads\john179w2\john179\02.txt。

　　利用 type 顯示 02.txt 文字檔內容為：

1fvGM5H1B$ZoFXr.gs0t4Ay3O1p71xN1

```
C:\Users\OwO\Downloads\john179w2\john179\run>type  C:\Users\OwO\Down
loads\john179w2\john179\02.txt
$1$fvGM5H1B$ZoFXr.gs0t4Ay3O1p71xN1
```

　　接著，輸入 john 以及檔案 02.txt 所在的路徑：

```
C:\Users\OwO\Downloads\john179w2\john179\run>john  C:\Users\OwO\Down
loads\john179w2\john179\02.txt
cygwin warning:
  MS-DOS style path detected: C:\Users\OwO\Downloads\john179w2
\john179\02.txt
  Preferred POSIX equivalent is: /02.txt
  CYGWIN environment variable option "nodosfilewarning" turns off this
warning.
  Consult the user's guide for more details about POSIX paths:
    http://cygwin.com/cygwin-ug-net/using.html#using-pathnames
Loaded 1 password hash (FreeBSD MD5 [32/32])
binary          (?)
```

```
guesses: 1  time: 0:00:02:44 (3)  c/s: 11766  trying: binary
Use the "--show" option to display all of the cracked passwords reliably
```

接著對 02.txt 文件進行破解。

由上述說明可以得知，此文件 02.txt 為經過 MD5 處理的檔案，其原來的明文是：binary，解密時間為 0:00:02:44。

五、檢視已破解的密碼

指令：**type john.pot**

使用 John the Ripper，如果文件運行過 john，就會在 run 目錄中產生一個 john.pot 檔案，裡面保存著成功猜解出來的密文，冒號前面是密文，冒號後面是它對應的明文。

```
C:\Users\OwO\Downloads\john179w2\john179\run>type john.pot
Ss/PE.98JayiM:windows
$1$fvGM5H1B$ZoFXr.gs0t4Ay3O1p71xN1:binary
```

6.4　密碼安全強度

本節探討不同密碼的安全強度，我們使用以下網站的工具，將密碼做 DES 加密或是計算 MD5 雜湊值：

http://sherylcanter.com/encrypt.php。

事先產生密文文件後，將密文文件檔案皆放在.\john179\run（與 john.exe 同資料夾）方便輸入指令。我們做了以下五個實驗。

實驗一：有無加 Salt 之比較（採用 DES）

在這個實驗，我們都採用 DES 加密，但分「有」或「無」加入 Salt 兩種不同情況，進行比較。使用者名稱都相同，使用者名稱：test01。也都使用相同簡易的單字作為密碼，密碼都是：windows。

破解模式皆採用預設模式，分兩種情況：有或無加入 Salt 來進行比較。

1. 無 Salt 情況：連線到網站，輸入 Username、Password，如圖 6.4。

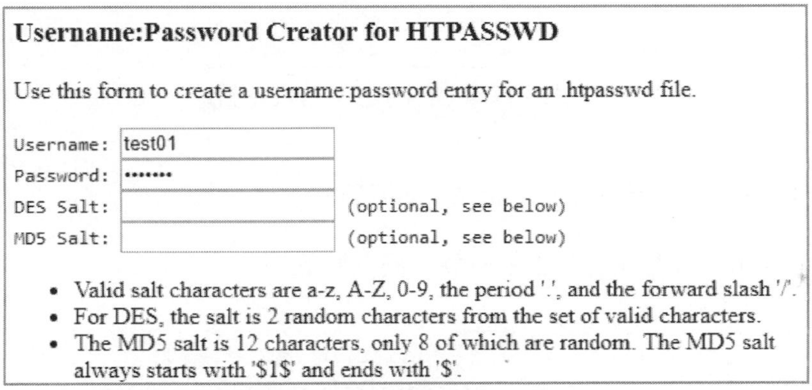

圖 6.4　採用 DES 無 Salt 情況

結果產生 test01 的 DES 密文：G1tKX6.InataA。

接著，利用 6.3 所敘述的方法來破解，過程如下：

```
C:\Users\曉雯\Downloads\john179\run>john test01.txt
   2 [main] john 40144 find_fast_cwd: WARNING: Couldn't compute
FAST_CWD pointer.  Please report this problem to the public mailing list
cygwin@cygwin.com
Loaded 1 password hash (Traditional DES [128/128 BS SSE2])
windows         (test01)
guesses: 1  time: 0:00:00:00 100% (2)  c/s: 46634  trying: friday - Money
Use the "--show" option to display all of the cracked passwords reliably
```

破解時間為 0:00:00:00

2. 隨意加入 Salt 的情況：這次輸入相同的 Username、Password，但加入一些 Salt，如圖 6.5。

Username:Password Creator for HTPASSWD

Use this form to create a username:password entry for an .htpasswd file.

Username: test01
Password: ••••••••
DES Salt: nk   (optional, see below)
MD5 Salt: (optional, see below)

- Valid salt characters are a-z, A-Z, 0-9, the period '.', and the forward slash '/'.
- For DES, the salt is 2 random characters from the set of valid characters.
- The MD5 salt is 12 characters, only 8 of which are random. The MD5 salt always starts with '1' and ends with '$'.

圖 6.5　採用 DES 並加入 Salt 情況

結果產生 test01 的 DES 密文：nkpYhepdj7YsM。

接著，利用 6.3 所敘述的方法來破解，過程如下：

```
C:\Users\曉雯\Downloads\john179\run>john test01-2.txt
  1 [main] john 41376 find_fast_cwd: WARNING: Couldn't compute FAST_CWD
pointer.   Please  report  this  problem  to  the  public  mailing  list
cygwin@cygwin.com
Loaded 1 password hash (Traditional DES [128/128 BS SSE2])
windows         (test01)
guesses: 1  time: 0:00:00:00 100% (2)  c/s: 139903  trying: friday -
Money
Use the "--show" option to display all of the cracked passwords reliably
```

破解時間為 0:00:00:00

結論：破解時間皆為 0:00:00:00，在使用簡易的單字密碼「windows」情況下，不管是否有加 Salt 的情況，幾乎不影響破解時間。

實驗二：英文名字（但非一般英文單字）

我們使用一個 Username：test02；Password：vivian，並使用上述工具產生 DES 密文為：p0iUKT2DZZOQY。

這次採用的破解模式：預設，過程如下：

```
C:\Users\曉雯\Downloads\john179\run>john test02.txt
    0 [main] john 42284 find_fast_cwd: WARNING: Couldn't compute
FAST_CWD pointer.  Please report this problem to the public mailing list
cygwin@cygwin.com
Loaded 1 password hash (Traditional DES [128/128 BS SSE2])
vivian          (test02)
guesses: 1  time: 0:00:24:02 (3)  c/s: 4959K  trying: vivisS - vivir1
Use the "--show" option to display all of the cracked passwords reliably
```

破解時間為 24 分 02 秒

結論：破解時間為 24 分 02 秒。在使用預設模式下，若使用非一般英文單字的密碼，要破解就需要花費相對較長的時間。

實驗三：相同單字的密碼，但有大小寫混雜

我們使用與實驗一相同的密碼（windows），但這次有英文大小寫混雜。實驗參數如下：

使用者名稱：test02

密碼大小寫混雜：WiNdOwS

產生 test02 的 DES 密文：RGC.0dCSoO9KY。

破解模式：預設模式。

我們在這種預設模式下，實驗進行了 30 分鐘後，都尚未破解！

推測：與實驗一（有、或無 salt）的結果比較，顯示出：當有大小寫混雜時，會大幅增加破解所需要的時間。

實驗四：使用者名稱與密碼相關，且密碼大小寫混雜

我們使用相同的密碼，且其英文大小寫混雜；但不同的是，這次讓 Username 與 Password 有關聯。實驗參數如下：

使用者名稱：windows

密碼大小寫混雜：WiNdOwS

產生 DES 密文：EaunbN5xf84Og。

破解模式：預設模式。

這次採用如上設計，破解模式：預設，過程如下：

```
C:\Users\OwO\Downloads\john179\run>john 05.txt
    0 [main] john 39076 find_fast_cwd: WARNING: Couldn't compute
FAST_CWD pointer.  Please report this problem to the public mailing list
cygwin@cygwin.com
Loaded 1 password hash (Traditional DES [128/128 BS SSE2])
WiNdOwS         (windows)
guesses: 1  time: 0:00:00:00 100% (1)  c/s: 22933  trying: "windows -
Wi.ndows
Use the "--show" option to display all of the cracked passwords reliably
```

結論：破解時間為 0:00:00:00，與實驗三比較，我們可推導出：密碼有無和使用者名稱相關聯，影響甚大。

實驗五：純數字密碼

我們使用純數字的密碼來做實驗，實驗參數如下：

使用者名稱：test05

密碼：5075608

產生 test05 的 DES 密文：PbCNBLeuG/vho。

破解模式：incremental:Digits。

這次採用如上設計，破解模式：incremental:Digits，過程如下：

```
C:\Users\OwO\Downloads\john179\run>john --incremental:Digits 07.txt
    2 [main] john 40572 find_fast_cwd: WARNING: Couldn't compute
FAST_CWD pointer.  Please report this problem to the public mailing list
cygwin@cygwin.com
Loaded 1 password hash (Traditional DES [128/128 BS SSE2])
5075608         (test05)
guesses: 1  time: 0:00:00:08  c/s: 4733K  trying: 5075341 - 5075825
Use the "--show" option to display all of the cracked passwords reliably
```

在這種純數字密碼的情況，破解時間為 8 秒。

另外，我們如果使用同樣的密文，但改用預設模式去破解，則經過 10 分鐘後尚未破解。

結論：若知道密碼格式，使用增強模式指定暴力破解方式，會比預設模式快速許多。

習 題

1. 電腦系統儲存一份密碼檔，包含使用者帳號與密碼，以便驗證使用者身分，這樣做有什麼問題？

2. 鹽（salt）是什麼？什麼是加鹽法（salted method）？

3. John the Ripper（JTR）的功能是什麼？

4. John the Ripper 支援哪幾種破解模式？

5. 若要採用 JTR 破解密碼，建議使用的模式優先順序為何？

6. 檢視 john 命令列的參數功能說明，使用什麼指令？

7. 檢視密文檔案 01.txt 的內容，要使用什麼指令？

8. 使用 John the Ripper 對 01.txt 文件進行破解，要使用什麼指令？

9. 檢視已破解的密碼，要使用什麼指令？

10. 當密碼有大小寫混雜時，破解所需要的時間有什麼變化？

11. 如果知道密碼的格式，使用增強模式或是預設模式，哪一個較快破解？

參考文獻

[1]　John the Ripper password cracker: http://www.openwall.com/john/

[2]　John the Ripper v1.4 使用說明：http://www.skrnet.com/skrdoc/text/f02/f02001.htm

[3]　John the Ripper's cracking modes：http://www.openwall.com/john/doc/MODES.shtml

[4]　Username: Password Creator for HTPASSWD: http://sherylcanter.com/encrypt.php

[5]　資料加 密標準（DES）：https://zh.wikipedia.org/wiki/%E8%B3%87%E6%96%99%E5%8A%A0%E5%AF%86%E6%A8%99%E6%BA%96

[6]　MD: https://zh.wikipedia.org/wiki/MD5

[7]　鹽（salt）：https://zh.wikipedia.org/wiki/%E7%9B%90_(%E5%AF%86%E7%A0%81%E5%AD%A6)

[8]　Salted Password Hashing: https://crackstation.net/hashing-security.htm

CHAPTER 07

使用 OpenSSL 建立憑證中心

SSL 安全協定是建立在 TCP 層之上，用來提供 TCP 可靠的點對點安全服務，所提供的安全性連線具有保密性、驗證性和完整性等特性。本章並介紹如何使用 OpenSSL 開放原始碼，建立憑證中心以及相關作業，其內容包含：

7.1 SSL 簡介

民眾常常在網路上進行線上購物，為了達到各種交易安全，早在 1994 年，就已經有網頁傳輸加密的技術了，這就是 SSL（Secure Socket Layer）。

SSL v1 在 1994 年 8 月，由網景公司（Netscape Communications）提出標準草案；在 SSL v1 提出的五個月後，網景公司連同 SSL v2 一起發行 Netscape Navigator 瀏覽器（1994 年 12 月）。

Microsoft 看準了 WWW 有相當的市場，於 1995 年 8 月公布 Internet Explorer 1.0；隨後不久發布了 PCT（Private Communication Technology），改進 SSL v2 的缺點。Microsoft 發布 PCT，刺激了 Netscape Communications 也在同月推出 SSL v3，也就是目前各大瀏覽器所採用的 SSL 版本[1]。

1996 年 5 月開始，IETF（Internet Engineering Task Force）致力於制定 SSL 標準[2]，於 1999 年 1 月公布了 TLS 1.0（Transport Layer Security）以改進 SSL v3 的缺點。雖然說是「改進」，但除了名稱不一樣之外，其實與 SSL v3 是大同小異的。

Applications (HTTP, FTP, NNTP…)		
SSL Handshake Protocol	SSL Change Cipher Spec Protocol	SSL Alert Protocol
SSL Record Protocol		
TCP		
IP		

圖 7.1　SLL 協定所在的層級架構

---

[1]　關於 SSL v3，您可參閱 http://wp.netscape.com/eng/ssl3/draft302.txt，有詳盡的說明。若超連結已被移除，只要到各大搜尋引擎尋找"SSL v3"，便可找到 SSL 的規格書。

[2]　IETF 制定了許多 Internet 的通訊協定，諸如 TCP、IP 等。

圖 7.1 為 SSL 協定所在的層級架構。SSL 是建立在 TCP 層之上，用來提供 TCP 可靠的點對點（point-to-point）安全服務，所提供的安全性連線具有下列特性：

1. 機密性（Confidentiality）：使用 SSL 傳輸，能使雙方產生一把共用的交談金鑰（Session Key）[3]，雙方訊息傳輸時便能使用這把金鑰將訊息加密，確保訊息不被他人窺視。圖 7.2 顯示 Microsoft IE 11 所支援的 Session Key 長度，您可自行檢視您所使用的瀏覽器。目前各知名的瀏覽器都能支援到 128-bit 的 Session Key 長度。

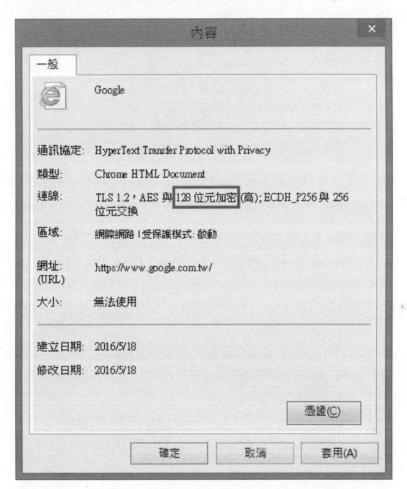

圖 7.2　Microsoft Internet Explorer 的 Session Key 長度

---

[3]　SSL v1 所支援的 Session Key 長度為 40-bit，目前都已經提升到 128-bit。然而使用 128-bit 的金鑰長度是否夠安全？由於 Session Key 是由傳輸雙方連線時臨時協議出來的一把金鑰，而 HTTP 具有「無連線狀態」（Stateless），也就是傳完了指定的資料後，必須再重新連線、產生 Session Key；因此即使 Session Key 被攻擊者破解，往後所使用的 Session Key 早就改變了。

2. 身分驗證（Authentication）：在連線時，伺服端會先傳輸伺服器的憑證給客戶端，因此，客戶端能驗證伺服端的身分；相反地，客戶端亦能傳輸憑證給伺服端供其驗證，但此動作是非必要的（Optional）。

3. 訊息完整性（Message Integrity）：雙方訊息傳輸使用雜湊函數，能確保傳輸的訊息是否有遭他人竄改。

　　因此，當您在網路上使用信用卡消費時，不妨注意瀏覽器是否出現 SSL 加密圖示（如圖 7.3 為 IE 的 SSL 提示），出現此圖示代表目前所瀏覽的網站擁有一張數位憑證，因此具有上述三點特性。

圖 7.3　Microsoft Internet Explorer 11 的 SSL 提示

　　一般所使用的 HTTP（HyperText Transfer Protocol）是以明文的方式直接傳輸（如圖 7.4），因此，在重要的訊息傳輸時，我們會在 HTTP 應用層（Application Layer）之下建立一個 SSL。

　　如圖 7.5 所示，原本以明文傳輸的 HTTP 網頁，經過 SSL 層之後，便以密文方式傳輸。當然在應用層（Application Layer）的應用不僅是 HTTP，就連 FTP（File Transfer Protocol）及 NNTP（Net News Transfer Protocol）等，皆能使用 SSL 傳輸。

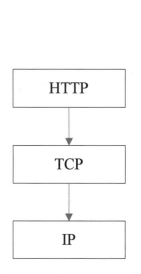

圖 7.4　一般 HTTP 的連線

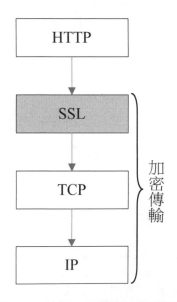

圖 7.5　使用 SSL 的 HTTP 連線

7.2　SSL 運作方式

7.2.1　SSL 交握協定（SSL Handshake Protocol）

　　建立 SSL 連線必須經過數個階段的交握，才能將雙方傳輸的資料加密。如圖 7.6 所示，加上"*"的連線步驟是非必要的，可以不必完成。因此，針對 Certificate 步驟，連線的雙方都可選擇是否傳送自己的憑證給對方，所以在身分驗證將會有以下三種情況：

1. 伺服器與客戶端互相驗證
2. 只驗證伺服器
3. 只驗證客戶端

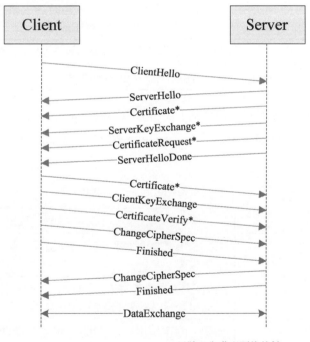

星號 * 為非必要的傳輸

圖 7.6　SSL 交握協定

一、第一階段──建立安全連線

　　整個 SSL 連線是由 ClientHello 訊息開始，主要目的是為了建立一條邏輯連線。因此，這個階段雙方各傳輸了許多重要的參數，包含：

1. ClientHello 訊息：這個訊息夾帶了客戶端所支援的 SSL 資訊，表 7.1 列出了 ClientHello 訊息所包含的參數以及其說明。

表 7.1　ClientHello 訊息中的參數

參數	說明
版本（Version）	客戶端所能支援的 SSL 最高版本
亂數值（RandomNumber）	由客戶端隨機產生的亂數值，為傳輸時密碼運算的種子（Seed），此參數共有 32-bit
會期 ID（SessionID）	一個不固定長度的識別碼，用來識別 SSL 傳輸通訊。若客戶端在這個參數填入"0"，重新建立新的 Session；若此參數非"0"，則表示客戶端想繼續沿用上一個 SSL 連線
密碼套件（CipherSuites）	客戶端所能支援的加密演算法列表，提供給伺服器選用
壓縮方法 (CompressionMethods)	客戶端所能支援的資料壓縮方法

2. ServerHello 訊息：當伺服器收到客戶端的 ClientHello 訊息後，會針對 ClientHello 內的參數回送 ServerHello 訊息。ServerHello 與 ClientHello 訊息內容差異不大，請詳閱表 7.2。

表 7.2　ServerHello 訊息中的參數

參數	說明
版本（Version）	本次 SSL 傳輸所使用的版本，為客戶端及伺服器都能支援的最高版本
亂數值（RandomNumber）	由伺服器隨機產生的亂數值，為傳輸時密碼運算的種子（Seed），此參數共有 32-bit，與客戶端的亂數值無關
會期 ID（SessionID）	一個不固定長度的識別碼。若客戶端傳過來的參數是"0"，則由伺服器填入指定的 Session ID；若此參數非"0"，則伺服器會將傳過來的值填入這個參數
密碼套件（CipherSuite）	伺服器從客戶端的密碼套件中挑選一套來使用
壓縮方法（CompressionMethod）	伺服器從客戶端的資料壓縮方法挑選一套來使用

二、第二階段——伺服器身分驗證及金鑰交換

第二及第三階段為雙方互相驗證身分，因此，若需要身分驗證的功能，則必須傳輸自己的憑證給對方，供其檢驗。

1. Certificate 訊息：由伺服器提供憑證鏈（Certificate Chain）給客戶端，這個憑證鏈除了包含伺服器本身的憑證之外，尚包含次級憑證（Subordinate Certificate）及根憑證。

2. ServerKeyExchange 訊息：為了要產生一把交談金鑰，以便將傳輸的資料加密，雙方必須進行金鑰交換（Key Exchange）。目前常用的金鑰交換演算法計有：

   (1) RSA

   (2) Fixed Diffie-Hellman[4]

   (3) Ephemeral Diffie-Hellman

   (4) Anonymous Diffie-Hellman

   (5) Fortezza[5]

3. CertificateRequest 訊息：伺服器能要求驗證客戶端的身分，因此伺服器必須傳送這個訊息給客戶端。

4. ServerHelloDone 訊息：伺服器用這個訊息通知客戶端，告知其初步協商已完成，客戶端收到此訊息後，才能繼續執行下個步驟。

三、第三階段——客戶端身分驗證及金鑰交換

1. Certificate 訊息：當客戶端收到 ServerHelloDone 的訊息後，若伺服器傳送過 CertificateRequest 訊息，則客戶端會將他自己的憑證傳送給伺服器驗證；若客戶端沒有憑證，則會傳送 NoCertificate 訊息給伺服器。

2. ClientKeyExchange 訊息：客戶端將自己計算過的參數傳送給伺服器，伺服器便能以這些參數將訊息加密給客戶端。

---

[4] Diffie-Hellman 金鑰交換方法，是 Whitfield Diffie 及 Martin E. Hellman 於 1976 年所發表的技術，相關內容您可直接從其論文中取得。

[5] Fortezza 常用於 Smart Card，而 OpenSSL 有提供這個演算法的介面（Interface）但沒有實作。

3. CertificateVerify 訊息：若客戶端有傳送憑證給伺服器，便會有這個訊息。當客戶端傳送一張憑證，尚不能真正確定客戶端的身分，因為客戶端可以任意拿一張他人的憑證來冒充身分。因此，必須加上這個訊息來證明客戶端確實握有這張憑證的私密金鑰。客戶端必須將「金鑰資訊」及「本次 SSL 交握的訊息」運算取得 Hash 值，並使用自己的私密金鑰將這個 Hash 值加密：

$$E_{客戶端私鑰}(Hash(金鑰資訊\|本次SSL交握訊息))$$

而伺服器只要使用客戶端的公開金鑰（存在於憑證中），將 CertificateVerify 訊息解密並驗證，即可判斷客戶端憑證的合法性：

$$D_{客戶端公鑰}(CertificateVerify) = Hash(金鑰資訊\|本次SSL交握訊息)。$$

四、第四階段──更新密碼套件及完成交握協定

1. 客戶端 ChangeCipherSpec 訊息：客戶端將所選定的密碼套件訊息傳送給伺服器。

2. 客戶端 Finished 訊息：通知伺服器所有客戶端的交握程序已結束。

3. 伺服器 ChangeCipherSpec 訊息：伺服器將所選定的密碼套件訊息傳送給客戶端。

4. 伺服器 Finished 訊息：通知客戶端所有交握程序已結束，並且從這個訊息之後的資料傳輸，都使用雙方協調完成的套件加密傳輸。

5. DataChange：使用 SSL 加密的資料，如網頁、檔案等。

7.2.2　SSL 重新連線交握

　　正如前一小節所述，SSL 連線交握程序十分複雜，並且會增加雙方傳輸的資料量，因此，SSL 允許雙方以較簡單的方式重新建立連線。以 HTTPS 為例，某個使用者上網瀏覽一個 SSL 網站，在剛連線到這個網站時，當然必須完成連線交握程序。然而，他可能閒置了 5 分鐘，先前的連線早已終止了，但他只需要求重新連線交握，便能保留先前的 Session 紀錄，如此便能節省不少的資料交換。

　　如圖 7.7 所示，唯有 ClientHello 多包含了之前已建立的 SessionID 外，其他的交握訊息內容與 SSL 交握協定大同小異，不再贅述。

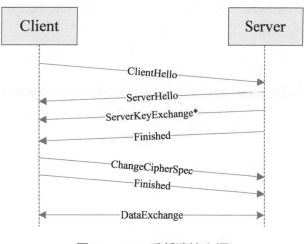

圖 7.7 SSL 重新連線交握

7.2.3 SSL 終止連線

SSL 連線的雙方可以傳送一個 ClosureAlert 訊息給對方，以要求終止 SSL 連線（如圖 7.8）。

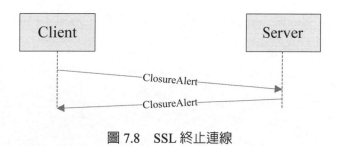

圖 7.8 SSL 終止連線

7.3 OpenSSL 簡介

OpenSSL 是一套具有許多函式庫及操作介面的開放原始碼（Open Source），是由 SSLeay 發展出來的。

由 Eric A. Young 及 Tim J. Hudson 於 1995 年開發的 SSLeay 是一套操作金鑰及憑證的套件，但於 1998 年終止開發。取而代之的是 OpenSSL，當時 SSLeay 已發展到 0.9.1o 版，而 OpenSSL 的起始版本則是沿用 SSLeay 的版本，定為 0.9.1c 版。本書改版時，OpenSSL 公布的版本已經是 1.0.2h。

OpenSSL 能支援 SSL v1、SSL v2 及 TLS v1，所提供的函式庫是以 C 及 C++語言完成，您可直接把 OpenSSL 的函式庫拿來當成 API 使用。

OpenSSL 所提供的操作介面是跨平台的，您可以使用在所有 Unix 作業系統，就連微軟的 Windows 也同時支援。目前許多第三方軟體都支援 OpenSSL，例如 Apache、PHP、MySQL 等，皆能將訊息加密以及做身分驗證。

7.4　安裝 OpenSSL

OpenSSL 是跨平台的套件組，本小節將介紹 OpenSSL 如何安裝在 Linux 及 Windows 作業系統中。在本小節中所使用的 Linux 作業系統為 Fedora Core，我們將說明如何以 RPM 直接安裝；若您希望以自行編譯的方式來安裝 OpenSSL，我們也介紹如何取得 OpenSSL 原始程式碼並進行編譯、安裝。

在本書改版時，OpenSSL 的最新版本為"1.0.2h"，安裝時請您下載較新的版本。

7.4.1　以 RPM 方式安裝

以 RPM 方式安裝之前，請您先確認系統是否已經安裝過 OpenSSL 了，您可使用 -qa 參數查詢某個套件是否已經安裝，例如：

```
#rpm -qa openssl
openssl-0.9.8a-5.2
```

上面的查詢結果表示，我們的作業系統中已安裝了 0.9.8a 的版本了，您就可以不必再安裝 OpenSSL。若您的作業系統尚未安裝 OpenSSL，您可至下列網站以關鍵字 openssl 進行搜尋：

```
http://rpmfind.net
```

結果將會列出許多符合的下載點，請您挑選符合您的作業系統以及 CPU 類型的版本直接下載[6]：

```
# wget \ ftp://rpmfind.net/linux/fedora/core/development/i386/os
/Fedora/RPMS/openssl-0.9.8b-4.i686.rpm
```

下載完畢後，使用下列命令安裝[7]：

```
# rpm -ivh openssl-0.9.8b-4.i686.rpm
```

若您原先已安裝過 OpenSSL，亦可使用以下指令更新安裝：

```
# rpm -Uvh openssl-0.9.8b-4.i686.rpm
```

安裝完畢後，您可以查詢 openssl 的所有檔案被安裝到哪些地方：

```
# rpm -ql openssl
/etc/pki/CA
/etc/pki/CA/private
/etc/pki/tls
/etc/pki/tls/cert.pem
/etc/pki/tls/certs
(略)
```

7.4.2　自行編譯安裝

以自行編譯的方式安裝 OpenSSL，不會比 RPM 安裝來得方便又快速。但是，許多進階的系統管理者可能必須修改部分的程式碼；再者，使用 RPM 方式安裝，將受到其他套件的牽絆，因此，自行編譯是最常使用的安裝方式。

首先請您到 OpenSSL 官方網站（http://www.openssl.org/），點選[Downloads]後，將列出 openssl 套件（如圖 7.9）。

---

[6]　由於寬度限制，若某個指令過長，本書將以"\"表示換行。

[7]　當您以 RPM 安裝時若發生錯誤，可能是 OpenSSL 套件需要依賴其他套件。因此，您必須依這些錯誤訊息指示，先將所欠缺的套件安裝到系統中，才能順利安裝 OpenSSL。

圖 7.9　OpenSSL 套件下載位置

請下載最新版套件[8]：

```
# wget http://www.openssl.org/source/openssl-0.9.8b.tar.gz
```

接著將下載下來的檔案解壓縮：

```
# tar zxvf openssl-0.9.8b.tar.gz
```

請切換到剛解開的目錄裡，並進行設定；在設定 OpenSSL 之前，您可先以 “./config --help” 查閱 config 指令提供什麼參數。較常用的參數是 “--prefix”，您可使用這個參數設定欲安裝的目的地。例如./config --prefix=/usr/local/openssl 則是代表將 OpenSSL 編譯好的檔案安裝到/usr/local/openssl；若不指定--prefix，則是使用預設的目錄/usr/local。

```
# cd openssl-0.9.8b
# ./config
```

---

[8]　由於曾發生過某知名網站所提供的程式，遭人替換成惡意程式，使得下載者安裝了該程式後便能受攻擊者存取。因此，許多網站都將提供的檔案附上一組檢驗碼（通常是 MD5 或 SHA-1）。以 OpenSSL 為例，您 可 使 用 md5sum 或 sha1sum 指 令 查 詢 下 載 檔 案 的 檢 驗 碼（使 用 方 法 ： md5sum openssl-1.0.0c.tar.gz）是否與網站所公布的檢驗碼相同。

設定完畢後，請輸入以下指令進行編譯及安裝：

```
# make
# make install
```

安裝完畢後，您將會在所指定的目錄（預設是/usr/local）中發現這些 OpenSSL 的檔案，因此，在/usr/local 下將會產生一個 ssl 的目錄，隨後我們將會說明如何使用這個目錄下的檔案。

利用 Linux 作業系統操作 OpenSSL 的過程，將在下一章節詳細介紹。

7.4.3　OpenSSL for Windows

使用微軟的 Windows 作業系統亦能安裝 OpenSSL。首先，請您到下面這個網址下載最新的 OpenSSL 版本，下載的檔名應該會像 Win64OpenSSL-1_0_2g.exe。

```
http://www.slproweb.com/products/Win32OpenSSL.html
```

進入網站後，將畫面移至適當的位置，並依您的作業系統下載並安裝（圖 7.10）。

File	Type	Description
Win32 OpenSSL v1.0.2g Light	2MB Installer	Installs the most commonly used essentials Note that this is a default build of OpenSSL agreement of the installation.
Win32 OpenSSL v1.0.2g	16MB Installer	Installs Win32 OpenSSL v1.0.2g (Recomme build of OpenSSL and is subject to local and
Win64 OpenSSL v1.0.2g Light	2MB Installer	Installs the most commonly used essentials Only installs on 64-bit versions of Window More information can be found in the legal
Win64 OpenSSL v1.0.2g	16MB Installer	Installs Win64 OpenSSL v1.0.2g (Only insta installs on 64-bit versions of Windows. No information can be found in the legal agree
Win32 OpenSSL v1.0.1s Light	2MB Installer	Installs the most commonly used essentials Note that this is a default build of OpenSSL agreement of the installation.
Win32 OpenSSL v1.0.1s	16MB Installer	Installs Win32 OpenSSL v1.0.1s (Recomme build of OpenSSL and is subject to local and

Download Win32 OpenSSL today using the links below!

圖 7.10　OpenSSL for Windows 版本下載點

執行 OpenSSL 安裝檔，顯示歡迎畫面如圖 7.11。

圖 7.11　OpenSSL for Win64 安裝歡迎畫面

請仔細閱覽 OpenSSL 版權聲明，選取"I accept the agreement"並點選 "Next"。如圖 7.12。

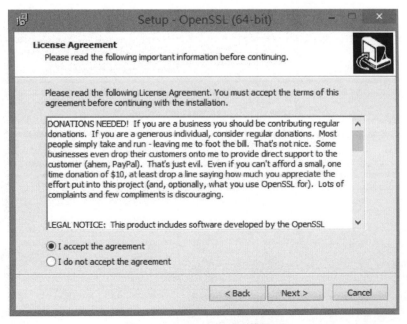

圖 7.12　OpenSSL 版權聲明

請您指定 OpenSSL 所欲安裝的目錄（圖 7.13）。

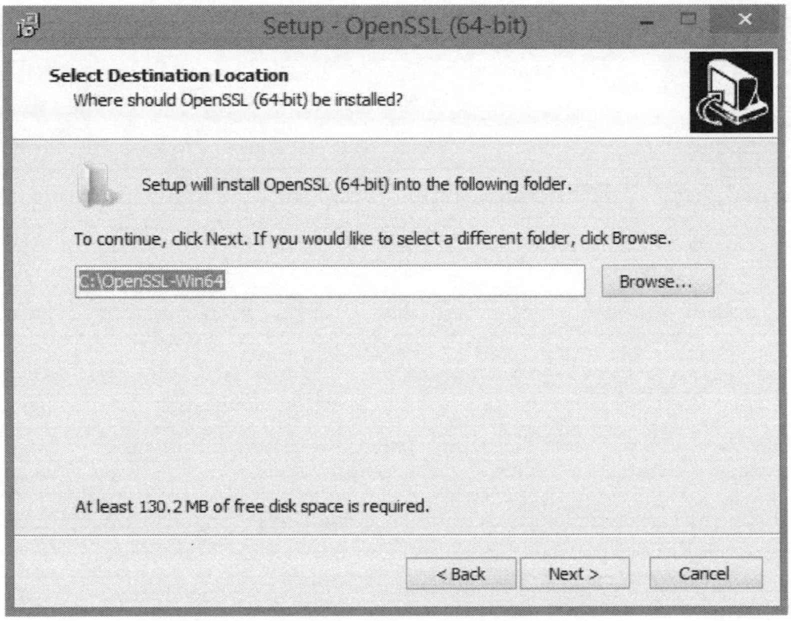

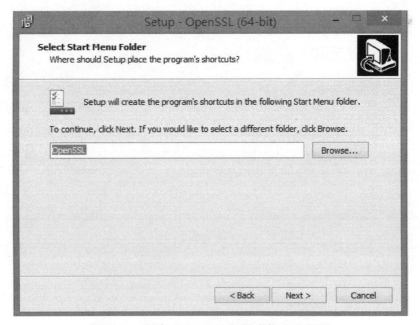

圖 7.13 選擇 OpenSSL 所欲安裝的目錄

請設定 OpenSSL 套件所要出現在「程式集」中的名稱；當您安裝完畢後，將可以從這個地方找到一些說明文件（圖 7.14）。

圖 7.14 設定 OpenSSL 在程式集中的名稱

最後按下"Install"按鈕以開始安裝 OpenSSL（圖 7.15）。

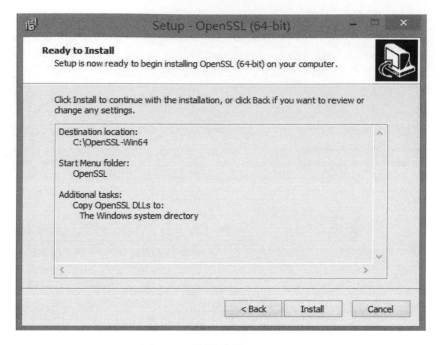

圖 7.15　開始安裝 OpenSSL

　　安裝完畢後，您可將 C:\OpenSSL\bin 加入到系統變數 PATH 中，使您能在任一目錄下直接執行 C:\OpenSSL\bin 裡的執行檔。請執行「控制台 / 系統」，接著切換到「進階」頁面後，點選「環境變數」。請編輯「系統變數」中的"PATH"的值，加入 C:\OpenSSL\bin 後離開即可（圖 7.16）。

圖 7.16　系統變數 Path 設定

由於在 Windows 作業系統無法執行 .sh 檔，需額外加裝 Perl 來執行 .pl 檔，請連線至下列網站：

```
http://www.perl.org/
```

依圖 7.17 所示進入下載網頁。

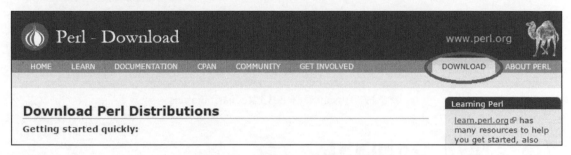

圖 7.17　下載 Perl Windows 版

Perl 的 Windows 版本有兩個套件可使用，如圖 7.18 所示，計有 Strawberry Perl 及 ActivePerl，您只需下載其中一套即可。

圖 7.18　Perl Windows 版套件

OpenSSL Windows 版必須有微軟.Net Framework 環境，因此請您進入以下網站：

```
https://www.microsoft.com/en-us/download/details.aspx?id=40784
```

依您的作業系統版本下載並安裝 Visual C++ 2013 Redistributables（如圖 7.19）。

Visual C++ Redistributable Packages for Visual Studio 2013

Select Language: English   Download

The Visual C++ Redistributable Packages install run-time components that are required to run C++ applications that are built by using Visual Studio 2013.

圖 7.19　Visual C++ 2013 Redistributables

7.5　使用 OpenSSL

在本小節中，我們將示範如何使用 OpenSSL 來建立一個 CA，並由此 CA 來發行憑證給使用者，圖 7.20 為本範例的架構圖。

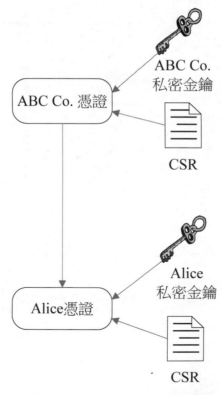

圖 7.20　本小節建立憑證架構圖

OpenSSL 提供一個建立 Root-CA 憑證的 Shell Script，位於 OpenSSL 安裝目錄下的 misc 目錄中的 CA.sh 及 CA.pl 兩個檔案[9]；這兩個命令稿的效果都是一樣的。表 7.3 為 CA.sh 及 CA.pl 所提供的參數及說明，其中參數後加上"*"符號，表示僅 CA.pl 提供，CA.sh 不支援這些參數。

表 7.3　CA.sh 及 CA.pl 參數說明

參數	說明
-newcert	產生一組自簽憑證（Self Signed Certificate）及私鑰
-newreq	產生憑證簽章要求（Certificate Signing Request，CSR）及一把私鑰
-newreq-nodes *	與 -newreq 參數相同，但私鑰不加密
-newca	產生一個 CA 架構，包含憑證及私鑰等
-xsign, -sign, -signreq	呼叫 CA 程式將 CSR 簽名（也就是依 CSR 來產生一張憑證），使用 -xsign 參數將會把憑證直接輸出在螢幕；其他兩者則是將憑證輸出至某個檔案（預設是 newcert.pem）
-pkcs12 *	將使用者的私鑰、憑證及 CA 憑證整合至 PKCS #12 格式中
-signCA *	用來產生次級 CA（Subordinate CA）憑證
-signcert	如同 -sign 參數，但是以自簽的方式產生憑證
-verify	使用 CA 的憑證架構來檢驗某一個憑證

7.5.1　建立 Root-CA 憑證

首先請先修改 CA.sh 或 CA.pl，將表 7.4 中的變數值修改成最適合您的要求。表 7.4 僅適用於 CA.sh，請依您的需求，將粗體字適當修改；您也可以修改 CA.pl，修改方式與 CA.sh 大同小異。

---

[9]　本範例是以自行編譯方式安裝，因此可以在/usr/local/ssl/misc 中找到這兩個檔案。

表 7.4　CA.sh 的變數

變數	說明
if [-z "$OPENSSL"]; then OPENSSL=**/usr/local/ssl/bin /openssl**; fi	指定 openssl 執行檔的正確位置。本範例是以自行編譯方式安裝，將 OpenSSL 安裝在/usr/local/，因此必須將變數 OPENSSL 設定為粗體字的路徑及檔案
CADAYS="-days **1095**"	預設 CA 憑證使用期間為 3 年（1095 天），您可自行調整這個值
CATOP=**./demoCA**	CA 架構的主要目錄，也就是建立了一個 CA 後，將會產生這個目錄
CAKEY=**./cakey.pem**	CA 的私密金鑰
CAREQ=**./careq.pem**	CA 的憑證簽章要求（CSR）
CACERT=**./cacert.pem**	CA 的憑證

修改完 CA.sh 命令稿後，請修改/usr/local/ssl/openssl.cnf 設定檔，依表 7.5 所列的設定值加以修改。

表 7.5　openssl.cnf 設定值

設定值	說明
default_bits = **1024**	金鑰的長度
dir = **./demoCA**	將 dir 的設定值加以修改，並與 CA.sh 裡的 CATOP 值一致
x509_extensions = **v3_ca**	設定為 v3_ca，表示將發行憑證給 CA。您可往下找到一個 [v3_ca] 標籤，所包含的設定值便是 CA 憑證所必須擁有的屬性

完成設定後，請至 misc 目錄下執行 CA.sh -newca：

```
# ./CA.sh -newca
CA certificate filename (or enter to create)
[Enter]
Making CA certificate ...
Generating a 1024 bit RSA private key
.....++++++
.........................................++++++
writing new private key to './demoCA/private/./cakey.pem'
Enter PEM pass phrase:[取一個通行碼]
Verifying - Enter PEM pass phrase:[再次輸入通行碼]
```

首先，CA.sh 會詢問您是否已有 CA 憑證，若有，則直接指定該憑證所在的位置；否則請按[Enter]鍵以產生 CA 架構。接著產生一對 RSA 1024-bit 金鑰[10]，所顯示的....+++++表示正在計算金鑰中，無須理會。接下來請自行設定一組通行碼（Pass Phrase），將來存取 CA 私鑰時，必須輸入這組通行碼。

產生金鑰後，請提供 CA 的辨識名稱（Distinguished Name，DN）。請將粗體字修改成符合您的名稱，其中，Common Name（CN）便是主體名稱（Subject Name），也就是憑證的擁有者；若您要設定某欄位為空白，直接按[Enter]鍵，或輸入"."，取消此欄位。最後要求您輸入一組「挑戰密碼」及「公司名稱」，這是為了要向其他 CA 要求為您的 CA 簽章時驗證您的身分而設的欄位，您可不必理會。

```
You are about to be asked to enter information that will be incorporated
into your certificate request.
What you are about to enter is what is called a Distinguished Name or
a DN.
There are quite a few fields but you can leave some blank
For some fields there will be a default value,
If you enter '.', the field will be left blank.
-----
Country Name (2 letter code) [AU]:TW
State or Province Name (full name) [Some-State]:Taiwan
Locality Name (eg, city) []:Taichung
Organization Name (eg, company) [Internet Widgits Pty Ltd]:ABC Co.
Organizational Unit Name (eg, section) []:
Common Name (eg, YOUR name) []:ABC Co.
Email Address []:service@abc.com.tw


Please enter the following 'extra' attributes
to be sent with your certificate request
A challenge password []:
An optional company name []:
```

---

[10] 若希望加強金鑰長度，您也可以編輯 CA.sh，在"$REQ -new -keyout ${CATOP}/private/$CAKEY -out ${CATOP}/$CAREQ"這一行最後加上"-newkey rsa:2048"，將後面的數字加以修改，便能將金鑰長度提升。

上述中，中括號裡的值表示預設值，您可直接按下[Enter]，代表該欄位以"[ ]"為預設值，您可修改 openssl.cnf（本例中，本檔位於/usr/local/ssl/）以改變預設值；例如，countryName_default 預設為"AU"，請自行修改這些值即可。

以上動作是產生金鑰對，以及憑證簽章要求檔（CSR，Certificate Signing Request）。接下來必須使用剛產生的這把私鑰，來將 CSR 簽署成一張數位憑證。因此，您必須輸入剛剛輸入的通行碼。

```
Using configuration from /usr/local/ssl/openssl.cnf
Enter pass phrase for ./demoCA/private/./cakey.pem: [輸入剛剛的通行碼]
```

接著，OpenSSL 將產生一張 CA 的數位憑證，憑證資訊如下：

```
Check that the request matches the signature
Signature ok

Certificate Details:
        Serial Number: 0 (0x0)
        Validity
            Not Before: May 12 13:10:07 2016 GMT
            Not After : May 11 13:10:07 2026 GMT
        Subject:
            countryName               = TW
            stateOrProvinceName       = Taiwan
            organizationName          = ABC Co.
            commonName                = ABC Co.
            emailAddress              = service@abc.com.tw
        X509v3 extensions:
            X509v3 Basic Constraints:
                CA:FALSE
            Netscape Comment:
                OpenSSL Generated Certificate
            X509v3 Subject Key Identifier:

58:4F:E7:70:60:B7:C7:40:9B:69:25:CF:B7:98:A6:18:7C:54:AC:3A
            X509v3 Authority Key Identifier:

keyid:58:4F:E7:70:60:B7:C7:40:9B:69:25:CF:B7:98:A6:18:7C:54:AC:3A
```

```
Certificate is to be certified until Aug 22 13:10:07 2009 GMT (1095 days)

Write out database with 1 new entries
Data Base Updated
```

請您詳看憑證使用期間（Validity），這兩個欄位是以格林威治標準時間（GMT，Greenwich Mean Time）儲存。因此，在設計應用程式時，必須加上本地時間；以台灣為例，台灣是屬於 GMT + 08:00 時區，因此，13:10:07 2016 GMT 等同於 21:10:07 2026 GMT +8。

建立完 CA 架構後，您可以在 demoCA 目錄下發現這些檔案：

表 7.6　CA 架構主要檔名

檔名	說明
private/cakey.pem	CA 私鑰檔
cacert.pem	CA 數位憑證檔
careq.pem	CA 數位簽章要求檔（CSR）
serial	序號檔。將寫入下一張憑證「序號」欄位的值，每發行一張憑證將會自動加 1

最後，您可將 cacert.pem[11]複製到 Windows 作業系統，將副檔名改為".cer"或".crt"後開啟它，便能看到 CA 憑證的完整內容（圖 7.21）。

---

[11] PEM 為 Privacy Enhanced Mail 的縮寫，目的是為了將電子郵件加密。基本上，OpenSSL 所輸出的檔案，都是以 PEM 格式儲存。而 PEM 則是由 Base64 編碼，再用類似"-----BEGIN CERTIFICATE-----"及"-----END CERTIFICATE-----"將內容包住。另外，有關 Base64 編碼，可參閱第 5 章。

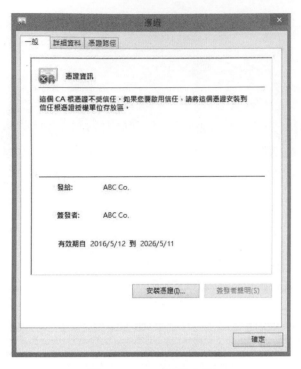

圖 7.21　CA 憑證內容

　　您可於圖 7.21 中看到，這張憑證的發行者與擁有者都是 ABC Co.，因此，這張憑證是屬於自簽憑證。然而，卻有一個錯誤提示：「這個 CA 根憑證不受信任」，您只需按下「安裝憑證」，將這張憑證安裝到「信任的根憑證授權」區（如圖 7.22），並依指示，便能安裝到 Windows 的根憑證儲存區。

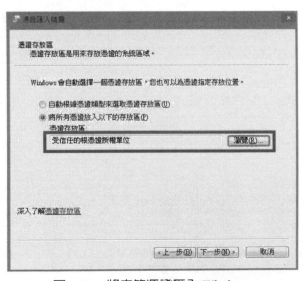

圖 7.22　將自簽憑證匯入 Windows

匯入完成後，您可開啓 Internet Explorer，點選「工具 / 網際網路選項 / 內容 / 憑證 / 信任的根目錄憑證授權」，便能看到 CA 憑證已匯入到 Windows 作業系統中（圖7.23）。

圖 7.23　Windows 信任的根目錄憑證授權

　　做完以上處理之後，請再次開啓 ABC 公司的 CA 憑證，便不再看到錯誤提示，而是已受信任的憑證，如圖 7.24 所示。

圖 7.24　已受信任的憑證

7.5.2 產生使用者憑證

本小節將使用 7.5.1 節所建立的 CA 來產生使用者憑證。首先,請編輯 /usr/local/ssl/openssl.cnf,將原先的 x509_extensions = **v3_ca** 改為 x509_extensions = **usr_cert**,代表接下是為使用者來產生憑證。

請您在 openssl.cnf 中尋找 [usr_cert] 標籤,您可將某些設定值加以修改[12], 當然您可以不必修改任何一個設定值,僅使用預設值即可。設定值如表 7.7 所示。

表 7.7 [usr_cert] 標籤設定值

設定值	說明
basicConstraints=CA:FALSE	所發行的憑證是否為 CA 憑證
nsCertType = server	憑證種類為伺服器,像是 SSL
nsCertType = client, email, objsign	憑證種類為客戶端驗證(client)、電子郵件加密簽章(email)及物件簽章(objsign)
keyUsage = nonRepudiation, digitalSignature, keyEncipherment	金鑰使用方式(請見第 2.2.3 小節說明)
nsComment = "OpenSSL Generated Certificate"	NetScape 註解
subjectKeyIdentifier=hash	主體金鑰識別元儲存的方式
authorityKeyIdentifier=keyid,issuer	管理中心金鑰識別元儲存的方式
nsCaRevocationUrl = http://www/ca-crl.pem	CA 憑證廢止的網址
nsBaseUrl	基本的廢止清單網址
nsRevocationUrl	完整的廢止清單網址
nsRenewalUrl	最新的廢止清單網址
subjectAltName=email:copy	主體憑證的別名(預設使用 email 欄位)
issuerAltName=issuer:copy	發行者憑證的別名(預設使用發行者欄位)

---

[12] 請注意,若每一行的開頭為"#",代表該行為註解,如果您想使用該設定值,請將"#"符號直接刪除即可。

設定完 openssl.cnf 後，請切換到 misc 目錄，並執行 CA.sh -newreq：

```
# cd /usr/local/ssl/misc
# ./CA.sh -newreq
Generating a 1024 bit RSA private key
...++++++
..............................++++++
writing new private key to 'newkey.pem'
Enter PEM pass phrase:[設定Alice的通行碼]
Verifying - Enter PEM pass phrase:[再輸入一次]
```

現在，您將得到一把替 Alice 打造的私鑰 newkey.pem，請爲 Alice 的私鑰設定一組通行碼。接著您必須爲 Alice 填入她的資訊：

```
You are about to be asked to enter information that will be incorporated
into your certificate request.
What you are about to enter is what is called a Distinguished Name or
a DN.
There are quite a few fields but you can leave some blank
For some fields there will be a default value,
If you enter '.', the field will be left blank.
-----
Country Name (2 letter code) [AU]:TW
State or Province Name (full name) [Some-State]:Taiwan
Locality Name (eg, city) []:Taichung
Organization Name (eg, company) [Internet Widgits Pty Ltd]:ABC Co.
Organizational Unit Name (eg, section) []:Accounting
Common Name (eg, YOUR name) []:Alice
Email Address []:alice@abc.com.tw


Please enter the following 'extra' attributes
to be sent with your certificate request
A challenge password []:
An optional company name []:
Request is in newreq.pem, private key is in newkey.pem
```

現在您已取得 Alice 的私鑰及憑證簽章要求檔（CSR），您可看到這兩個檔案的內容，會長得像：

newkey.pem（私鑰）：

```
-----BEGIN RSA PRIVATE KEY-----
Proc-Type: 4,ENCRYPTED
DEK-Info: DES-EDE3-CBC,41673ACC2659C668

f6N5emKZPATBf1KpDUHvy90FIAlUza97f7Xb3o7hNYLfQFrP3WWjBHUfmXH6yXU1
Tfo1UUQO+AYjuVGbUO936UckK6kPmk9J/sZCkqFSCLbgRC/Upt/SCP6ZYt2Yf0zT
EoWxEpDxsFoDFQkRx127iq2/Z0Utg76UhWk+/nRE6zj6u1K6YAeM3KBkl14RggpQ
WCFMKjj54krbV1S+tZ1E8P8h4gMAI/Lss6mFTJvCmKKbAsEgBq4g3H4B+xpcCHYA
irdwN6FWOnL65XVFNNC6H8h+WBoIoEMAx6eHfgTsbKZ9TdIbJZUb3UAzlcgm5m0W
mQYiTjcG9e0QoLiAorUg3uBAy6Exc0p8nPT5K3QN7UPCh41O4yyBNMzCmhQaufgF
etanoyEk7EXemV6tUWB1JNRkAM4a65BvGU3Hiv1z2aSLDVmWhtRnS26PFEAbAueR
lVbbDwbEirfWwXT5DvVKgeX3zaZRoS0iAJeTxBIV01zBADtktrakXfJqH1EMOrJz
MCptS2ZOUu6x9uXYt2fvxhgy1YU1Z0I2rUBCyyrCPCoohcTVFiIEXuKZS0ywxx9b
MeW4r1SxaUafUtLEc2GXVuxekwlX9YIzkbhw3rDWIeKgol464IKB1vlEdlGHTDSi
Mqs76s1UOp7bopJ2AYVbfX12tv2ON/8qwN2uvA0SxY9HDqqrb4bazZkSautqH/8U
/kwPnkUqD5V4GMr6YwT/rF21wAPWjJYnL3uQzjvVTPhkFZvlRTR0ipt5HV+EpgCk
E+IwhQ+iL6wk3d3KbUUlvndcoCQzmJ//ZF4DHukIxPo=
-----END RSA PRIVATE KEY-----
```

newreq.pem（憑證簽章要求）：

```
-----BEGIN CERTIFICATE REQUEST-----
MIIByjCCATMCAQAwgYkxCzAJBgNVBAYTAlRXMQ8wDQYDVQQIEwZUYWl3YW4xETAP
BgNVBAcTCFRhaWNodW5nMRAwDgYDVQQKEwdBQkMgQ28uMRMwEQYDVQQLEwpBY2Nv
dW50aW5nMQ4wDAYDVQQDEwVBbGljZTEfMB0GCSqGSIb3DQEJARYQYWxpY2VAYWJj
LmNvbS50dzCBnzANBgkqhkiG9w0BAQEFAAOBjQAwgYkCgYEAxTS3ia+q20sykOSh
3P1Kl8ENw2+drVeSLxcfQ9YtRM5WGkpNFisSsr7wFBMomanbVPGVfKIyS5V0++kZ
gTJQNiyntgIzHVFi/pXFZ4U0R/gdaKPPdfSteQCOBRLys4jkYYt0D7yNWhb8dRNf
qAaQbUmrn1cmCEaMRxE6/ZgzkGsCAwEAAaAAMA0GCSqGSIb3DQEBBQUAA4GBAApm
PeT+6zCMcteaQyRjSriCufIHNHzUKFWJyBH/UlxKU5b5U6jtTBuzwJ1PSPUEHUYu
rQgu8CaJky1nZSyexVAvl1LyglM9PGT+3TCTgvoMiOSZV0Tcx+5cSdybJpPX7Z8Y
xVIXAJVFn0FNzvbH3BUlpJjUfLjf1/f9Xj7Hm81Q
-----END CERTIFICATE REQUEST-----
```

　　取得 Alice 的 CSR 後，我們需要使用 CA 的數位憑證及私鑰來為 Alice 的 CSR 簽署，才能得到 Alice 的憑證。因此，以下指令將產生 Alice 的憑證：

```
# ./CA.sh -sign
Using configuration from /usr/local/ssl/openssl.cnf
Enter pass phrase for ./demoCA/private/cakey.pem:[輸入CA私鑰的通行碼]
Check that the request matches the signature
Signature ok
Certificate Details:
        Serial Number: 2 (0x2)
        Validity
            Not Before: May 12 14:46:27 2016 GMT
            Not After : May 12 14:46:27 2018 GMT
        Subject:
            countryName               = TW
            stateOrProvinceName       = Taiwan
            localityName              = Taichung
            organizationName          = ABC Co.
            organizationalUnitName    = Accounting
            commonName                = Alice
            emailAddress              = alice@abc.com.tw
        X509v3 extensions:
            X509v3 Basic Constraints:
                CA:FALSE
            Netscape Comment:
                OpenSSL Generated Certificate
            X509v3 Subject Key Identifier:

57:26:3A:19:C8:4C:CD:6C:2D:EB:3A:22:B5:F5:49:3F:B1:4E:DC:34
            X509v3 Authority Key Identifier:

keyid:6C:24:7F:7C:70:E5:EB:35:29:E6:EF:72:C6:21:72:93:C4:AF:01:38


Certificate is to be certified until Aug 27 14:46:27 2007 GMT (365 days)
Sign the certificate? [y/n]:y


1 out of 1 certificate requests certified, commit? [y/n]y
Write out database with 1 new entries
Data Base Updated
```

Alice 的憑證已經產生在目前目錄下的 `newcert.pem`，您可在這個檔案中看到憑證內容，以及與私鑰（`newkey.pem`）相對應的公鑰。我們將 `newcert.pem` 複製到 Windows（記得將副檔名更改為 `.cer`），可以看到 Alice 的憑證如圖 7.25。

圖 7.25　Alice 的數位憑證

7.6　其他 OpenSSL 操作指令

7.6.1　驗證使用者憑證

我們可以使用 OpenSSL 來驗證某個憑證的正確性。使用的語法如下[13]：

```
openssl verify -CApath <CA的目錄> -CAfile <CA的憑證檔> <要驗證的憑證檔>
```

因此，我們執行以下指令來驗證某人的憑證是否合法：

```
# cd /usr/local/ssl/misc
# openssl verify -CApath ./demoCA -CAfile ./demoCA/cacert.pem ./newcert.pem
newcert.pem: OK
```

---

[13] 本書的 OpenSSL 執行檔安裝在 /usr/local/ssl/bin/，我們執行 "openssl" 指令的實際位置為 "/usr/local/ssl/bin/openssl"，因篇幅緣故，我們僅以 "openssl" 表示，請讀者自行改為您所安裝的正確路徑。

以上，我們使用自己的 CA 來檢驗 Alice 的憑證是否為我們所核發，並檢查憑證格式的正確性。若要檢驗其他 CA 所核發的憑證，只需將該 CA 的憑證下載回來，並使用以下指令便可驗證：

```
openssl verify -CAfile <CA的憑證檔> <要驗證的憑證檔>
```

7.6.2　取得憑證的序號

　　每個數位憑證都會有一個唯一的序號，這個唯一值是由 CA 所產生的，我們可以使用下列指令來查詢某一憑證的序號值：

```
openssl x509 -noout -serial -in <憑證檔>
```

7.6.3　取得憑證的發行者（Issuer）欄位

　　以下指令能將憑證的發行者欄位列印出來：

```
openssl x509 -noout -issuer -in <憑證檔>
```

　　以剛剛所產生的憑證為例，我們取出了發行者的資訊如下：

```
# openssl x509 -noout -issuer -in newcert.pem
issuer= /C=TW/ST=Taiwan/O=ABC Co.
/CN=ABC Co. /emailAddress=service@abc.com.tw
```

　　其中 C 為國家名稱（Country Name）；ST 為州別（State）；O 為組織名稱（Organization Name）；CN 為主體名稱（Common Name），也就是發行者的名稱。

7.6.4　取得憑證的使用者（Subject）欄位

　　取得使用者憑證欄位與取得發行者欄位的指令相似：

```
openssl x509 -noout -subject -in <憑證檔>
```

以下我們將取出 Alice 的憑證：

```
# openssl x509 -noout -subject -in newcert.pem
subject= /C=TW/ST=Taiwan/L=Taichung/O=ABC Co.
/OU=Accounting/CN=Alice/emailAddress=alice@abc.com.tw
```

以上我們能看到，大部分的辨識名稱（Distinguished Name）與發行者的類似，其中 L 為區域名稱（Locality Name）；OU 為組織的單位名稱（Organizational Unit Name）。

7.6.5　檢查憑證起始及終止日期

使用以下指令能取得憑證的有效期間欄位（Validity Period）：

```
openssl x509 -noout -dates -in <憑證檔>
```

以下我們將查詢 Alice 憑證內的有效期間：

```
# openssl x509 -noout -dates -in newcert.pem
notBefore=May 12 14:46:27 2016 GMT
notAfter=May 12 14:46:27 2018 GMT
```

必須注意的是，憑證內所使用的日期為「格林威治時間」，即 Greenwich Mean Time，簡稱 GMT。經線零度（本初子午線）所經地區的當地時間，便是格林威治時間；又因經線零度穿越英國倫敦附近的格林威治市，因此稱為格林威治時間。台灣所在的時區為 GMT＋8，因此憑證內所列的日期，均必須加上 8 小時，才屬台灣的日期時間[14]。

7.6.6　取得憑證 MD5 及 SHA-1 指紋

每張憑證都能使用雜湊函數來計算出一組「指紋」（fingerprint），這個指紋可以用來檢驗憑證的正確性，取得憑證的 MD5 指紋的方法為：

```
openssl x509 -noout -fingerprint -MD5 -in <憑證檔>
```

---

[14] 使用微軟 Windows 作業系統來開啟一個憑證時，顯示的有效期間已經過當地時區的換算，因此設計應用程式時，必須取得電腦所設定的時區，並加以換算後，才是實際的時間。

取得憑證的 SHA-1 指紋，只要將"MD5"改爲"SHA1"即可：

```
openssl x509 -noout -fingerprint -SHA1 -in <憑證檔>84
```

以下爲 Alice 憑證的 SHA-1 指紋：

```
# openssl x509 -noout -fingerprint -SHA1 -in newcert.pem
SHA1
Fingerprint=5D:56:2A:EF:28:A8:3E:C0:F4:90:75:5C:4C:93:F7:23:3C:B0:EE
:84
```

從上列結果可取得"5D:56:...:84"共有 20 組 bytes，亦即 SHA1 的輸出長度 160 bits (20*8 bits)。

7.6.7　將 PEM 與 PKCS #12 互轉

OpenSSL 預設輸出的格式爲 PEM（Privacy Enhanced Mail）[15]，因此，您可在先前的範例中看到，我們使用 OpenSSL 輸出的檔案，副檔名皆爲 .pem。PEM 格式包含以下三個資訊：

1. 內容類型（Content Type）：說明檔案存的是何種內容。以"-----BEGIN xxx-----"爲開頭，並以"-----END xxx-----"爲結尾，其中的 xxx 可在 OpenSSL 的原始檔 crypto/pem/pem.h 找到，例如 RSA PRIVATE KEY。

2. 標頭（Header）：用來定義 PEM 檔案的其他資訊，常用的欄位包含 Proc-Type、Content-Domain、DEK-Info、Originator-ID-Symmetric、Recipient-ID-Symmetric 及 Key-Info 等。下列是一個 DSA 的 PEM 格式範例，Proc-Type 欄位由兩個項目組成，第一個項目是用十進位的數字構成，通常都是 4，代表遵守 RFC 規範；第二個項目可爲 ENCRYPTED、MIC-ONLY、MIC-CLEAR 或 CRL 其中一項，範例中的 ENCRYPTED 代 表 此 PEM 可 實 現 機 密 性（Confidentiality）、 身 分 識 別 （Authentication）、完整性（Integrity）及不可否認性（Non-repudiation，適用於非對稱式金鑰系統）。而 DEK-Info 欄位則是指定文件的加密演算法及模式，我們可看到此範例使用的是 Triple DES EDE 及 CBC（Cipher Block Chaining）模式來加解密，

---

[15] 爲提供電子郵件（E-Mail）在網際網路中得以安全的傳輸所定義的一系列文件。您可從 RFC 822、RFC 1421、RFC 1422、RFC 1423 及 RFC 1424 取得最詳盡的說明。

而"41CAE7016FBC4AAD"則是此演算法的初始向量（Initial Vector，IV）。其餘標頭欄位可參考 RFC 1421 至 RFC 4124 文件。

```
-----BEGIN DSA PRIVATE KEY-----
Proc-Type: 4,ENCRYPTED
DEK-Info: DES-EDE3-CBC,41CAE7016FBC4AAD

Pkr28Co+GRXGxEYhpMc3TOZ1PhGngUzpa8NdR0d8a8D79NqoX7DKwLtzxNq82iGE
rrg4JPj5gEdi4+TxvANV+K2+TovSEJR4E690LbGNu+co1JEX5x3l1EIikxdtJDLf
GxASusTCqM13UWJNrCJtEQTCwyol/ajFTGYnKkuTsKKFal9v5J16yodW/DHVoSED
QXGb8J29kKB1QN3e2GGR+u9QWYQCSDzSN9Pvd1W04U/U2+Q2fDTSIRqT66RtxK3/
bD3IhCdlv2mBkQ7saTOkxDLPTVcQ9n2zVjgwCJ5CdYBVznnqV6UlQYcyHD+3JMNJ
2peFHD6Bpu7ocdldUF//yxfKMIOZTniGl+a4UckOUJaSwyPJlP+nBr2GWP+SRlur
IbWYNzht852m3s/vk20lvLyOfWZVJBAOHWn+EFGpMFe2dQWSslDCt8IgX7fJkhuo
WJ+8PNIMzpVJeblNVcp7lAfFLnqwHD/SSdxVzU0JRYbr+8JuSL/u0mfKxo6CZn1w
sIHx2xL2Wwig/5YwZSB8zC3r2VL9ekWqEY20cb+ZoWllN/3+qonOl5Jqspu/Y6u6
d64xhuokxkiPrpCX++Jeyw==
-----END DSA PRIVATE KEY-----
```

3. 訊息內容（Message Body）：將相關的資訊（金鑰、參數或憑證等）使用 DER 編碼，將編碼結果加密後，再使用 Base64 編碼。由上例中可看到，一長串的訊息內容便是經過 Base64 編碼後的結果。

　　而 PKCS #12 則是用來儲存使用者（電腦、設備及服務等皆是）的私密金鑰、數位憑證（公開金鑰包含在其中）、數位憑證鏈（泛指根憑證中心至使用者之間的 CA 憑證，非必要之選項）及其他安全參數等的一種格式[16]。在微軟的 Windows 作業系統，經常使用 PKCS #12 來傳送或攜帶使用者的憑證資訊。PKCS #12 在 Windows 中是以副檔名 .pfx 或 .p12 來表示，其圖示（ICON）都會有一把鑰匙（如圖 7.26），代表這個檔案裡包含著一把私密金鑰。

PKCS#12.pfx

圖 7.26　PKCS #12 在 Windows 所使用的圖示

---

[16] PKCS（Public-Key Cryptography Standards）為 RSA Laboratories 在 1991 年陸續制訂出來的一系列標準，截稿為止計有 12 個標準規範。本文所提及的 PKCS #12 為「個人資訊交換」（Personal Information Exchange Syntax Standard）。更詳細的內容請參考 RSA Laboratories 網站。

當您執行這個 PKCS #12 檔案時,便會自動開啟「憑證匯入精靈」,將裡頭的憑證及金鑰等資訊匯入到本機;在匯入(或匯出)的過程中,會提示您輸入私密金鑰的密碼,此密碼是用來阻止他人取得您的私密金鑰的最後防線,如圖 7.27。以下介紹 PEM 及 PKCS #12 互轉時所提及的 Export/Import Password 便是這組密碼。

圖 7.27　將 PKCS #12 匯入本機時需輸入私密金鑰的密碼

我們使用 OpenSSL 產生使用者的金鑰及數位憑證後,可以使用下列指令來將私密金鑰檔及數位憑證檔結合成一個 PKCS #12 檔:

```
openssl pkcs12 -export -in <憑證檔> -out <PKCS #12檔> -name "<好記的名稱>" -inkey <私密金鑰檔>
```

以下我們將 Alice 的私密金鑰及憑證轉為 PKCS #12 格式:

```
# openssl pkcs12 -export -in newcert.pem -out Alice.pfx -name "Alice's Certificate" -inkey newkey.pem
Enter Export Password: [設定私密金鑰的密碼]
Verifying - Enter Export Password: [重複輸入一次密碼]
```

如此,Alice 的 PKCS #12 檔案 Alice.pfx 便產生完成,這個檔案就可以複製並匯入到其他系統中。

將 PKCS #12 檔案轉為 PEM 的原理相同，執行下列指令將 PKCS #12 轉換為包含私密金鑰及數位憑證的 PEM：

```
openssl pkcs12 -in <PKCS #12檔> -out <憑證及金鑰PEM檔>
```

再執行下列指令將數位憑證取出：

```
openssl x509 -in <憑證及金鑰PEM檔> -text -out <憑證PEM檔>
```

下列是將 Alice 的 PKCS #12 檔案轉換為私密金鑰及數位憑證 PEM 檔的範例：

```
# openssl pkcs12 -in Alice.pfx -out Alice_key_cert.pem
Enter Import Password: [輸入私密金鑰的密碼]
MAC verified OK
Enter PEM pass phrase: [設定私密金鑰PEM檔的通行碼]
Verifying - Enter PEM pass phrase: [再次輸入通行碼]
# openssl x509 -in Alice_key_cert.pem -out Alice_cert.pem
```

7.6.8 文件加密

假設 Alice 的數位憑證檔為 Alice_cert.pem，此檔可對外公開；若 Bob 想將一個訊息檔案加密，再透過 Email 傳送給 Alice，Bob 的執行動作如下：

```
# echo "Hello, Alice! This is Bob!" > message.txt
# openssl smime -encrypt -in message.txt -out message.txt.enc
Alice_cert.pem
```

因此，Bob 使用 Alice 的公開金鑰將 message.txt 加密，密文檔輸出為 message.txt.enc。從 message.txt.enc 內容可看到，訊息已被加密，並以 Base64 編碼儲存在檔案中；檔案前幾列為 SMIME 的標頭（Header）。

```
# more message.txt.enc
MIME-Version: 1.0
Content-Disposition: attachment; filename="smime.p7m"
Content-Type:  application/x-pkcs7-mime;  smime-type=enveloped-data;
name="smime.p7m"
Content-Transfer-Encoding: base64

MIIBagYJKoZIhvcNAQcDoIIBWzCCAVcCAQAxggEFMIIBAQIBADBqMGUxCzAJBgNV
BAYTAlRXMQ8wDQYDVQQIEwZUYWl3YW4xEDAOBgNVBAoTB0FCQyBDby4xEDAOBgNV
BAMTB0FCQyBDby4xITAfBgkqhkiG9w0BCQEWEnNlcnZpY2VAYWJjLmNvbS50dwIB
ATANBgkqhkiG9w0BAQEFAASBgDf8tck2o5KudPksbc1QyNgn7DcDWQlNfMKZdE5l
a5ogdHuzcSHCLJBYDfb/OIUyIBfiN+5EQg8Ar+/R+yuOrWWkNxy2zMU4vVlavrB/
aeBdH0AW9kba3P05NWalztK9M0DRFct2pI/+ki5DPeFpzqffXpIIlgVE+BAgCj6T
LCCEMEkGCSqGSIb3DQEHATAaBggqhkiG9w0DAjAOAgIAoAQIieL6hTq+WLGAIL4j
0qQTjsf1XdmLedaJb6yXHkXaGDsk8xueFI0LVo1b
```

接著，Bob 便可將密文檔 message.txt.enc 以 Email 或其他方式寄給 Alice：

```
# sendmail alice@abc.com.tw < message.txt.enc
```

7.6.9　文件解密

當 Alice 收到 message.txt.enc 時，Alice 必須使用她的數位憑證及私密金鑰來解密：

```
# openssl smime -decrypt -in message.txt.enc -recip Alice_cert.pem
-inkey Alice_key.pem
Enter pass phrase for Alice_key.pem: [輸入Alice的金鑰密碼]
Content-Type: text/plain

Hello, Alice! This is Bob!
```

7.6.10　文件簽章

　　數位簽章可用來向對方證明自己的身分，並且能使對方驗證此文件是否遭受竄改過。若 Alice 希望將一個訊息 message.txt 加上數位簽章傳送給 Bob，Alice 必須執行下列指令：

```
# echo "Meet me at the lobby 9AM." > message.txt
# openssl smime -sign -inkey Alice_key.pem -signer Alice_cert.pem -in
message.txt -out message.txt.sig
Enter pass phrase for Alice_key.pem: [輸入Alice的金鑰密碼]
```

　　Alice 將可得到一個數位簽章檔 message.txt.sig，並將訊息檔 message.txt 及簽章檔一併傳送給 Bob 即可。

7.6.11　文件驗章

　　當 Bob 收到 Alice 傳過來的訊息 message.txt，及其對應的數位簽章檔 message.txt.sig 後，可使用 Alice 的數位憑證來檢驗作者是否為 Alice 本人，並驗證訊息檔在傳送過程中是否被修改過。必須注意的是，在驗證數位簽章時，必須提供 CA 的憑證才能驗證，因為必須先證明 Alice 的數位憑證是否確實為該 CA 所核發。

```
# openssl smime -verify -in message.txt.sig -signer Alice_cert.pem -out
message.txt -CAfile cacert.pem
Verification successful
```

習 題

1. SSL 何時就已經存在？由哪個公司所提出的？

2. 安全連線應具有哪三點特性？

3. 簡述 SSL 交握協定的四個階段，個別功能為何？

4. 簡述 SSL 交握協定的目的是什麼？

5. 如圖 7.2 及圖 7.3 中，Session Key 有幾個位元？與安全有何關係？

6. OpenSSL 如何驗證憑證的有效期限？

7. OpenSSL 用什麼指令取得 MD5 的指紋？

8. OpenSSL 用什麼指令取得 SHA1 的指紋？

9. OpenSSL 如何將訊息加密？如何解密？

10. OpenSSL 如何將文件簽章？如何驗章？

參考文獻

[1]   Stephen Thomas, "SSL and TLS Essentials: Securing the Web," published by Wiley, 2000.

[2]   What is an SSL certificate?: https://www.digicert.com/ssl/

[3]   TLS Basics: https://www.internetsociety.org/deploy360/tls/basics/

[4]   Pravir Chandra, Matt Messier and John Viega, "Network Security with OpenSSL," Published by O'Reilly, Jun., 2002.

[5]   http://www.perl.org/

[6]   http://www.openssl.org/

[7]   http://zh.wikipedia.org/zh-tw/OpenSSL

[8]   http://gnuwin32.sourceforge.net/packages/openssl.htm

[9]   http://www.study-area.org/tips/certs-v2-20020914/certs.html

[10] 開放源碼的安全演算法工具：https://www.openfoundry.org/tech-column/8608

[11] OpenSSL 憑證的安裝：ttps://geotrust.cloudmax.com.tw/guide/install_openssl.asp

CHAPTER **08**

PHP 與 OpenSSL 應用

本章將介紹如何在 Linux 及 Windows 作業系統安裝 PHP，並使 PHP 支援 OpenSSL 函式。接著，將使用 PHP 來建立一個自簽根 CA（Self-signed Root CA），再由這個根 CA 來發出憑證給使用者，使用者便可使用金鑰及數位憑證來完成簽章、驗章、加密及解密等安全機制。

8.1　數位憑證與 PHP

PHP 是在 1995 年，由丹麥人 Rasmus Lerdorf 所設計的，是一種動態網頁設計語言。如今，許多 WWW 網站都使用 PHP 語言及 Apache 網頁伺服器來呈現動態網頁。使用 PHP 的好處是完全免費，版本更新又相當快，因此，有相當多的支持者，網路上亦有數不盡的資源能夠使用。

PHP 提供了一個簡單的 OpenSSL 模組，包含金鑰產生、憑證製作、簽章、驗章、加密及解密等功能。雖然功能有限，但已能滿足在網頁上的操作了。若您所需要的功能，PHP 正好沒開發出來，您還是可以使用 exec()或 passthru()函式來執行外部指令（即 OpenSSL）以實現您的要求。

在本章中，我們將介紹如何在 Linux 及 Windows 作業系統安裝 PHP，並使 PHP 支援 OpenSSL 函式。接著，便可以使用 PHP 來建立一個自簽根 CA（Self-signed Root CA），再由這個根 CA 發出憑證給使用者；使用者便可使用金鑰及數位憑證來完成簽章、驗章、加密及解密等安全機制。

8.2　安裝 PHP

請進入 PHP 網站：

```
http://www.php.net/
```

如圖 8.1 所示，進入[downloads]頁面，再依需求下載 PHP 套件。在這裡我們將安裝 Open Source 版本的 PHP。

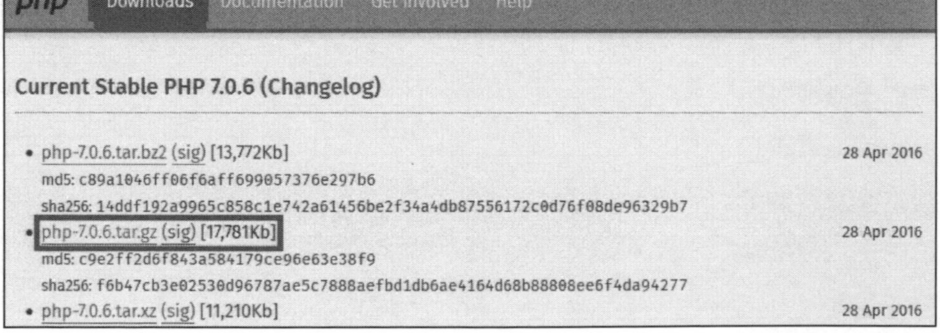

圖 8.1　下載 PHP 套件

使用 PHP 來操作 OpenSSL 前，請將 PHP 及 OpenSSL 版本升級至最新版，以避免因舊版漏洞而遭受攻擊。若您使用 Linux 作業系統（或其他 Unix-like 作業系統），請使用 `--with-openssl` 參數來編譯 PHP：

```
$ ./configure --with-openssl
$ make
$ make install
```

若您編譯時找不到 OpenSSL 套件，可使用 `--with-openssl=<OpenSSL 安裝路徑>` 來指定您當時安裝 OpenSSL 的路徑。

若您使用 Windows 作業系統來撰寫 PHP 程式，您必須在安裝 PHP 時勾選 OpenSSL（位於 Extensions 項下，如圖 8.2），才能夠讓 PHP 支援 OpenSSL。當然，您必須先安裝好 OpenSSL 套件。如果您已經安裝過 PHP 套件，只要至「新增／移除程式」，將 PHP 套件「變更」，並將 OpenSSL 項目勾選即可，不必移除 PHP 套件。

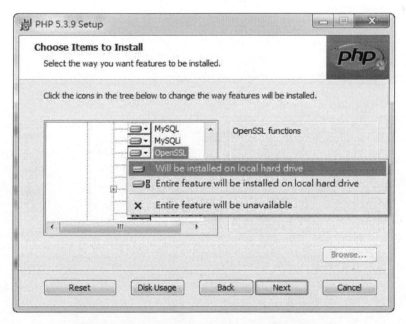

圖 8.2　在 Windows 下使 PHP 支援 OpenSSL

當您安裝好 PHP 時，請開啟「**控制台／系統**」，點選「**進階**」頁籤，進入「**環境變數**」，尋找 Path 系統變數是否含有 PHP 及 OpenSSL 執行檔路徑如：

```
C:\PHP\;C:\OpenSSL\bin;...(略)...
```

若 PHP 沒有自動設定好，請自行將正確的路徑填入 PATH 系統變數中。因為 PHP 呼叫 OpenSSL 函式時，必須取得 OpenSSL 設定值（openssl.cnf）[1]，因此請您檢查系統變數 OPENSSL_CONF，是否正確地指到 openssl.cnf 的位置：

```
C:\OpenSSL\bin\openssl.cnf
```

如果找不到 OPENSSL_CONF 系統變數時，請您自行新增即可。若您執行本小節範例發生錯誤時，請重新檢視安裝過程是否正確，或是設定值錯誤。

8.3　建立自簽根憑證

我們將使用 PHP 來建立一個名為 ABC 公司的自簽根憑證。首先將產生一組金鑰對，再將所預先輸入的辨識名稱（DN）產生出憑證簽署要求（CSR），最後產生 ABC 公司的數位憑證；下列為完整程式範例。

❖ 程式範例 ch8-1.php

```php
<?php
// CA憑證的辨識名稱(DN, Distinguished Name)
$dn = array(
    "countryName" => "TW",
    "stateOrProvinceName" => "Taiwan",
    "localityName" => "Taichung",
    "organizationName" => "ABC Corporation",
    "organizationalUnitName" => "CA",
    "commonName" => "ABC CA",
    "emailAddress" => "ca@abc.com.tw"
);

// 產生私密金鑰(包含公開金鑰)
$configs = array(
    "private_key_bits" => 2048,
    "private_key_type" => OPENSSL_KEYTYPE_RSA
);
```

---

[1]　如果 openssl.cnf 檔案遺失了，從網路上搜尋下來即可使用，格式是不分作業系統的，但設定值還是必須由您自己設定，相關設定值介紹可參閱第 7 章。

```
$privatekey = openssl_pkey_new($configs);

// 產生CSR
$csr = openssl_csr_new($dn, $privatekey);

// 產生自簽憑證
$configs = array(
"x509_extensions" => "v3_ca",
, "digest_alg" => "sha1");
$cert = openssl_csr_sign($csr, null, $privatekey, 3650, $configs);

// 將CSR匯出為檔案
openssl_csr_export_to_file($csr, "cacsr.pem");

// 將CA憑證匯出為檔案
openssl_x509_export_to_file($cert, "cacert.cer");

// 將CA的私密金鑰匯出為檔案cakey.pem，通行碼為ca_pw
openssl_pkey_export_to_file($privatekey, "cakey.pem", "ca_pw");
?>
```

如您所見，$dn 為一個陣列變數，儲存 ABC 公司的資訊，這些資訊的關鍵字（如 countryName）可從 openssl.cnf 設定檔中取得，原則上只需上述資訊即可。

執行 openssl_pkey_new() 函式可取得一對 1024-bit 的 RSA 金鑰對，若您有不同的需求，可將 $config 陣列變數代入參數中。可使用的參數如表 8.1。

表 8.1　$config 參數

參數	openssl.cnf 關鍵字	型態	說明
private_key_bits	default_bits	整數	指定金鑰的位元數，預設為 1024
private_key_type	無	整數	指定使用哪種演算法產生金鑰對，目前供選擇的有 OPENSSL_KEYTYPE_DSA 及 OPENSSL_KEYTYPE_RSA（預設）兩種
encrypt_key	encrypt_key	布林值	將金鑰匯出時是否使用通行碼（passphrase）保護

產生金鑰對之後，我們便結合金鑰對及 Distinguished Name，利用 openssl_csr_new()產生 CSR。接著，我們使用 openssl_csr_sign()來發行 ABC 公司的數位憑證，openssl_csr_sign()函式可接受的參數為：

```
openssl_csr_sign (
 mixed $csr,
   mixed $cacert,
 mixed $priv_key,
 int $days
 [, array $configargs [, int $serial]] )
```

　　第一個參數$csr 為 CSR；第二個參數為 CA 的數位憑證，若為 null 則代表所產生出來的憑證發行者（Issuer）欄位為自己，即為自簽憑證（Self-signed certificate），若這個參數傳入與$priv_key（第三個參數）對應的 CA 數位憑證，則代表由這個 CA 核發憑證給$csr（第一個參數）所描述的使用者；第三個參數是 CA 的金鑰，CA 發行憑證必須使用自己的金鑰；第四個參數必須為整數，代表憑證的使用期間（天數）；第五及第六個參數可不必使用，各代表的是發行的參數值及發行序號，參數$configargs 為一個陣列變數，可以套用的設定值如表 8.2 所示。

表 8.2　參數$configargs 可套用的設定值

參數	openssl.cnf 關鍵字	型態	說明
digest_alg	default_md	字串	指定使用何種雜湊演算法，預設為「md5」，建議您設定為「sha1」
x509_extensions	x509_extensions	字串	挑選建立憑證時所加入的擴充值

　　下列為建立憑證的部分程式：

❖ 程式範例 ch8-2.php

```
$configs = array(
"x509_extensions" => "v3_ca",
, "digest_alg" => "sha1");
$cert = openssl_csr_sign($csr, null, $privatekey, 365, $configs);
```

在此範例中，我們設定 ABC 公司的憑證 Extension 欄位為 v3_ca，亦即在產生憑證時，必須到 openssl.cnf 去尋找 [v3_ca] 的區段，因此，這張憑證的擴充欄位將被填入：

```
subjectKeyIdentifier=hash
authorityKeyIdentifier=keyid:always,issuer:always
basicConstraints = CA:true
```

這張憑證將被標示為「CA」。在 openssl_csr_sign() 函式的第二個參數，我們填入 null 空值，代表產生出來的憑證為自簽憑證。

如此，我們已產生了 ABC 公司的金鑰、CSR 及憑證，現在我們要將這三個資源分別輸出成三個檔案：cakey.pem、cacsr.pem 及 cacert.cer。使用 openssl_pkey_export_to_file() 函式所需要的參數為：

```
openssl_pkey_export_to_file (
mixed $key,
string $outfilename
[, string $passphrase [, array $configargs]] )
```

第一個參數為 openssl_pkey_new() 所產生出來的金鑰；第二個參數為金鑰輸出後的 PEM 檔；第三個參數用來指定當要使用此金鑰時，必須輸入的通行碼（Passphrase），若不提供，代表不加密保護；第四個參數可參考建立金鑰時的參數。

openssl_csr_export_to_file() 及 openssl_x509_export_to_file() 分別用來將 CSR 及憑證輸出至檔案，使用參數相當類似：

```
openssl_csr_export_to_file (
resource $csr,
string $outfilename
[, bool $notext] )

openssl_x509_export_to_file (
mixed $x509,
string $outfilename
[, bool $notext] )
```

除了第一個參數分別為 CSR 及 X.509 憑證的來源變數，第二個參數皆為目標檔案名稱；而第三個參數是用來指定是否隱藏人類可讀的文字（如版本、屬性、演算法等，是無法從 PEM 的 Base64 編碼直接閱讀），false 代表不隱藏，預設為 true。

除了匯出為檔案外，您亦可使用 openssl_pkey_export()、openssl_csr_export() 及 openssl_x509_export() 函式，直接將金鑰、CSR 及憑證輸出為字串。

8.4　發行使用者憑證

當 ABC 公司的 CA 憑證產生完畢後，我們便可以使用 CA 來發行憑證給使用者。在本小節，我們將介紹如何使用 ABC 公司的 CA，來發行使用者 Alice 的數位憑證。

核發使用者的憑證流程與上節大同小異，同樣必須產生使用者的金鑰對及 CSR。不同的是，必須使用 CA 的金鑰及憑證來簽署使用者的 CSR。在這個範例中，我們將使用者金鑰及 CSR 產生一併呈現出來，為的是教學方便。

一般在實作上為了安全起見，都會由使用者自己產生金鑰對及 CSR，以確保使用者的私密金鑰確實不被第三者所窺見。因此，您可能在向某個 CA 申請數位憑證時，CA 會要求您提供 CSR（通常都是將 Base64 編碼後的值貼給 CA），CA 得到您的 CSR 後，再使用 CA 的金鑰及憑證核發給您一張數位憑證。若是使用者的金鑰及憑證皆由 CA 產生，而 CA 未能妥善管理使用者的私密金鑰，將造成使用者私鑰外洩。

下列為產生使用者憑證的完整程式碼範例，我們僅介紹粗體字部分，餘詳見上一小節，不再贅述。

❖ 程式範例 ch8-3.php

```php
<?php
// 使用者憑證的辨識名稱(DN, Distinguished Name)
$dn = array(
    "countryName" => "TW",
    "stateOrProvinceName" => "Taiwan",
    "localityName" => "Taichung",
    "organizationName" => "ABC Corporation",
    "organizationalUnitName" => "Team A",
    "commonName" => "Alice",
```

```php
    "emailAddress" => "alice@abc.com.tw"
);

// 產生使用者的金鑰
$configs = array("private_key_bits" => 1024);
$privatekey = openssl_pkey_new($configs);

// 產生使用者的CSR
$csr = openssl_csr_new($dn, $privatekey);

// 使用 [usr_cert] 區段做為extensions
$configs = array(
"x509_extensions" => "usr_cert",
"digest_alg" => "sha1");

// 取得CA的憑證及金鑰檔
$cacert = "file://cacert.cer";
$ca_privkey = array("file://cakey.pem", "ca_pw");

// 產生使用者的憑證
$cert = openssl_csr_sign($csr, $cacert, $ca_privkey, 365, $configs);

// 將CSR匯出為檔案
openssl_csr_export_to_file($csr, "alice_csr.pem");

// 將使用者憑證匯出為檔案
openssl_x509_export_to_file($cert, "alice_cert.cer");

// 將使用者的私密金鑰匯出為檔案alice_key.pem，通行碼為alice_pw
openssl_pkey_export_to_file(
$privatekey,
"alice_key.pem",
"alice_pw");
?>
```

在產生憑證時所代入的參數中，x509_extensions 指定使用 usr_cert，代表在產生憑證時，使用 openssl.cnf 裡頭的 [usr_cert] 區段，亦即：

```
basicConstraints=CA:FALSE
nsComment = "OpenSSL Generated Certificate"
subjectKeyIdentifier=hash
authorityKeyIdentifier=keyid,issuer
```

當然，在各個區段中，還有許多參數能設定，只要將相關的參數第一個字元「#」（註解符號）刪除，即可使用該參數。以下參數代表 CRL（Certificate Revocation List）的下載位置：

```
nsRevocationUrl = http://www.domain.dom/ca-crl.pem
```

下列這段程式碼，是用來產生使用者的憑證。$cacert 意指 CA 憑證檔的位置；$ca_privkey 則是以 ca_pw 為通行碼來開啟 CA 的私密金鑰 cakey.pem；在這裡的 CA 憑證檔及金鑰檔，都是和這個 PHP 檔放在同一個目錄下，若您的憑證檔及金鑰檔放置在其他目錄下，請正確指定出它們的路徑。

```
$cacert = "file://cacert.cer";
$ca_privkey = array("file://cakey.pem", "ca_pw");
$cert = openssl_csr_sign($csr, $cacert, $ca_privkey, 365, $configs);
```

openssl_csr_sign() 的使用方法與上一小節相同，但上一小節將 null 放在第二個參數，代表沒有 CA 來核發憑證，亦即自己簽署自己。本範例則是將 CA 的憑證檔填入第二個參數，由上小節的 CA 來核發憑證給使用者。

到此為止，亦產生了三個檔案，即 Alice 的私密金鑰 alice_key.pem、CSR 檔 alice_csr.pem 及憑證檔 alice_cert.cer。

8.5 數位簽章及驗證

8.5.1 使用 openssl_sign() 及 openssl_verify()

本節示範由 Alice 將一則訊息進行數位簽章（使用 Alice 的私密金鑰），取得數位簽章後，將訊息及數位簽章值傳輸給 Bob。在 Bob 收到訊息後，使用 Alice 的公開金鑰來驗證訊息是否正確。

❖ 程式範例 ch8-4.php

```php
<?php
// 訊息來源
$Data = "Hello Bob, this is Alice.";

$AlicePrivKey = array("file://alice_key.pem", "alice_pw");
openssl_sign($Data, $Signature, $AlicePrivKey, OPENSSL_ALGO_SHA1);
$Signature = base64_encode($Signature);  // 數位簽章值

// Alice 將 $Data 及 $Signature 傳給 Bob
// 以下為驗證
$AlicePubKey = openssl_pkey_get_public("file://alice_cert.cer");
if (openssl_verify($Data, base64_decode($Signature), $AlicePubKey))
  echo "Verified";
else
  echo "Verify Failed";
?>
```

首先，Alice 使用她的私密金鑰（alice_key.pem）來將訊息 $Data 進行簽章（即加密），簽章的函式為 openssl_sign()，其參數使用方法如下：

```
openssl_sign (
 string $data,                   // 訊息 (明文) 來源
   string &$signature,           // 密文、數位簽章值 (輸出用)
 mixed $priv_key_id              // 私密金鑰
[, int $signature_alg = OPENSSL_ALGO_SHA1 ] // 雜湊演算法 )
```

其中，`$signature_alg` 就是進行簽章時所使用的簽章（或雜湊）演算法（預設為 SHA1），可使用的演算法如表 8.3：

表 8.3　可使用的簽章或雜湊演算法

參數	演算法名稱
OPENSSL_ALGO_DSS1	DSS1
OPENSSL_ALGO_SHA1	SHA-1
OPENSSL_ALGO_MD5	MD5
OPENSSL_ALGO_MD4	MD4
OPENSSL_ALGO_MD2	MD2

經過加密後，我們將可取得數位簽章值（`$Signature`），這裡為了傳輸及顯示方便，我們將簽章值轉為 base64 編碼（base64_encode）；將 base64 編碼過的資料還原的函式為 base64_decode。經過 base64 編碼後，您就可以儲存到 varchar 之類的資料庫欄位中，或是用純文字的方式來進行傳輸。

Alice 將 `$Data` 及 `$Signature` 傳送給 Bob。Bob 可使用 Alice 的公開金鑰來驗證簽章是否正確。使用 `openssl_verify()` 函式來進行驗證（解密），若驗證成功將傳回 True，否則傳回 False。

8.5.2　使用 openssl_private_encrypt()及 openssl_public_decrypt()

使用 `openssl_sign()` 方式，會自動幫您做 Hashing；若您希望用不同的 Hash Function 來處理，您可以使用 `openssl_private_encrypt()` 函式。

❖ 程式範例 ch8-5.php

```php
<?php
// Alice要傳給Bob的訊息
$Data = "Hello Bob, this is Alice.";
$HashValue = bin2hex(mhash(MHASH_SHA256, $Data));

$AlicePrivKey = array("file://alice_key.pem", "alice_pw");
openssl_private_encrypt($HashValue, $Signature, $AlicePrivKey);
$Signature = base64_encode($Signature);  // 數位簽章值
```

```
// Alice 將 $Data 及 $Signature 傳給 Bob
// 以下為驗證
$AlicePubKey = openssl_pkey_get_public("file://alice_cert.cer");
openssl_public_decrypt(base64_decode($Signature), $VerifyValue,
$AlicePubKey);
if (bin2hex(mhash(MHASH_SHA256, $Data)) == $VerifyValue)
  echo "Verified";
else
  echo "Verify Failed";
?>
```

　　程式流程大致上與 8.5.2 節相同，只是這段範例中，我們使用 SHA-256 雜湊演算法來處理原始資料。mhash()是一個提供雜湊運算的模組，您必須在安裝 PHP 時，就安裝這個模組才能使用，這個模組提供的雜湊演算法如表 8.4：

表 8.4　mhash()提供的雜湊演算法

參數	演算法名稱
MHASH_ADLER32	ADLER32
MHASH_CRC32	CRC32
MHASH_CRC32B	CRC32B
MHASH_GOST	GOST
MHASH_HAVAL128	HAVAL128
MHASH_HAVAL160	HAVAL160
MHASH_HAVAL192	HAVAL192
MHASH_HAVAL256	HAVAL256
MHASH_MD4	MD4
MHASH_MD5	MD5
MHASH_RIPEMD160	RIPEMD160
MHASH_SHA1	SHA1
MHASH_SHA256	SHA256
MHASH_TIGER	TIGER
MHASH_TIGER128	TIGER128
MHASH_TIGER160	TIGER160

當 Bob 收到 Alice 送來的 $Data 及 $Signature 後，Bob 就可以使用 openssl_public_decrypt()函式來解密，其所需的參數如下：

```
openssl_public_decrypt (
  string $data,              // 訊息(密文)來源
    string &$crypted,        // 解密後的資料(輸出用)
  mixed $key                 // 公開金鑰
)
```

經過解密後，得到$VerifyValue（也就是雜湊值），再從$Data 取得雜湊值，兩者進行比對，若相同，則代表資料未被竄改，同時證明$Data 確實為 Alice 所發出的。

8.6 訊息加密及解密

使用公開金鑰系統方式來將訊息加密及解密，可以使用這兩個函式：openssl_public_encrypt()及 openssl_private_decrypt()。

這兩個函式的使用方式如下：

```
openssl_public_encrypt (
string $data,                // 訊息(明文)來源
    string &$crypted,        // 密文 (輸出用)
mixed $key                   // 公開金鑰
```

```
openssl_private_decrypt (
string $data,                // 密文來源
    string &$decrypted,      // 明文 (輸出用)
mixed $key                   // 私密金鑰
)
```

以下的程式範例，說明 Bob 如何使用 Alice 的公開金鑰來將訊息加密，再由 Alice 使用她的私密金鑰解密。

❖ 程式範例 ch8-6.php

```php
<?php
$Data = "Hello Alice!!!!!";

// 使用Alice的公開金鑰加密
$AlicePubKey = openssl_pkey_get_public("file://alice_cert.cer");
openssl_public_encrypt($Data, $Cipher, $AlicePubKey);
echo $Cipher = base64_encode($Cipher) . "\r\n";

// Alice收到密文後，使用自己的私密金鑰解密
$AlicePrivKey = array("file://alice_key.pem", "alice_pw");
openssl_private_decrypt(base64_decode($Cipher), $PlainText,
$AlicePrivKey);
echo $PlainText . "\r\n";
?>
```

8.7 數位信封

在現實生活中，我們不會將 8.6 節實作，因為當明文（$Data）太長時（一個檔案或一篇文章），若我們使用公開金鑰（非對稱式）加密系統來將訊息加密，會變得非常沒有效率；這也就是為什麼我們在做數位簽章時，要先將訊息處理為雜湊值（固定長度），再將這個雜湊值加密的原因了。

因此，我們會實作數位信封。這個流程如下：

1. 傳送方挑選一個對稱式加密演算法及其對稱式金鑰。

2. 使用對稱式系統加密，得到密文。

3. 使用接收方的公開金鑰，將剛剛的對稱式金鑰加密。

4. 將加密過的金鑰及密文傳送給接收方。

5. 接收方使用自己的私密金鑰，將加密過的金鑰解密。

6. 使用剛剛解密後的金鑰將密文解密，取得明文。

這裡我們用一個程式來展示數位信封的流程，我們要讓 Bob 將資料加密後，傳輸給 Alice 來解密。

❖ 程式範例 ch8-7.php

```php
<?php
// 使用Rijndael演算法將$Data加密
$Data= "Hello Alice!";
$Key = "This is a secret key gen By Bob";
$CryptedText = mcrypt_encrypt("rijndael-256", $Key, $Data,
MCRYPT_MODE_ECB);
echo base64_encode($crypttext) . "\r\n";

// 使用Alice的公開金鑰將$Key加密
$AlicePubKey = openssl_pkey_get_public("file://alice_cert.cer");
openssl_public_encrypt($Key, $CryptedKey, $AlicePubKey);
echo base64_encode($CryptedKey) . "\r\n";

// Bob 將 $CryptedKey, $CryptedText 傳給Alice
// 並告訴Alice使用何種對稱式演算法

// Alice收到資料後，先將$CryptedKey解密，還原成$Key
$AlicePrivKey = array("file://alice_key.pem", "alice_pw");
openssl_private_decrypt(base64_decode($CryptedKey), $Key,
$AlicePrivKey);

// 使用Rijmdael演算法及$Key，將$CryptedText解密
echo mcrypt_decrypt("rijndael-256", $Key, $CryptedText,
MCRYPT_MODE_ECB);
?>
```

　　在這個範例中，我們使用了 mcrypt 這個模組，若您無法使用模組內的函式，代表您尚未替 PHP 安裝 mcrypt 模組，請您先安裝 mcrypt 模組，再重新編譯、安裝 PHP。若是 Windows 作業系統，請重新安裝 PHP，並在安裝時，勾選 mcrypt。

這裡我們使用了兩個 mcrypt 加解密函式：mcrypt_encrypt() 及 mcrypt_decrypt()。

```
mcrypt_encrypt (
string $cipher,      // 要使用的演算法
string $key,         // 金鑰
string $data,        // 明文
string $mode         // 加密方式
[, string $iv]       // IV值
)
```

```
mcrypt_decrypt (
string $cipher,      // 要使用的演算法
string $key,         // 金鑰
string $data,        // 密文
string $mode         // 加密方式
[, string $iv]       // IV值
)
```

其中$cipher 這個參數，是指您所要使用的加密演算法名稱，您可以使用下列程式，列出所支援的演算法名稱。

❖ 程式範例 ch8-8.php

```php
<?php
$algorithms = mcrypt_list_algorithms();
foreach ($algorithms as $cipher) {
    echo "$cipher\n";
}
?>
```

您不一定要使用 mcrypt 來加密，您可以使用其他的替代品；總之，只要是對稱式加密演算法就行了。

1. PHP 是在哪一年由誰發明的？

2. 在建立自簽根憑證、發行使用者憑證時，產生 CSR 要用什麼指令？

3. 試比較 openssl_sign( )與 openssl_private_encrypt( )的差異。

4. 說明在數位簽章前先進行雜湊的重要性。

5. 請列出數位信封的實作流程。

6. openssl_sign( )及 openssl_verify( )兩個指令有什麼功能？

7. openssl_private_encrypt( )及 openssl_public_decrypt( )兩個指令有什麼功能？

8. mhash( )是一個提供什麼服務的模組？

9. 我們為何將數位簽章值（$Signature），轉換為 Base64 的編碼格式？

10. Base64 編碼、解碼的函式指令為何？

參考文獻

[1]　Stephen Thomas, "SSL and TLS Essentials: Securing the Web," published by Wiley, 2000.

[2]　VeriSign http://www.verisign.com.tw/ssl/?sl=t27880421970000018&gclid
　　　=CJzDn5i18KUCFUuXpAod3gx3ug

[3]　http://en.wikipedia.org/wiki/Public_key_certificate

[4]　http://www.php.net/

[5]　http://zh.wikipedia.org/zh-tw/PHP

[6]　http://www.openssl.org/

[7]　http://zh.wikipedia.org/zh-tw/OpenSSL

[8]　http://gnuwin32.sourceforge.net/packages/openssl.htm

[9]　http://www.study-area.org/tips/certs-v2-20020914/certs.html

[10]　6 個常見的 PHP 安全性攻擊：https://read01.com/zh-tw/6Gdn2.html#.W1VpRU0nacw

[11]　PHP: OpenSSL – Manual: http://php.net/manual/en/book.openssl.php

NOTE

CHAPTER **09**

在 **Windows** 平台建置 **PKI**

微軟的 Windows Server 作業系統平台，也提供 PKI 的服務。我們將介紹如何在 Windows Server 平台建置 CA、管理並設定 CA、以及如何使用 Windows CA 來發行 憑證等。其內容包含：

9.1 建置 Windows CA

建置 Windows CA，可以使用 Windows Server 2008 或 Windows Server 2012（或更新的版本）。請注意，Windows 標準版（Standard）沒有提供 CA 功能，您必須安裝企業版（Enterprise）以上版本，才能使用本章所介紹的功能。

9.1.1 準備工作

本章使用微軟 Windows Server 2012 R2 作為操作範例。當您的作業系統安裝完畢後，會出現「**初始設定工作**」視窗，如圖 9.1，請安裝完各項 Windows Update 後，在「**自訂此伺服器**」下點選「**新增角色**」，來使 Windows Server 扮演憑證中心（CA）的角色。

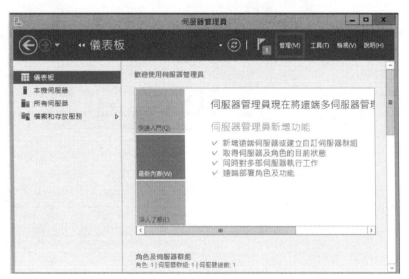

圖 9.1 初始設定工作

若您找不到「**初始設定工作**」視窗，您可從「**開始 / 系統管理工具**」來開啟「**伺服器管理員**」。點選「**角色**」，即可「**新增角色**」。如圖 9.2。

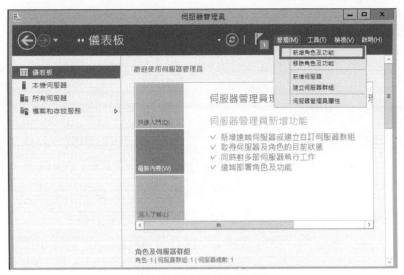

圖 9.2　伺服器管理員

接著，請您先安裝下列兩項角色：

1. Active Directory 輕量型目錄服務

2. 網頁伺服器（IIS）

以上這兩項是 **Active Directory 憑證服務**（即 CA）所依賴的元件，我們稍後產生使用者憑證時，就會使用到 IIS；因為這些程式是 ASP 程式，所以請您務必安裝。如圖9.3。

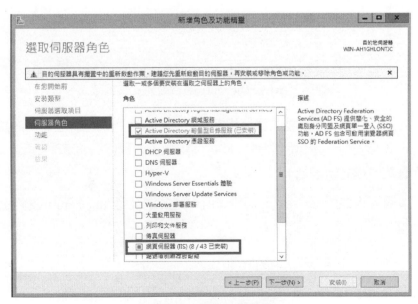

圖 9.3　安裝必要角色

9.1.2　安裝 Active Directory 網域服務

安裝完上列兩項角色後，請您接著安裝 **Active Directory 網域服務**（非必要）。安裝這項服務後，可以讓您的伺服器變成網域控制站，也成為網域名稱伺服主機（也就是 DNS Server）。

如果啟用這項服務，那麼您就可以發行數位憑證給這個網域下的使用者，也就是說，使用者可以（透過網頁）使用他的帳號及密碼登入到 CA，向 CA 要求發行憑證給他；反之，若不安裝此服務，則 CA 發行出來的憑證，不會與這個網域下的使用者有關聯。所以，請您自行決定是否安裝 **Active Directory 網域服務**。

在您安裝 Active Directory 網域服務後，請執行 `dcpromo.exe` 來開啟安裝精靈。如圖 9.4。

圖 9.4　Active Directory 網域服務安裝精靈

接著，您必須決定您要建立的網域樹系。若您的組織內已經存在網域，請您以「**現有樹系**」的方式來安裝。本章將假設我們這個組織正要建立一個新的網域，因此我們選取「**在新樹系內建立新網域**」。如圖 9.4。

接著，請輸入組織的 FQDN[1]，假設您所申請的網址是 abc.com，就將這個網址輸入到 FQDN 欄。

---

[1]　FQDN（全名為 Full-Qualified Domain Name），用來標示網址，從一個 FQDN 就可以輕易的知道某部主機所在的階層。舉例來說，若一部主機的 hostname 為 www，而這台主機隸屬於 abc.com 這個網域下，所以 www 主機的 FQDN 就是 www.abc.com。

9.1.3 安裝 Active Directory 憑證服務

安裝完上述元件後，請再次進入「**新增角色**」畫面。剛剛安裝過的那些元件，是不可解除安裝的，所以被標示為灰色。請您勾選「**Active Directory 憑證服務**」，這個元件也就是 Windows 的 CA Server。如圖 9.5。

請注意，若您有安裝 **Active Directory 網域服務（AD DS）**，請先執行 dcpromo.exe 來開啟「AD DS 安裝精靈」，安裝過程請參閱上一小節。

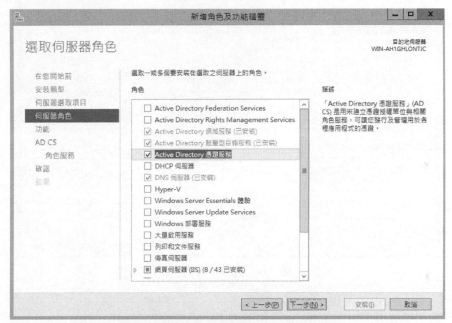

圖 9.5　新增 Active Directory 憑證服務

接著，我們必須選取 CA 的角色服務。在這個畫面中，請您至少選取最上面兩個。如圖 9.6。這些角色服務分別是：

1. 憑證授權單位：也就是 CA，一定要安裝。

2. 憑證授權單位網頁註冊：這是一套用 ASP 所撰寫出來的網站，可以提供憑證的申請、取得 CRL 清單等作業。

3. 線上回應：也就是「線上憑證狀態協定（Online Certificate Status Protocol，OCSP）」，提供使用者透過 OCSP 協定，來查詢某張數位憑證是否有異常。

4. 網路裝置註冊服務：一些路由器（Routers）之類的網路設備，在 CA 裡並沒有帳號存在的情況下，就可以使用這項服務來註冊憑證。這個選項在「**憑證授權單位**」尚未安裝前不可獨立安裝，因此，您必須先將「**憑證授權單位**」先安裝好，接著再從「**系統管理工具**」／「**伺服器管理員**」／「**角色**」／「**Active Directory 憑證服務**」來新增這一項。

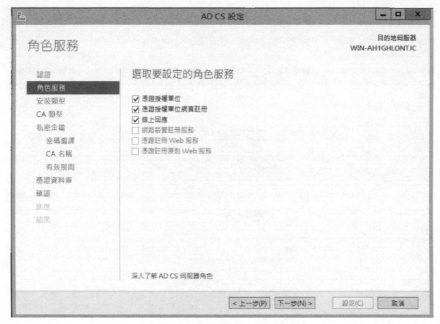

圖 9.6　安裝 CA 元件

　　接下來，必須指定 CA 的類型，如圖 9.7。這個地方有兩個選項：

1. 企業：將 CA 與 Active Directory 結合，當 CA 發行憑證時，必須指定對應的 Active Directory（AD）成員，適合用於導入「單一簽入（Single Sign On，SSO）」的組織，所以當使用者連到 CA 的「憑證授權單位網頁註冊」網站時，CA 會要求輸入帳號及密碼。接著所產生出來的金鑰及憑證，將會對應到該位使用者的帳號資訊[2]。因此必須安裝「**Active Directory 網域服務**」才可選用此類型。

2. 獨立：此 CA 所發行出來的數位憑證，將與 AD 無關，不會與 AD 下的帳號做對應。

---

[2] 因此您可以與智慧卡（Smartcard）結合，將私密金鑰及憑證產生並存放到使用者的智慧卡中，同時也保留一份憑證（包含公開金鑰），對應到這位使用者的帳號。當使用者拿著他的智慧卡來簽核文件，就會呼叫智慧卡來產生數位簽章；其他人要來驗證數位簽章是否正確時，就可以向 CA 要求該使用者的憑證，來進行解密（驗章）。

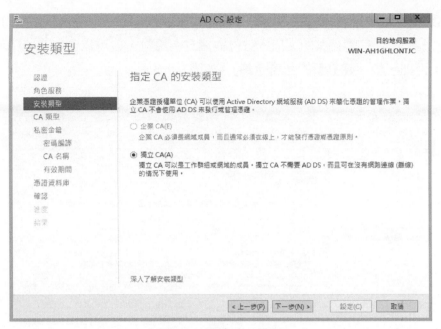

圖 9.7　設定 CA 角色

接下來的設定，您必須指定這個 CA Server 是根 CA（Root CA）或是次級 CA（Subordinate CA）。如圖 9.8。

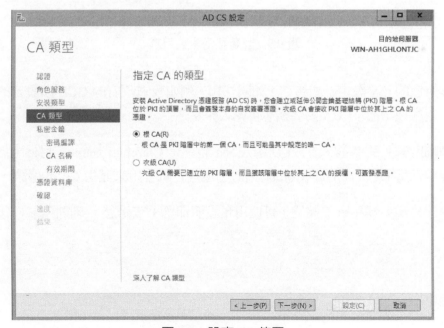

圖 9.8　設定 CA 位置

一部 CA 必須要有它自己的金鑰對及數位憑證。接下來，我們要設定 CA 的金鑰對。若您是從一部 CA 移轉過來的，原本就已經擁有金鑰對，就可以選取「**使用現有的私密金鑰**」；否則，請「**建立新的私密金鑰**」。如圖 9.9。

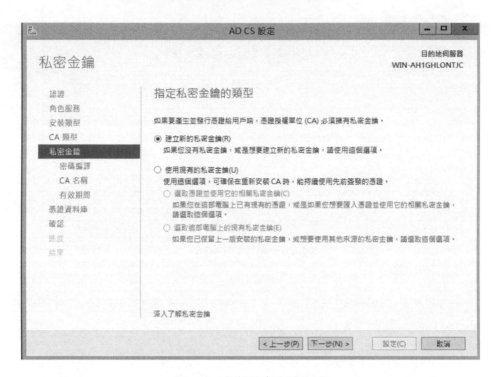

圖 9.9　安裝私密金鑰方式

　　請針對您的 CA 設定一組名稱，如圖 9.10。例如我國政府的 GCA 所設定的名稱為「政府憑證管理中心」，CA 的名稱也可輸入中文。

　　您剛剛所輸入的名稱，會被標示為 CN，也就是 Common Name。另外，您的網域名稱，會標示為 DC（Domain Component），這些資訊會用來產生 CA 的憑證。

　　至於「分辨名稱尾碼」欄位，可使用預設值即可；或是您可參閱附錄 C 後加以修改。

圖 9.10 設定 CA 名稱

　　CA 憑證的有效期間請不要設定太短，只要 CA 憑證過期了，代表由這個 CA 所發出來的憑證也都會失效。例如：我國政府 CA 憑證設定為不超過 30 年，因此，建議您的 CA 憑證有效期間儘可能設定長一些。如圖 9.11。

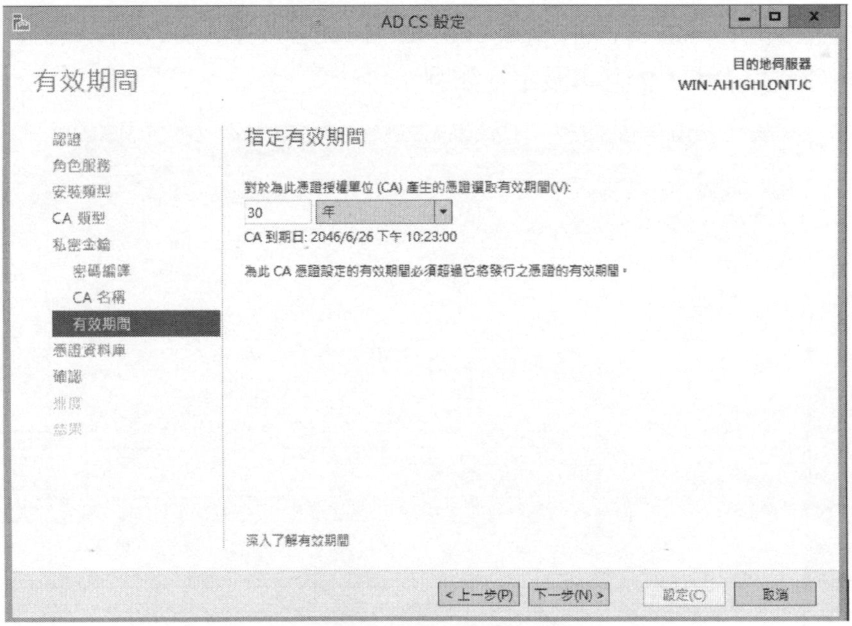

圖 9.11 設定有效期間

最後，請您指定憑證資料庫的存放位置。挑選完畢後，依指示操作即完成 CA 安裝。如圖 9.12。

圖 9.12　設定憑證資料庫

9.2　開啟憑證授權單位

　　安裝完 Windows CA 後，請至「**系統管理工具 / 憑證授權單位**」，將會出現一個「嵌入式管理單元（Microsoft Management Console，MMC）」，裡頭嵌入了「憑證授權單位」功能。您可看到這台 CA 的基本設定（如圖 9.13）。

圖 9.13　憑證授權單位

在圖 9.13 中可看到,我們有一部 CA(ABC-CA),展開後會有下列這些資料夾。

1. 已撤銷的憑證:已發出的憑證被管理者撤銷(Revoke)後,就會出現在這個地方。

2. 已發出的憑證:使用者向 CA 申請憑證,且已完成核發。

3. 擱置要求:使用者向 CA 申請憑證所產生的憑證要求(CSR),且 CA 尚未核發憑證,就會顯示在這個資料夾。若您將憑證範本的規則設定為「**要有憑證授權單位管理員批准**」,使用者申請憑證後,就會顯現在本資料夾,這時候管理者就要進入這個資料夾來核發憑證。核發(自動核發或管理者核發)後的憑證,就會進入到「**已發出的憑證**」。

4. 失敗的要求:當某些原因導致憑證要求(CSR)失效,如有效期間過期,這些 CSR 便會出現在這個資料夾。

5. 憑證範本:管理者可預先制訂憑證範本(如電子郵件簽章加密、智慧卡等),使用者在申請憑證時,便可挑選某個範本來產生他的憑證。

9.3 CA 基本設定

如圖 9.13 所示,您可在 CA 上按滑鼠右鍵,在「**所有工作**」中,可點選「**啟動服務**」及「**停止服務**」來將 CA 開啟或關閉。

接著,請您在 CA 上按滑鼠右鍵,並點選「**內容**」,這個功能提供您 CA 的基本管理工作。以下我們將介紹較重要的設定,其餘部分,您可自行調整或使用預設值即可。

在「**一般**」頁籤中,可檢閱 CA 憑證;這張憑證必須安裝到使用者端的「信任的根憑證」,否則我們 CA 所發出來的憑證,將不會被使用者所信任。

請切換到「**原則模組**」頁籤,點選「**內容**」。這個地方您必須決定,當 CA 收到憑證要求時要做的動作。若選擇第一項「**設定成擱置**」,這個 CSR 將會列在「**擱置要求**」資料夾裡,等待管理者來核發。選擇「**遵循憑證範本**」者,將會依範本來決定是否擱置或自動核發(請參閱 9.4 節)。

「**延伸**」頁籤中可設定「**CRL 發佈點(CDP)**」,當憑證發行後,就會將 CRL 發佈點附加到憑證後面,也就是告訴開啟憑證的人,可以到這些地方去取得 CRL,以檢驗該憑證是否已被廢止。另外,也可設定「**授權資訊存取(AIA)**」,告訴開啟憑證的人,這張憑證所發行的 CA 憑證在什麼地方。

9.4 管理憑證範本

預先設定好憑證範本，可讓使用者申請憑證時來挑選所適用的憑證，也可區分某些使用者只可以申請某些憑證功能。例如，一般使用者可申請 Email 簽章加密的憑證；而 IIS 使用者只可以申請網頁伺服器的憑證。

請點選您 CA 項下的**「憑證範本」**資料夾，右側將會出現目前可供使用者挑選的憑證範本（如圖 9.14 所示）。您可以雙擊某個憑證範本，來查看該範本的作用。我們可以從這些範本中看到，各個範本所提供的憑證功能是固定的，這時候我們可以依自身需求，來訂定適合我們組織的憑證範本。

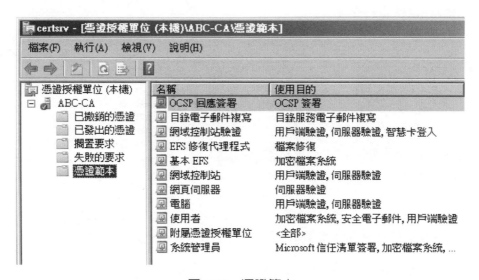

圖 9.14　憑證範本

請在**「憑證範本」**上按滑鼠右鍵，點選**「管理」**以進入**「憑證範本管理介面」**。在這個視窗中，右側是本 CA 的所有憑證範本，但只有管理者才有權決定哪些範本可被使用者使用。

您可直接修改憑證範本內容；或是尋找相似的範本，按下滑鼠右鍵後**「複製範本」**，以免改亂了原本的範本。

讓我們舉個例子說明，假設我們想要建立一個憑證範本「使用者-數位簽章」，是用來發行只能用來做數位簽章功用的憑證給使用者，我們可以這麼做：

1. 在「**使用者**」範本上按滑鼠右鍵，選「**複製範本**」；提示範本版本時，可以選擇較新版本。

2. 「**範本顯示名稱**」設定為「使用者-數位簽章」，並設定好「**有效期間**」。

3. 切換到「**處理要求**」頁籤，「**目的**」設定為「**簽章**」。在最下面有三個選項，當您希望憑證的主體（如姓名、組織、Email 等）是由 Active Directory 目錄服務中的使用者資訊直接寫入到憑證中，請選取「**直接註冊主體**」，使用者在申請憑證時，在輸入他的帳號及密碼後，會直接將他的資訊（從 AD DS 中取出）寫入憑證，不會詢問使用者。若開放使用者可以自行輸入他的主體（Subject），請選取下面兩者之一。

4. 在「**密碼編譯**」頁籤中，設定「**演算法名稱**」、「**最小金鑰大小**」及「**雜湊演算法**」。中間區塊是讓您設定「**密碼編譯提供者**」（Cryptographic Service Provider，CSP），CSP 就是一種介面（interface），讓 CA 透過 CSP 來產生 CSR、金鑰及憑證給您。例如，您向 Rainbow 公司購買一張智慧卡，接著您將 Rainbow 提供給您這張智慧卡的 CSP 安裝在您的電腦上，CA 就可以透過這組 CSP，將金鑰、CSR 及憑證寫入到您的智慧卡。此處，您可勾選「**要求可使用主體電腦上可用的任何提供者**」，也就是 CA 可透過使用者端的任何一個 CSP，來將金鑰、CSR 及憑證寫到對應的容器裡（如智慧卡、硬碟）。勾選「**要求必須使用下列其中一個提供者**」，限制使用者只能使用某些 CSP。

5. 「**主體名稱**」（Subject Name）頁籤中，「**在要求中提供**」選項，可由使用者申請憑證時自行輸入主體名稱。若您的組織使用 Windows Active Direct 目錄服務，在建立使用者帳號時，就會將他的資訊（姓名、Email、單位等）一同寫到他的帳號中，這時候您可選取「**用這項 Active Directory 資訊來建立**」，直接從 AD 中的資訊，寫入到憑證的 Subject Name。

6. 在「**發行需求**」頁籤裡，可指定產生 CSR 後，是否直接核發憑證給使用者。若勾選「**要有憑證授權單位管理員批准**」，當使用者的 CSR 產生後，管理者要到「**擱置要求**」資料夾裡進行批准，才會發行憑證。

7. 「**延伸**」頁籤，可設定憑證的 Extensions 屬性，這些屬性計有：「**金鑰使用方式**」、「**發佈原則**」、「**憑證範本資訊**」及「**應用程式原則**」。若您有其他的用途，可以新增到這些 Extension 裡頭（尤其是金鑰使用方式及應用程式原則）。

8. 在「**安全性**」頁籤中，您可指定使用者對此憑證範本的權限。例如：讓 Domain Admins 群組及會計部門群組可以讀取、寫入及註冊由這個範本所產生的憑證；同時讓出納部門不可使用這個範本。

建立好這個憑證範本後,請回到「**憑證授權單位**」管理介面,在「**憑證範本**」資料夾上按滑鼠右鍵,點選「**新增**」/「**要發出的憑證範本**」,接著選取我們剛剛新建立的範本:使用者-數位簽章,如此,使用者即可使用這個範本來申請憑證。同理,您也可以在右側的範本列表,按滑鼠右鍵,選「**刪除**」,來剔除所選取的範本,讓使用者無法使用(但範本其實還是存在的,要使用時,再加回來即可)。

9.5 發行憑證

若您在安裝 CA 時,有安裝「**憑證授權單位網頁註冊**」,使用者便可以使用 IE 瀏覽器向 CA 申請憑證。本小節將介紹,使用者如何到 CA 申請憑證,而管理者如何來核發憑證。

9.5.1 使用者申請憑證

假設 Alice 要向 CA 申請憑證,Alice 必須在她的電腦端開啟 IE 瀏覽器,並輸入以下網址:

```
http://<CA的網址或IP Address>/certsvr/
```

這時候便可連進 CA 所提供的憑證註冊網站,若您的 CA 有結合 Active Directory 服務,將會提示 Alice 輸入她的帳號及密碼,之後所申請到的憑證,也會附加到她的帳號。

登入到網站後(如圖 9.15),Alice 可以操作的項目:

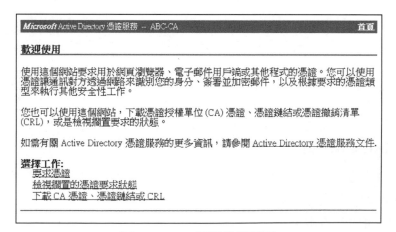

圖 9.15 CA 憑證註冊首頁

1. 要求憑證：向 CA 申請憑證。

2. 檢視擱置的憑證要求狀態：管理者批准憑證後，使用者可在這個地方安裝憑證。

3. 下載 CA 憑證、憑證鏈結或 CRL：CA 的憑證、鏈結及憑證廢止清單，可以從這個地方下載。

請進入「**要求憑證**」。下一個畫面中，「**使用者憑證**」會直接使用「**使用者**」這個憑證範本來產生憑證；因此，請點選「**進階憑證要求**」。

接著在下一個畫面，會出現兩個選項可選擇。如果您曾經使用 OpenSSL 等軟體產生了 CSR 檔，就可以進入第二個選項「**用 Base64 編碼的 CMC 或 PKCS #10 檔案來提交憑證要求**」，並將 CSR 內容直接貼在圖 9.16 的「**已儲存的要求**」欄內，並選好憑證範本後，即可向 CA 申請憑證[3]。

<table>
<tr><td>Microsoft Active Directory 憑證服務 -- ABC-CA</td><td>首頁</td></tr>
</table>

提交憑證要求或更新要求

如果您要向 CA 提交一個已儲存的要求，請在 [已儲存的要求] 方塊中，附上外部來源所產生 (例如: 網頁伺服器) 的 Base-64 編碼 CMC 或 PKCS #10 憑證要求檔，或 PKCS #7 更新要求檔。

已儲存的要求:

Base-64 編碼的
憑證要求
(CMC or
PKCS #10 or
PKCS #7):

憑證範本:

使用者

圖 9.16　使用 CSR 來申請憑證

若沒有 CSR 檔，則可以選擇另一個選項「**向這個 CA 建立並提交一個要求**」[4]。首先，必須先選擇「**憑證範本**」，這些範本是由管理者所制訂的，制訂方法請見「9.4 節管理憑證範本」。假設範本「**使用者-簽章加密**」是用來做簽章及加密用的憑證，而這個範本必須由使用者自行輸入憑證主體（Subject）內容，且使用者申請後，必須等待管理者批准，才能取得憑證。

---

[3] 用 CSR 方法的好處，就是金鑰對是由自己所產生，不需要透過 CA 之手，所以更能確保只有自己才知道金鑰。

[4] 第一次使用這個網站，必須安裝相關的 ActiveX 元件。請確定這些元件都正常安裝並運作，才能申請憑證。

Alice 選擇了「**使用者-簽章加密**」範本,因此 Alice 必須輸入她的基本資料(如圖 9.17 所示)。

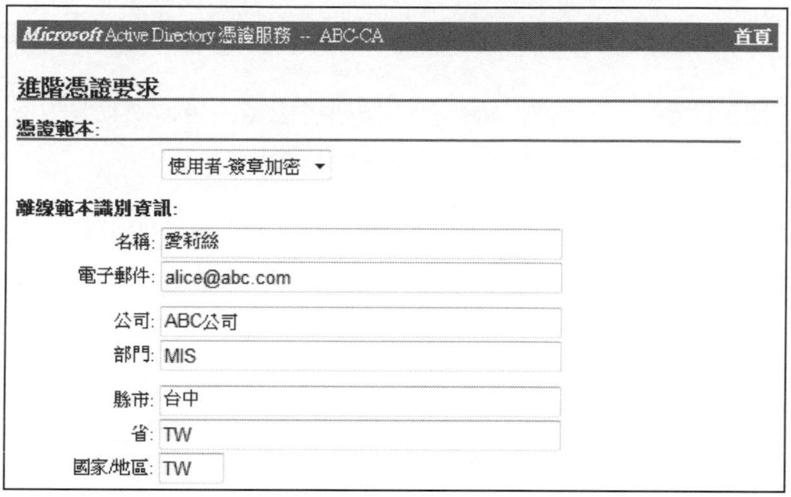

圖 9.17 挑選憑證範本

接下來,畫面下方,必須設定「**金鑰選項**」。如圖 9.18。CSP(Cryptographic Service Provider)是 CA 產生金鑰對、CSR,並將憑證傳輸給您的一個介面,因此必須挑選一個 CSP[5]。

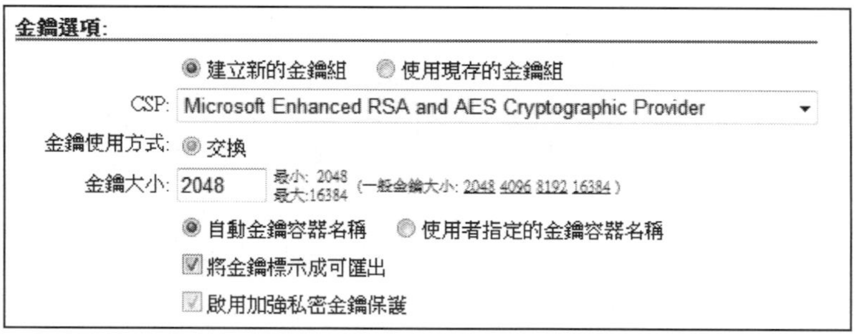

圖 9.18 金鑰選項

---

[5] CSP 下拉選單裡的列表,就是從您的電腦取得的,這份清單的位置在電腦裡。您可以執行 regedit.exe,接著依下列路徑點開後,就可以發現電腦裡頭,已安裝的 CSP 有哪些。
HKEY_LOCAL_MACHINE\SOFTWARE\Microsoft\Cryptography\Defaults\Provider\Microsoft Base Cryptographic Provider v1.0
所以當您購買了智慧卡或 USB Token,您也必須安裝 CSP 才能使用,安裝後就會註冊到這個地方。

CSP 上面的「**金鑰組**」（Key Container），通常選「**建立新的金鑰組**」即可；除非您使用的 CSP 是智慧卡使用的，才可能會用到「**使用現存的金鑰組**」。舉例來說，我國的「自然人憑證」，裡面就存了兩張憑證，第一張是簽章用，第二張是加密用，每張憑證各有一組金鑰對（因此一共有兩組金鑰對）；然而這兩組金鑰對（Key Pair）都是存在同一個金鑰組（Key Container）。因此，當時在產生第一張憑證時，必須選「**建立新的金鑰組**」（金鑰組名稱可自動產生，或自行指定），也就是「**金鑰大小**」下面的「**自動金鑰容器名稱**」及「**使用者指定的金鑰容器名稱**」；第二張憑證就必須選「**使用現存的金鑰組**」。

　　「**金鑰使用方式**」依憑證範本及 CSP 的不同，可選的種類也就不同；通常會有「**簽章**」及「**交換**」（也就是加密），或是兩者之一。

　　「**金鑰大小**」（Key Size）決定了安全度，越安全加解密就越慢；可使用的大小會依 CSP 而不同，例如智慧卡的金鑰大小[6]，可能只限定 1024，這是因為晶片的限制。

　　若允許發行給使用者的憑證（含私密金鑰）可匯出金鑰，則勾選「**將金鑰標示成可匯出**」，這種情況通常是憑證及金鑰對都儲存在電腦中才可匯出，也就是允許使用者備份他的憑證、金鑰到另一台電腦。若是將憑證發行到智慧卡，由於金鑰是直接在智慧卡中產生，連智慧卡擁有人都無法看到他的私密金鑰內容了，更別提要將金鑰匯出。

　　若是操作憑證時，必須使用到私密金鑰（如簽章、解密），可以勾選「**啟用加強私密金鑰保護**」，並指定金鑰密碼（即 Pass Phrase），當運用到私密金鑰的動作發生時，必須先輸入金鑰密碼後才能執行[7]。

　　最後，「**其他選項**」區塊，可以使用預設值即可；接著按下「**提交**」後即完成申請。在按下「**提交**」後，會幫您產生金鑰對及 CSR。完成後，會提示「**憑證擱置**」訊息，待管理者批准之後，才可以安裝核發的憑證。如圖 9.19。

---

[6]　我國自然人憑證初期的金鑰大小為 1024-bit，為提升安全，之後所發行的卡片，都能達到 2048-bit 以上了。

[7]　如果金鑰是存在智慧卡中，要使用私密金鑰時，必須輸入晶片的 PIN 碼，因此不需要再勾選「**啟用加強私密金鑰保護**」。

圖 9.19　憑證擱置並等待批准

9.5.2　管理者核發憑證

如果憑證範本設定「自動發行」，使用者申請憑證後，即可讓使用者安裝憑證。否則，管理者必須切換到「**擱置要求**」資料夾中，將這些要求逐一審核（圖 9.20）。管理者可在右側的憑證要求上，按下滑鼠右鍵，從「**所有工作**」中，選取「**發行**」或「**拒絕**」。

若選擇「**發行**」，該憑證會列入「**已發出的憑證**」資料夾；選擇「**拒絕**」，將列入「**失敗的要求**」中。

圖 9.20　核發憑證

9.5.3　使用者安裝憑證

使用者可回到網站首頁，進入「**檢視擱置的憑證要求狀態**」，將列出您所有申請過的憑證狀態。點選憑證狀態後，即可進入憑證安裝的畫面（圖 9.21）。

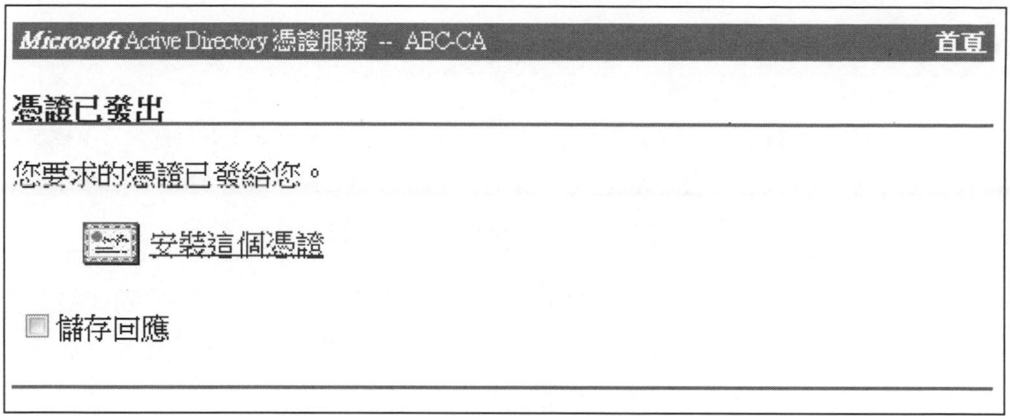

圖 9.21 安裝憑證

　　按下「**安裝這個憑證**」後，會將憑證安裝到您的電腦。您可以在 IE 瀏覽器的「工具」／「**網際網路選項**」／「**內容頁籤**」／「**憑證**」／「**個人頁籤**」中看到剛剛所安裝的憑證（圖 9.22）。

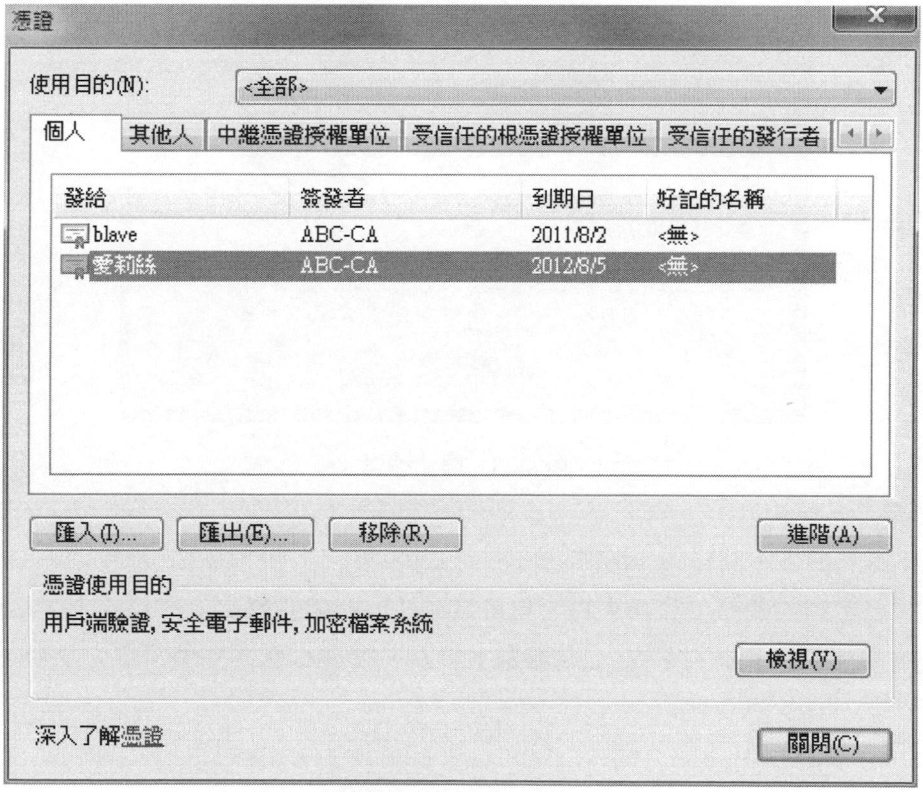

圖 9.22 檢視憑證

9.6　廢止憑證

在現實生活中，我們的國民身分證（ID Card），因為某些原因（遺失、損毀等），必須向戶政事務所掛失、補發。當遺失的身分證被他人拿去冒用身分時，相關單位（如銀行）必須透過內政部所建立之平台，來查詢這張身分證是否已被廢止。

當發出去的憑證因為某些原因（遺失、金鑰被破解等），CA 將主動或被動廢止（Revoke）這個憑證，被廢止的憑證就會被列入 CRL 清單中。而相關單位（如報稅系統）在驗證身分時，就會到 CA 查詢該憑證是否已經被廢止了。

要將憑證廢止，請開啟「**憑證授權單位**」的「**已發出的憑證**」資料夾尋找憑證[8]，接著請在選取的憑證上（可多選）按滑鼠右鍵，選「**所有工作**」／「**撤銷憑證**」，這時會出現圖 9.23 的視窗，請您指定廢止這張憑證的原因及廢止時間。

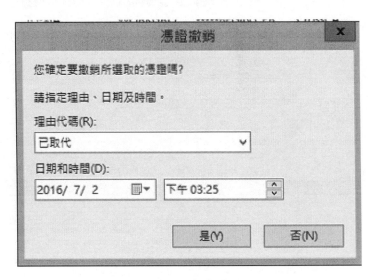

圖 9.23　廢止憑證

廢止後的憑證，將會在一段時間後被列入到 CRL 及 Delta CRL 清單中，同時也會出現在「**已撤銷的憑證**」資料夾裡。您可以在「**已撤銷的憑證**」資料夾上，按滑鼠右鍵，選擇「**內容**」，進入「**CRL 公佈參數**」頁籤，設定 CRL（完整清單）及 Delta CRL

---

[8] 若憑證數量過多，可進入功能表「**檢視**」／「**篩選**」來過濾憑證，例如「**新增**」一個條件：「**要求一般名稱**」為 "Alice"。

（差異清單）的公佈間隔[9]。因此 CRL 是隔一段時間產生一次的，所以將會有空窗期。如圖 9.24。

　　或是您可以在「**已撤銷的憑證**」資料夾上，按滑鼠右鍵，選「**所有工作**」 ／ 「**發行**」，立即將剛剛的廢止動作，更新到新的 CRL 清單。

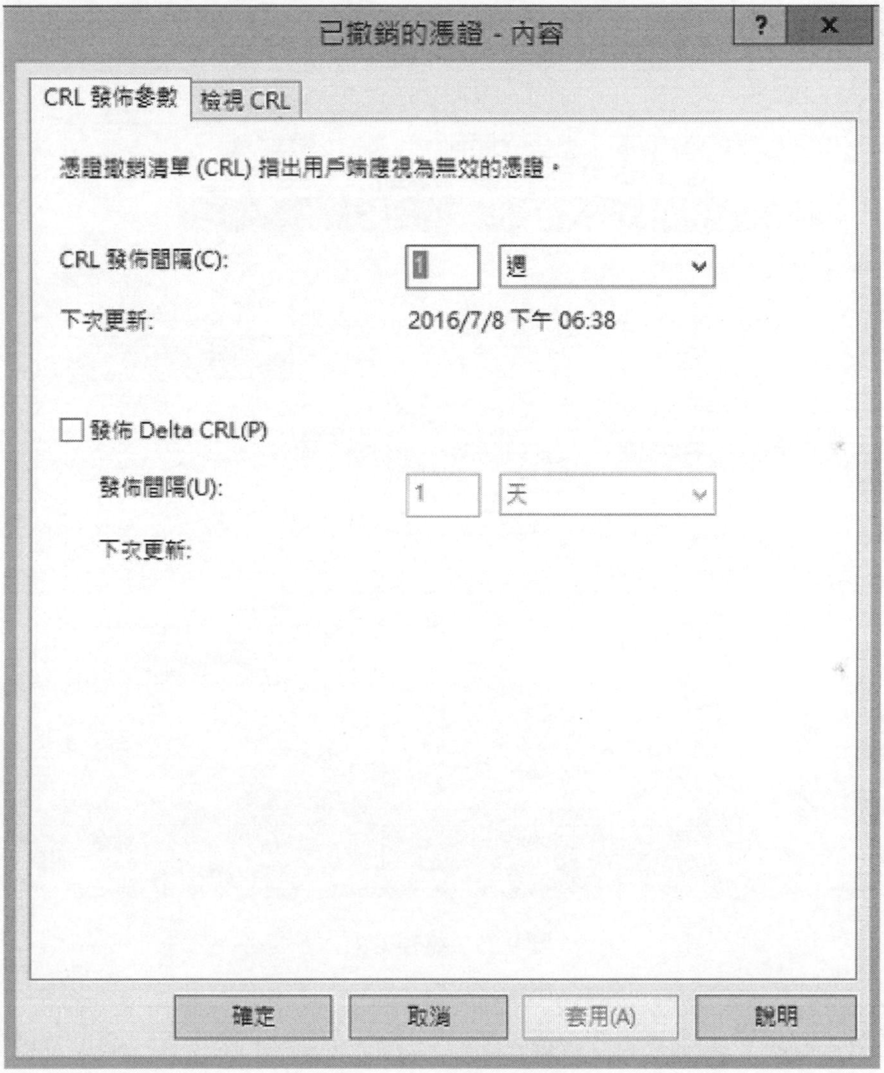

圖 9.24　CRL 公佈參數

---

[9] 完整 CRL 的公佈間隔，不可小於 Delta CRL 的間隔。

切換「**檢視 CRL**」頁籤，可以查看目前 CRL 的狀況。如圖 9.25。

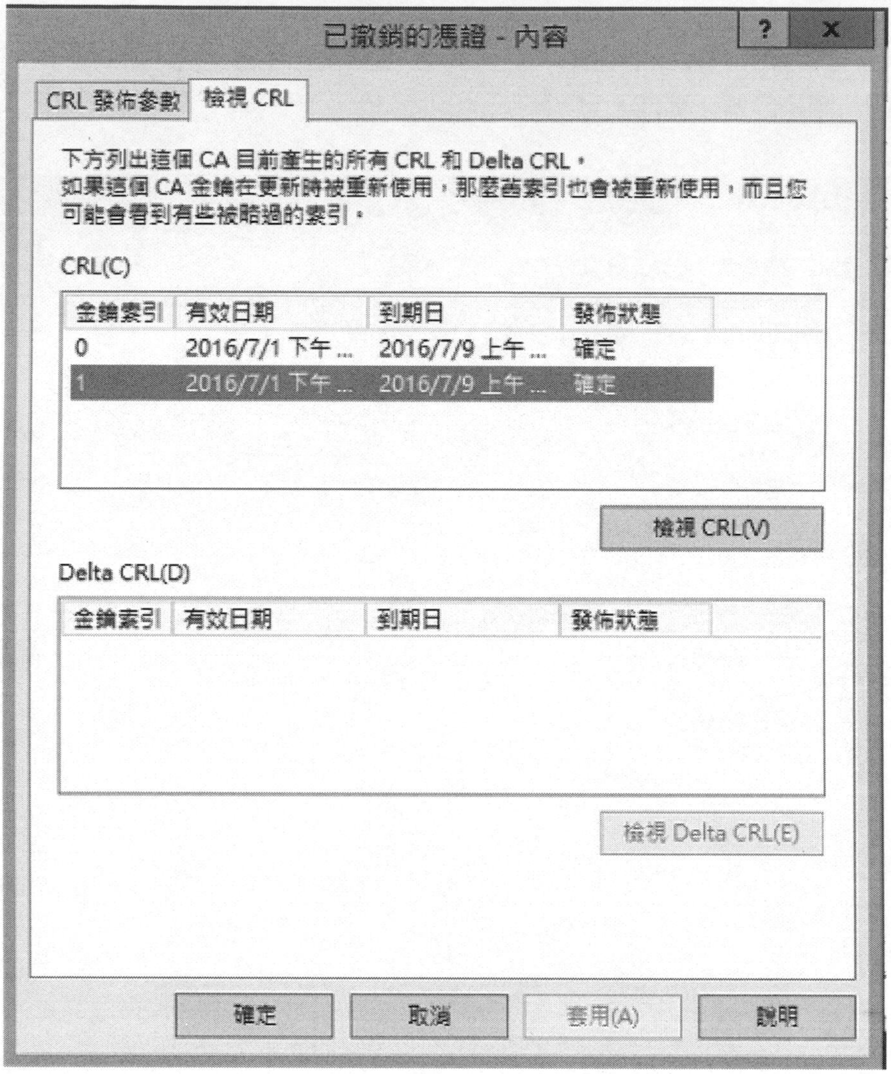

圖 9.25　檢視 CRL

　　請注意，當您廢止了一張憑證後，您將無法將其復原；除非當時廢止時選取的「**理由代碼**」指定為「**憑證保留**」，才可以在「**已撤銷的憑證**」裡的憑證上，**按滑鼠右鍵** /「**所有工作**」 / 「**解除撤銷憑證**」。

9.7　CA 備份及還原

當您的 CA 推廣上線之後，備份的作業就變得非常重要，任何人都不能保證硬體永遠不會故障；當災難發生的時候，只有備份資料才是救命仙丹。

以下我們提供三種備份方式。

9.7.1　使用圖形介面備份

請至「**憑證授權單位**」 / 「**CA**」，按滑鼠右鍵 / 「**所有工作**」 / 「**備份 CA**」，依提示來到圖 9.26 的畫面，勾選「**私密金鑰及 CA 憑證**」及「**憑證資料庫及憑證資料庫記錄檔**」，並選定備份檔儲存位置。

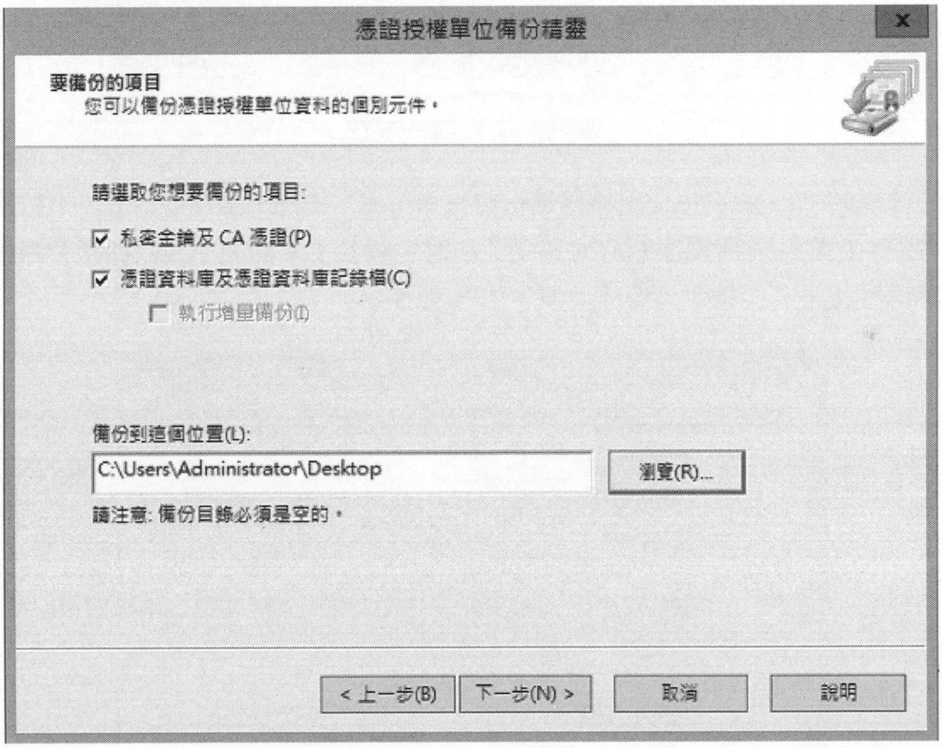

圖 9.26　備份 CA

接著，請設定一組密碼，這組密碼是在進行 CA 還原時會使用的密碼。這組密碼是可以留空白的。如圖 9.27。

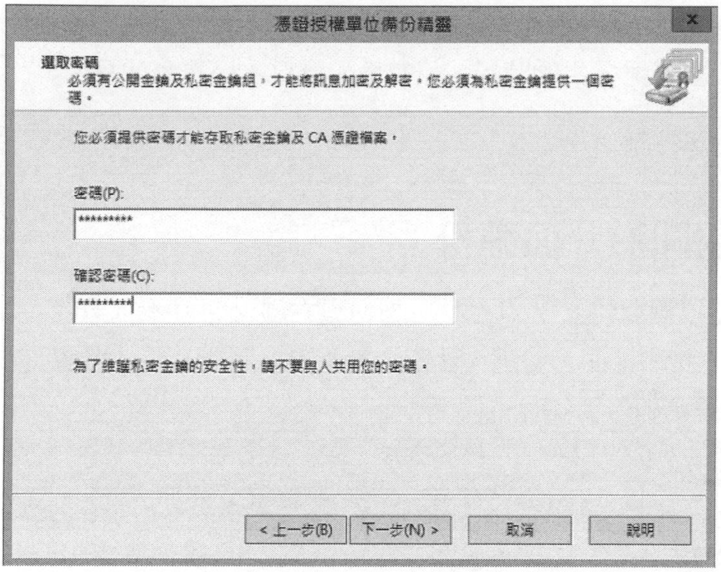

圖 9.27　設定備份密碼

當災難發生時，就可以使用這些備份檔來進行 CA 還原。請在您的 CA 上**按滑鼠右鍵** / 「所有工作」 / 「**還原 CA**」，勾選「**私密金鑰及 CA 憑證**」及「**憑證資料庫及憑證資料庫記錄檔**」，並指定備份檔位置。如圖 9.28。

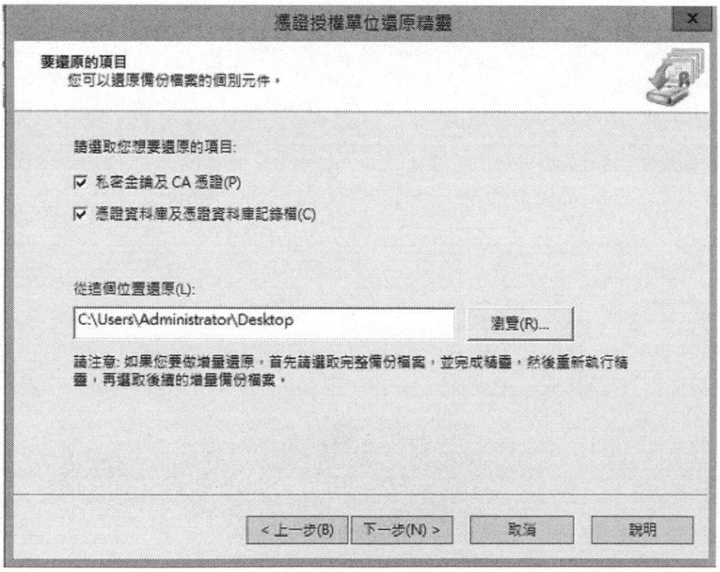

圖 9.28　還原 CA

輸入備份檔的密碼後，開始還原 CA。如圖 9.29。

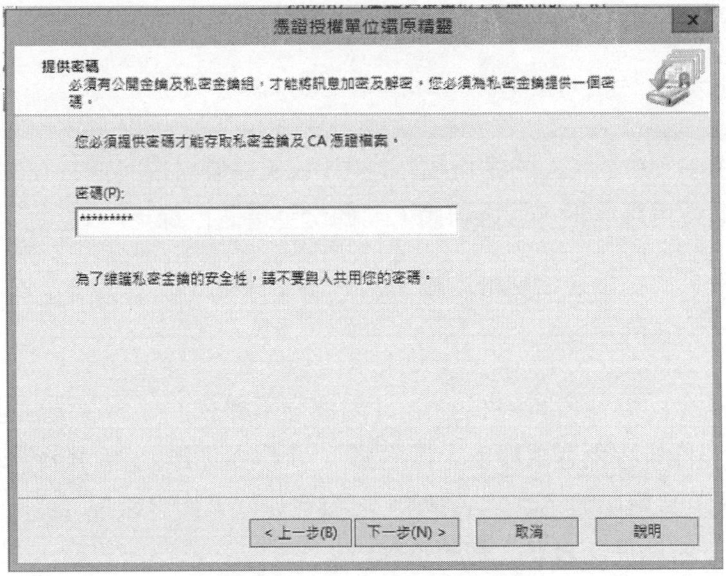

圖 9.29 輸入備份檔密碼

請注意，在進行這些動作時，會將 CA 服務停止，完成後會自動再啟動，所以將會影響到線上的使用者。

9.7.2 使用指令備份

除了圖形介面的備份方式，我們可以使用指令的方式來備份，而且可以進行排程，讓系統一段時間就自動備份一次。

備份的指令非常簡單，使用方式如下：

```
certutil -backup -p <指定的密碼> <指定的備份目錄>
```

使用這種方式，就能自動備份到指定的位置。這裡我們提供了一個批次檔（Batch File）：

```
@echo off
set backup_root=c:\ca
set today=%date:~0,4%%date:~5,2%%date:~8,2%
set backup_dir=%backup_root%\%today%
```

```
@IF NOT EXIST %backup_dir% mkdir %backup_dir%

certutil -backup -p mypassword %backup_dir%
```

這個批次檔中,會將 CA 的備份檔指向 c:\ca 這個目錄,並且在這個目錄下再建立一個當天日期為目錄名稱,最後再將 CA 備份至這個目錄下。

請您依需求,自行修改這個批次檔,接著將其存檔,副檔名指定為 BAT(這裡我們假設存成:c:\backup.bat)。

請執行「**開始**」/「**所有程式**」/「**附屬應用程式**」/「**系統工具**」/「**工作排程器**」,在「**工作排程器程式庫**」上**按右鍵**/「**建立工作**」,接著將出現圖 9.30 的畫面,請在「**一般**」頁籤中設定好「**名稱**」,並指定執行工作之帳戶(必須要有管理權限的帳號),選取「**不論使用者登入與否均執行**」。

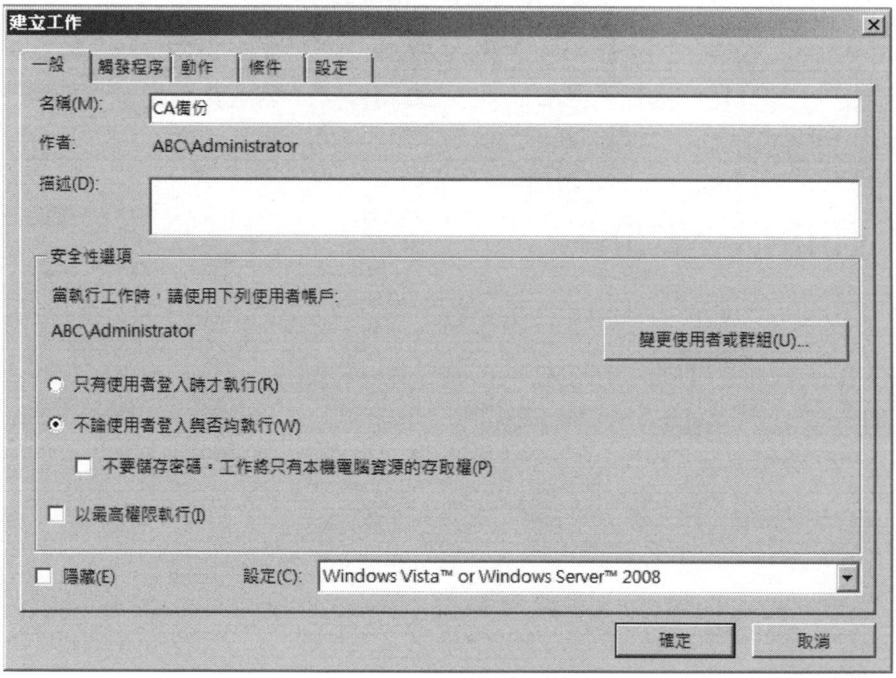

圖 9.30 建立備份排程

切換到「**觸發程序**」頁籤，點選「**新增**」，依備份需求設定備份時間點。如圖 9.31。

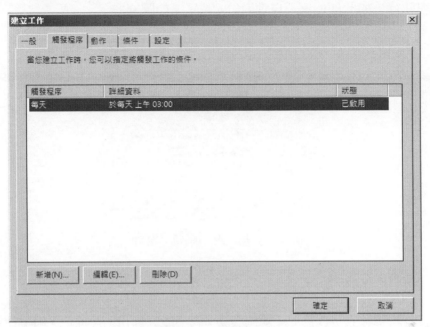

圖 9.31　設定觸發程序

在「**動作**」頁籤中，請點選「**新增**」，將「**執行**」設定為「**啓動程式**」，並在「**程式或指令碼**」處，填入 c:\backup.bat。如圖 9.32。

圖 9.32　設定指定的程式

這三個地方設定完畢之後，您必須提供用來執行這支程式的帳號及密碼，才具備權限來排程執行。如此便能每天自動備份 CA 了。如圖 9.33。

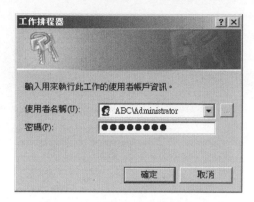

圖 9.33　輸入執行帳號之密碼

9.7.3　備份 AD 及 CA

當伺服器同時建立 AD 及 CA 兩個服務，就不能只備份 CA 而已，因為使用者的憑證是附加在 AD 使用者，所以必須兩者同時備份。

在 Windows Server 2008 的備份，必須先安裝 **Windows Server Backup**。請開啟「**系統管理工具**」 /「**伺服器管理員**」，到「**功能**」裡點選「**新增功能**」。請安裝「**Windows Server Backup**」及「**命令列工具**」。如圖 9.34。

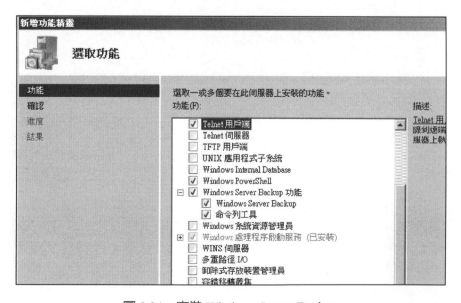

圖 9.34　安裝 Windows Server Backup

安裝完畢後，您可以使用兩個方式來備份：圖形化介面備份、指令備份。

一、備份

使用圖形化介面，請開啓「**系統管理工具**」／「**System Server Backup**」。接著將出現圖 9.35 的畫面，您可以執行「**單次備份**」或建立「**備份排程**」，備份過程大同小異，請您自行設定即可。必須注意的地方是，備份的磁碟不能與目的磁碟相同，也就是說，當您要備份磁碟 C（來源），就不能把備份的目的磁碟設定爲磁碟 C。

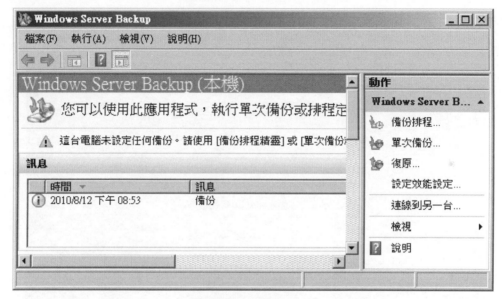

圖 9.35　備份 Server

您也可以使用指令方式做備份，備份指令如下：

```
wbadmin start backup -allCritical -backuptarget:E: -quiet
```

下了這列指令後，系統就會開始將重要資料（AD、CA 及其他資料）備份到磁碟 E。

二、還原

　　當災難發生時，我們就可以拿這些備份資料來還原成原本的狀態。請將您的 Windows Server 2008 重新開機，在進入 OS 前按「**F8 鍵**」出現 9.36 畫面，接著進入「**目錄服務還原模式**」[10]。稍待片刻後，將進入 Windows Server 2008 的登入畫面，您必須以本機管理者帳號來登入，若您直接使用「網域管理者」（如 ABC \ Administrator），系統將不讓您登入。請您改用其他帳號登入，在「**帳號**」欄輸入「.\Administrator」（也就是本機的管理者）來登入。

　　完成登入後，請開啟「**Windows Server Backup**」程式，並執行 9.35 的「**還原**」功能，指定備份檔後，再重開機即可。圖 9.36。

圖 9.36　進階開機選項

---

[10] 也可以直接執行：`bcdedit /set safeboot dsrepair`，系統將自動重開機，並進入「目錄服務還原模式」。

您也可以使用指令方式來還原，首先必須列出目前的備份資料，指令如下：

```
wbadmin get versions
wbadmin 1.0 - 備份命令列工具
(C) Copyright 2004 Microsoft Corp.


備份時間: 2010/8/12 下午 08:53
備份目標: 網路共用 (磁碟標籤 \\192.168.0.1\vm)
版本識別元: 08/12/2010-12:53
可以復原：磁碟區，檔案，應用程式，從無到有復原，系統狀態
```

這時候，您將看到之前所做的備份。當我們要進行還原，請執行：

```
wbadmin star systemstaterecovery -version:<版本識別元>
```

在這個範例中，「**版本識別元**」就是「08/12/2010-12:53」，執行後再重開機就能還原了。

習 題

1. 在選取 CA 的角色服務時，至少要選取哪兩個角色服務？

2. 什麼是 OCSP（線上憑證狀態協定）？

3. 在指定 CA Server 類型時，有哪些類型可以選擇？

4. 如何開啓或關閉 CA？

5. 如何安裝憑證？

6. 如何廢止憑證？

7. 已廢止的憑證如何還原成未廢止的狀況？

8. 請比較 Complete CRL 及 Delta CRL 有何差異？

9. 我國政府 CA 憑證設定爲不超過多少年？

10. 使用自己產生的 CSR 去申請憑證，有什麼好處？

參考文獻

[1]　OpenSSL for Windows: http://gnuwin32.sourceforge.net/packages/openssl.htm

[2]　OpenSSL in Windows Server 2012 R2: https://social.tcchnct.microsoft.com/Forums/ie/en-US/faf5a08d-8d55-4a2b-be4a-f1cfbee324b8/openssl-in-windows-server-2012-r2?forum=winserver NAP

[3]　How To Install and Configure Openssl Suite On Windows: https://www.poftut.com/install-and-configure-openssl-suite-on-windows/

[4]　SSL 憑證安裝攻略-Windows Server 2012 R2: https://blog.cloudmax.com.tw/ssl-installed-windows-server-2012-r2/

[5]　https://en.wikipedia.org/wiki/Windows_Server_2012

[6]　Windows Server: https://www.linkedin.com/learning/topics/windows-server

[7]　GCA 政府憑證管理中心：http://gca.nat.gov.tw/

[8]　內政部憑證管理中心：http://moica.nat.gov.tw/

[9]　經濟部工商憑證管理中心：http://moeaca.nat.gov.tw/index-2.html

[10]　台灣網路認證 TWCA：http://www.twca.com.tw/Portal/Portal.aspx

[11]　Microsoft Cryptographic Service Providers: https://docs.microsoft.com/en-us/windows/desktop/seccrypto/microsoft-cryptographic-service-providers

[12]　政府機關公開金鑰基礎建設憑證政策：http://grca.nat.gov.tw/download/gpki_CP_v1.9.pdf

CHAPTER **10**

安裝伺服器憑證

本章將介紹幾個常用且可支援 SSL 的伺服器,如:Apache 網頁伺服器、Tomcat 網頁伺服器、以及 IIS 網頁伺服器等,讓您了解如何讓伺服器提供加密的功能。本章除了介紹如何設定 SSL 外,也會示範安裝的過程。本章內容包含:

10.1 產生金鑰、CSR 及憑證

10.2 申請憑證

10.3 Apache 網頁伺服器

10.4 Tomcat 網頁伺服器

10.5 IIS 網頁伺服器

在進行設定之前，您必須熟悉第 7 章 OpenSSL 的各種操作，因為我們必須使用 OpenSSL 來產生伺服器的金鑰、CSR 及憑證。本章針對這些伺服器，除了引導您如何設定 SSL 外，也會示範安裝的過程。

10.1　產生金鑰、CSR 及憑證

　　假設您已經使用 OpenSSL 建立了您的 CA，接著請您先修改 openssl.cnf，使用 usr_cert 的 extension 來產生憑證：

```
x509_extensions = usr_cert
```

　　接著往下找到[usr_cert]這個區塊，並啓用以下這些參數（將「#」符號移除）：

```
nsCertType = server
keyUsage = nonRepudiation, digitalSignature, keyEncipherment
```

　　存檔後，至/usr/local/ssl/misc 下執行：

```
# ./CA.sh -newreq
Generating a 2048 bit RSA private key
......+++
.....+++
writing new private key to 'newkey.pem'
Enter PEM pass phrase:[設定通行碼]
Verifying - Enter PEM pass phrase:[再輸入一次通行碼]
-----
You are about to be asked to enter information that will be incorporated
into your certificate request.
What you are about to enter is what is called a Distinguished Name or
a DN.
There are quite a few fields but you can leave some blank
For some fields there will be a default value,
If you enter '.', the field will be left blank.
-----
Country Name (2 letter code) [AU]:TW
State or Province Name (full name) [Some-State]:Taiwan
```

```
Locality Name (eg, city) []:Taichung
Organization Name (eg, company) [Internet Widgits Pty Ltd]:ABC
Organizational Unit Name (eg, section) []:MIS
Common Name (eg, YOUR name) []:192.168.0.2
Email Address []:

Please enter the following 'extra' attributes
to be sent with your certificate request
A challenge password []:
An optional company name []:
Request is in newreq.pem, private key is in newkey.pem
```

請注意，在輸入憑證資訊時，Common Name 這欄必須輸入伺服器的名稱，例如：這張憑證是要用在 WWW 網站，那麼就要輸入網站的網址或 IP Address（不必輸入 https://）。

另外，網址和 IP Address 對 Common Name 而言，是完全不相同的名稱。舉例說明，若您的網址爲 www.abc.com，對應的 IP Address 是 192.168.0.2，若憑證的 CN 登記爲 www.abc.com，而使用者在瀏覽器透過 https://192.168.0.2 來瀏覽網站時，瀏覽器將會警告使用者，網站憑證的名稱與現在瀏覽的網站不符。

這時候，您會在 misc 目錄下，找到金鑰檔及 CSR 檔：newkey.pem 及 newreq.pem。接著請執行：

```
# ./CA.sh -sign
Using configuration from /usr/local/ssl/openssl.cnf
Enter pass phrase for ./demoCA/private/cakey.pem:[輸入CA金鑰通行碼]
Check that the request matches the signature
Signature ok
Certificate Details:
        Serial Number:
            cf:54:7d:b3:a1:f2:53:38
        Validity
            Not Before: Aug 17 13:37:06 2010 GMT
            Not After : Aug 17 13:37:06 2011 GMT
        Subject:
            countryName           = TW
```

```
          stateOrProvinceName       = Taiwan
          localityName              = Taichung
          organizationName          = ABC
          organizationalUnitName    = MIS
          commonName                = 192.168.0.2
     X509v3 extensions:
     X509v3 Subject Key Identifier:

0F:1D:C5:BD:B4:AA:C8:B8:07:B7:1A:A3:46:10:04:C2:0E:6F:67:A6
        X509v3 Authority Key Identifier:

keyid:CA:DF:5F:9C:69:A7:85:76:D7:84:78:66:67:4B:83:E9:92:B9:62:EB


        X509v3 Basic Constraints:
            CA:TRUE
Certificate is to be certified until Aug 17 13:37:06 2011 GMT (365 days)
Sign the certificate? [y/n]:y


1 out of 1 certificate requests certified, commit? [y/n]y
```
(以下略)

這時候，您可以得到一個憑證檔：newcert.pem。

10.2 申請憑證

在 10.1 節中，我們建立了金鑰、CSR 檔及憑證檔。若 CA 是自簽憑證，那麼當使用者連線到這個伺服器時，將會發出警告訊息，提示伺服器憑證並沒有被信任。若您的伺服器屬於大眾化伺服器（如：網路銀行網站、金流交易網站），您就必須向一個知名的 CA 來申請憑證。如此，您的伺服器才更具公信力。

目前我國政府開放各機關向政府 CA 申請數位憑證，您可先瀏覽表 10.1，若您的單位列在表中，可直接向該 CA 申請憑證，除了部分組織需付費（如公司），其餘大多為免付費憑證。

表 10.1 各組織機構適用的 CA

適用單位（組織、機關）	適用 CA
學校、財團法人、社團法人、行政法人、自由職業事務所	XCA（組織及團體憑證管理中心） http://xca.nat.gov.tw/
政府單位	GCA（政府憑證管理中心） http://gca.nat.gov.tw/
公司、商號	MOEACA（工商憑證管理中心） http://moeaca.nat.gov.tw/
醫事機構、醫事人員	HCA（醫事憑證管理中心） http://hca.doh.gov.tw

除了政府 CA 之外，您亦可至國內、外知名 CA 申請您的伺服器憑證，例如 HiTrust、VeriSign、Thawte 等，但這些通常都是需要費用的。在這個小節中，我們將介紹如何向 HiTrust 申請一張數位憑證，申請過程如圖 10.1。

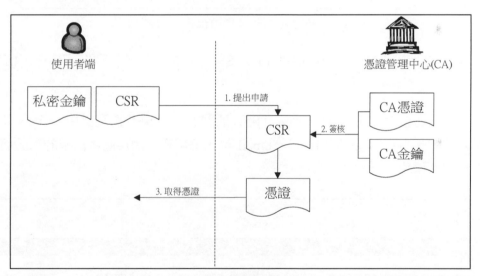

圖 10.1 向 CA 申請憑證流程圖（方式 1）

使用圖 10.1 的方式來取得憑證，可以保證 CA 無法得知我們的金鑰，因此，金鑰及 CSR 必須在使用者端先製作完成。當然也有另一種方式：CA 提供介面，讓使用者輸入憑證資訊（如主體、Email 等），由 CA 幫忙產生金鑰、憑證，再將兩者包成 PKCS #12 格式傳送給使用者端（圖 10.2）。

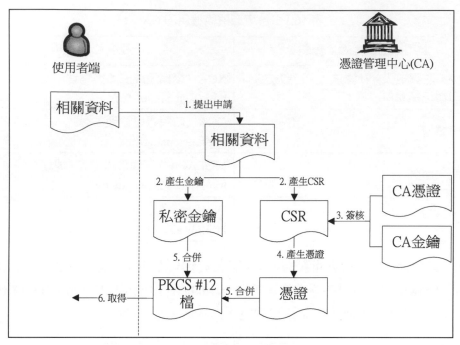

圖 10.2　向 CA 申請憑證流程圖（方式 2）

　　在本書編撰時，HiTrust 公司提供 14 天 SSL 免費試用，我們將介紹如何申請這個試用憑證。

　　首先，請您至 HiTrust 網站，進入「**SSL 憑證**」 / 「**SSL 憑證試用**」，剛開始會要求您輸入您的基本資料（如圖 10.3）。Email 請正確填寫，因為產生出來的憑證將會直接郵寄到這個信箱。

VeriSign	
SSL 憑證免費試用版 為了幫助我們為您提供更好的服務，請提供下列資訊：您對於保護電子郵件通訊是否感興趣？請深入瞭解安全電子郵件的數位 ID。	
稱呼語	先生
* 名字	Blave
* 姓氏	Huang
* 電子郵件地址	blave.huang@gmail.com
工作職能：	-- select --
* 公司	ABC
* 街道地址	ABC

圖 10.3　輸入申請者資料

接著，依指示來到了圖 10.4 畫面，請選擇這張憑證適用的伺服器平台，例如，如果使用 IIS 便選擇「Microsoft」。然後將我們先前所準備好的 CSR 的內容貼到底下欄位中。

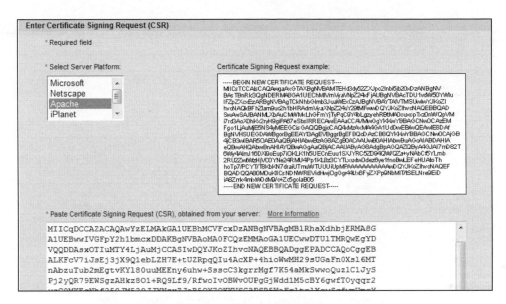

圖 10.4　將 CSR 內容貼上

這時候 CA 將會從您所提供的 CSR 進行解析，列出您當時所填的資訊，如圖 10.5。請再次檢查資訊是否正確，尤其是 Common Name，若名稱不正確，會導致憑證不能正常運用。接著，輸入 Challenge Phrase，當您要更新（Renew）憑證、廢止憑證時，將會詢問您這組密碼。

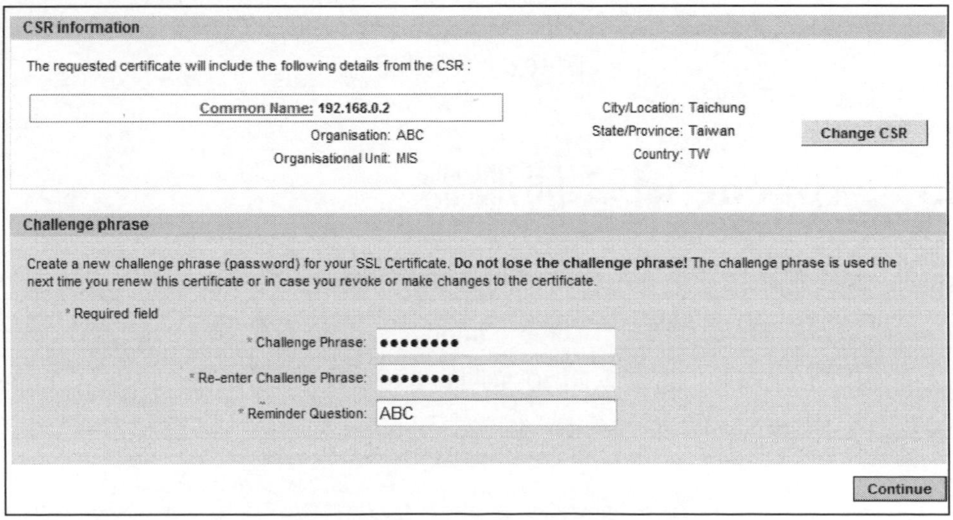

圖 10.5　確認 CSR 資訊

申請完畢後，CA 會將憑證直接郵寄到您指定的 Email 信箱中。如圖 10.6 所示，Email 的最下方，就是憑證內容，請您將這個區塊複製到某個檔案並存檔。現在您已經擁有一張自己的憑證了。

試用期過了怎麼辦？花錢購買吧！畢竟維護 CA（包含機房）的費用也是相當驚人的，還得通過各種標準及檢驗才能成為一個 Well-known CA。

```
http://www.verisign.com.au/support/ssl-certificates-support/

Kind regards,

Customer Service
VeriSign Australia

-----BEGIN CERTIFICATE-----
MIIGLjCCBRagAwIBAgIQCjBKwI/9W/5zhKJxDzVLWTANBgkqhkiG9w0BAQUFADCB
yzELMAkGA1UEBhMCVVMxFzAVBgNVBAoTDIZIcmITaWduLCBJbmMuMTAwLgYDVQQL
EydGb3IgVGVzdCBQdXJwb3NlcyBPbmx5LiAgTm8gYXNzdXJhbmNlcy4xQjBABgNV
BAsTOVRlcm1zIG9mIHVzZSBhdCBodHRwczovL3d3dy52ZXJpc2lnbi5jb20vY3Bz
L3Rlc3RjYSAoYykwOTEtMCsGA1UEAxMkVmVyaVNpZ24gVHJpYWwgU2VjdXJlIFNI
cnZlciBDQSAtIEcyMB4XDTEwMDgxODAwMDAwMFoXDTEwMDkwMTIzNTk1OVowggEB
MQswCQYDVQQGEwJUVzEPMA0GA1UECBMGVGFpd2FuMREwDwYDVQQHFAhUYWlpaHVu
ZzEMMAoGA1UEChQDQDQUJDMwwCgYDVQQLFANNSVMxPTA7BgNVBAsUNFRlcm1zIG9m
IHVzZSBhdCCB3d3cudmVyaXNpZ24uY29tLmF1L1L2Nwcy90ZXN0Y2EgKGMpMDUxNDAy
BgNVBAsTK0F1dGhlbnRpY2F0ZWQgYnkgVmVyaVNpZ24gQXVzdHJhbGlhIFB0eSBM
dGQxJzAlBgNVBAsTHk1IbWJlciciwgVmVyaVNpZ24gVHJ1c3QgTmV0d29yazEUMBIG
A1UEAxQLMTkyLjE2OC4wLjLjlwggEiMA0GCSqGSIb3DQEBAQUAA4IBDwAwggEKAoIB
AQCyhXFe4ibBI941/UNXmy2R+xPrVGUaakCLuAHFz/uIYqFsDB9vbFBmhZ9F7Jej
E5wG87k7rn9phlLbymJfNLrjBBJ8urocPkrLHAt5IK6zIH+yueGjJEsMKELs5QtSc
kj49skEe/RFkoMwB5M/DtfkUPS3/f0X8KCLzgVrzID4Bo1nXdTOXAWOoMH0zsqqq
9srBtDChHDYX9udCTOdvSSWDc8WSXgeUGO0CilUgtz0keVmhYJba5V4Mkqn8JlJq
2G7vb9Ckxj2Tii7q46eiDRaBv+QUp4i0fhh7h7W7dp4LV4dwxMhqNbhUUglBoRjP
yTrE5+jjw/UvyW7E+HDW0bsjAgMBAAGjggHTMIIBzzAJBgNVHRMEAjAAMAsGA1Ud
DwQEAwIFoDBDBgNVHR8EPDA6MDigNqA0hjJodHRwOi8vU1ZSVHJpYWwtRzltY3Js
LnZlcmlzaWduLmNvbS9TVlJUUcmlhbEcyLmNybDBKBgNVHSAEQzBBMD8GCmCGSAGG
+EUBBxUwMTAvBggrBgEFBQcCARYjaHR0cHM6Ly93d3cudmVyaXNpZ24uY29tL2Nw
```

圖 10.6　取得憑證

10.3　Apache 網頁伺服器

Apache 是一個軟體基金會，它是專門為支援開源軟體專案而辦的一個非營利性組織，httpd 是這個軟體基金會的一個專案。httpd 是一個開源軟體，一般用於 Web 伺服器，是目前最流行的 Web 伺服器軟體。在早期的 http server 就叫 Apache，到了 http server 2.0 以後就改名為 httpd。所以，Apache 伺服器和 httpd 伺服器，其實是指同一個東西。

10.3.1 安裝 httpd

Apache 的 httpd 是目前最多人使用的一套網頁伺服器軟體，請您先到 httpd 網站（http://httpd.apache.org/）下載安裝檔。

若您使用 Linux 版本，請解壓縮之後，執行下列指令開始安裝：

```
# ./configure --prefix=/usr/local/httpd --enable-ssl --with-ssl=
/usr/local/ssl
# make
# make install
```

以上第一列，我們設定 httpd 將安裝到/usr/local/httpd，且啟動 SSL，並指定 OpenSSL 的安裝位置（記得先安裝 OpenSSL）；您若有其他需要，請自行加入相關參數。

執行第二列後開始編譯（Compile）。第三列的 make install 指令會將編譯完的程式安裝到所指定的位置（即--prefix 所指定的位置；若沒有指定，就會安裝到/usr/local）。

若您使用 Windows 版本，在下載時，請記得下載「with OpenSSL」版本。

10.3.2 設定 httpd

安裝完 httpd 後，請至/usr/local/ httpd/conf/編輯 httpd.conf，請移到檔案最下面，將以下這列啟用（將前面的「#」註解字元移除）：

```
Include conf/extra/httpd-ssl.conf
```

因為當 httpd 啟動時，將會去讀 conf/extra/httpd-ssl.conf 這個設定檔[1]。因此，您必須修改這個檔案：

```
# https 預設的Port
Listen 443

# 憑證檔
SSLCertificateFile "/usr/local/httpd/newcert.pem"
```

---

[1] 在 httpd 舊版本時，將所有設定資訊存放在 httpd.conf；但因為設定資訊太多了，後來的版本已將相關的設定值存成個別的檔案。

```
# 金鑰檔
SSLCertificateKeyFile "/usr/local/httpd/newkey.pem"

# CA 的憑證檔
SSLCertificateChainFile "/usr/local/httpd/cacert.pem"
```

　　若您的憑證是自簽憑證，將來使用者以 https 方式瀏覽這個網站時，應該會出現根憑證不受信任的警告。所以，為避免這種情況，您可以設定 SSLCertificateChainFile 這個參數，使用者就可在「憑證路徑」看到 CA 的憑證（如圖 10.7），使用者就可以自行信任 CA 憑證。若沒有加入這個設定值，在圖 10.7 的地方，將不會出現 CA 這個路徑，而只是顯示這個網站的憑證，因此使用者就無法取得 CA 憑證來信任。

圖 10.7　IE 的憑證路徑

　　請正確的指定好伺服器的憑證及金鑰檔位置，啟動 httpd 伺服器後，即可使用瀏覽器：

```
# /usr/local/httpd/bin/apachectl start   (或重新啟動：restart)
```

10.4 Tomcat 網頁伺服器

Tomcat 也是 Apache 所推出的一套 Open Source 網頁伺服器,用來支援 JSP 程式語言。

10.4.1 安裝 Java 環境

由於 Tomcat 必須使用 Java 語言,所以請先將 Java 環境建立完畢。以下範例將以 Linux 作業系統為主。

請至 http://java.sun.com/j2se/,依指示下載 JDK 或 JRE(即 J2SE Runtime Environment)。下載完畢後,您將得到一個執行檔(如:jdk-6u21-linux-x64.bin),請直接執行它。

執行完畢後,您將會得到一個目錄(如:jdk1.6.0_21),請將這個目錄搬到/usr/local:

```
# mv jdk1.6.0_21 /usr/local/
# ln -s /usr/local/jdk1.6.0_21 /usr/local/jdk
```

接著,請設定以下的環境變數到系統中(如/etc/rc.d/rc.local):

```
export JAVA_HOME=/usr/local/jdk
export JRE_HOME=$JAVA_HOME/jre
```

10.4.2 安裝 Tomcat

設定好 Java 環境後,請至 http://tomcat.apache.org/下載 Tomcat 程式;下載完畢後,請執行:

```
# tar zxvf apache-tomcat-7.0.0.tar.gz
```

這時您將得到一個目錄(例如:apache-tomcat-7.0.0),請將這個目錄搬至適當位置:

```
# mv apache-tomcat-7.0.0 /usr/local/
# ln -s /usr/local/apache-tomcat-7.0.0 /usr/local/tomcat
```

Tomcat 不需要編譯，直接解壓縮即可，但是請您設定一個環境變數（並讓開機時自動設定，如/etc/rc.d/rc.local）：

```
export CATALINA_HOME=/usr/local/tomcat
```

執行$CATALINA_HOME/bin/startup.sh 後，就啟動了 Tomcat 伺服器，請您使用瀏覽器連線測試（預設的通訊埠為 8080）。

10.4.3　安裝憑證

Tomcat 是一套使用 Java 語言撰寫而成的網頁伺服器，它必須使用 Java 環境下的 Java Key Store（JKS）來存取金鑰及憑證，因此，我們可以直接從 JKS 來產生金鑰、CSR 及憑證，或是將外部產生的金鑰、憑證匯入到 JKS。

一、從 JKS 產生憑證

要操作 JKS，必須使用 keystore 執行檔，您可以在 JDK 或 JRE 的 bin 目錄下找到這個檔案。

首先，請執行下列指令來產生金鑰及憑證：

```
# keytool -keystore /root/.keystore -alias tomcat -genkey -keyalg RSA
Enter keystore password:<指定Keystore密碼>
Re-enter new password:<再次輸入Keystore密碼>
What is your first and last name?
  [Unknown]:  192.168.0.2      （網址）
What is the name of your organizational unit?
  [Unknown]:  MIS
What is the name of your organization?
  [Unknown]:  ABC
What is the name of your City or Locality?
  [Unknown]:  Taichung
What is the name of your State or Province?
  [Unknown]:  Taiwan
What is the two-letter country code for this unit?
  [Unknown]:  TW
Is CN=Blave Huang, OU=MIS, O=ABC, L=Taichung, ST=Taiwan, C=TW correct?
```

```
   [no]: yes

Enter key password for <tomcat>
       (RETURN if same as keystore password):<設定本次金鑰密碼>
Re-enter new password:<再次輸入密碼>
```

上列指令中，使用-keystore 參數來指定 KeyStore 檔的位置；若沒有指定，將預設為~/.keystore 這個檔案。因此，若您使用 root 身分來執行，其實可以不必指定這個參數。另外，我們使用 RSA 為金鑰的演算法，並將此憑證取一個為 tomcat 的別名。

您可以使用下列指令來查看目前在 KeyStore 裡的憑證：

```
# keytool -list
Enter keystore password:<輸入當時設定KeyStore的密碼>

Keystore type: JKS
Keystore provider: SUN

Your keystore contains 1 entry

tomcat, Aug 23, 2010, PrivateKeyEntry,
Certificate fingerprint (MD5):
76:49:C8:61:A2:C2:07:0D:A2:DC:30:34:66:CE:E9:48
```

現在您的憑證已經產生了，已經可以設定 Tomcat 來支援 SSL 了。但如果您希望使用在網站的憑證是由公信力高的 CA 所發行，那麼我們就可以將 CSR 匯出，以申請憑證：

```
# keytool -certreq -alias tomcat -file tomcat.csr
Enter keystore password: <輸入當時設定KeyStore的密碼>
# cat tomcat.csr
-----BEGIN NEW CERTIFICATE REQUEST-----
MIIBozCCAQwCAQAwYzELMAkGA1UEBhMCVFcxDzANBgNVBAgTBlRhaXdhbjERMA8GA1U
EBxMIVGFp
Y2h1bmcxDDAKBgNVBAoTA0FCQzEMMAoGA1UECxMDTUlTMRQwEgYDVQQDEwsxOTIuMTY
4LjAuMjCB
nzANBgkqhkiG9w0BAQEFAAOBjQAwgYkCgYEAukLeniAT1Ua9g36L7/J92hye3z2URCf
```

```
/N67W2BlA
QwoBJgEShCt8x5pG3TJ5gEpw8p4DLhxgmEcN/d7JrbiwVmq/OqICshOsbg/vlVeeN0a
7Tw4bsQV2
1pqZLcoOoKN0h/APC71ypECNbOsehfZeAg26Dr5Qzjt2H/zz7wIRtDECAwEAAaAAMA0
GCSqGSIb3
DQEBBQUAA4GBAJIoKim5oHvxZrGnwpW9xP4/kdTF6qXS5J/fhdB1/odY5iTzJjiHqbU
1Y+S5O248
yGjYiCnU0fdMDQrASv3TeEJsrSyrvZAxmoAmshTcYSX+fQmXhivI38eXJ0I7tUWaf5N
8pb6EFUpz
jT1osd5AG7yAjbapu6zkADVUtP4Db88b
-----END NEW CERTIFICATE REQUEST-----
```

這時您就可以取得一個 tomcat.csr 的檔案，請將檔案內容複製到申請憑證的網站，就可以取得由其他 CA 所發行的憑證（申請方法請見本章第 10.2 節）。

當您收到一個憑證檔時，憑證內容若為 PEM 格式，就會長得像：

```
-----BEGIN CERTIFICATE-----
(...略...)
-----END CERTIFICATE-----
```

若從 CA 收到的檔案格式為 DER，請您先使用 OpenSSL，將其轉換為 PEM 格式：

```
# openssl x509 -in <DER憑證檔> -inform DER -outform PEM \
-out <輸出後PEM憑證檔>
```

接著，我們執行這個指令，將 PEM 格式的憑證重新匯入到剛剛的 KeyStore 的 tomcat 位置：

```
# keytool -import -alias tomcat -file <憑證檔> -trustcacerts
```

二、將憑證匯入到 JKS

當我們原本就已經有金鑰及憑證，我們必須將這對金鑰及憑證匯入到 KeyStore 中。請您先將金鑰及憑證包成 PKCS #12 格式，接著執行這列指令匯入到 KeyStore：

```
# keytool -importkeystore -srckeystore <P12檔案> \
-srcstoretype PKCS12 -destkeystore /root/.keystore
Enter destination keystore password:<輸入KeyStore密碼>
Enter source keystore password:<輸入PKCS#12密碼>
Existing entry alias cert exists, overwrite? [no]:  no （指定新別名>
Enter new alias name    (RETURN to cancel import for this entry):  www
Entry for alias cert successfully imported.
Import command completed:  1 entries successfully imported, 0 entries
failed or cancelled
# keytool -list
Enter keystore password:  <輸入KeyStore密碼>


Keystore type: JKS
Keystore provider: SUN


Your keystore contains 1 entry


www, Aug 23, 2010, PrivateKeyEntry,
Certificate                    fingerprint                    (MD5):
F7:0B:80:46:E4:F7:9C:49:98:BF:53:4D:09:3C:A7:80
```

三、從 JKS 刪除憑證

已經過期或不再使用的憑證，您可以直接從 JKS 中刪除。首先我們先查看目前的
憑證列表：

```
# keytool -list
Enter keystore password:  <輸入KeyStore密碼>


Keystore type: JKS
Keystore provider: SUN


Your keystore contains 3 entries


cert, Aug 19, 2010, PrivateKeyEntry,
Certificate fingerprint (MD5):
F7:0B:80:46:E4:F7:9C:49:98:BF:53:4D:09:3C:A7:80
```

```
tomcat, Aug 23, 2010, PrivateKeyEntry,
Certificate fingerprint (MD5):
76:49:C8:61:A2:C2:07:0D:A2:DC:30:34:66:CE:E9:48
www, Aug 23, 2010, PrivateKeyEntry,
Certificate fingerprint (MD5):
F7:0B:80:46:E4:F7:9C:49:98:BF:53:4D:09:3C:A7:80
```

從上面例子可得知，目前有三個憑證在 KeyStore 中，我們可以針對某個憑證來查詢更詳細的資訊：

```
# keytool -list -v -alias tomcat
Enter keystore password: <輸入KeyStore密碼>
Alias name: tomcat
Creation date: Aug 23, 2010
Entry type: PrivateKeyEntry
Certificate chain length: 1
Certificate[1]:
Owner: CN=192.168.0.2, OU=MIS, O=ABC, L=Taichung, ST=Taiwan, C=TW
Issuer: CN=192.168.0.2, OU=MIS, O=ABC, L=Taichung, ST=Taiwan, C=TW
(...餘略...)
```

要刪除不必要的憑證，請執行下列指令：

```
# keytool -delete -alias www
Enter keystore password: <輸入KeyStore密碼>
```

四、設定 Tomcat 支援憑證

當我們的 KeyStore 都已經備妥後，接著我們要設定 Tomcat 來開啓 KeyStore 的金鑰、憑證，來對網頁做加密。

請開啓 Tomcat 目錄（即$CATALINA_HOME）下的 conf/server.xml，請尋找下列這段設定碼，並將「<!--」及「-->」這兩列刪除：

```
<!--
<Connector port="8443" protocol="HTTP/1.1" SSLEnabled="true"
          maxThreads="150" scheme="https" secure="true"
```

```
            clientAuth="false" sslProtocol="TLS"
>
-->
```

移除註解標籤後,請將預設的 Port 從 8443 改為 443,並加入粗體字部分:

```
<Connector port="443" protocol="HTTP/1.1" SSLEnabled="true"
            maxThreads="150" scheme="https" secure="true"
            clientAuth="false" sslProtocol="TLS"
            keyAlias="tomcat"
            keystoreFile="/root/.keystore"
            keypass="keystore_password"
>
```

在上例中,我們將使用「keystore_password」這個密碼,來開啟/root/.keystore 這個 Keystore 檔,並使用其中的 tomcat 金鑰及憑證。

完成之後,請將 tomcat 重新啟動:

```
# cd $CATALINA_HOME/bin
# ./shutdown.sh
# ./startup.sh
```

最後,請開啟您的瀏覽器,輸入以下網站來測試結果:

```
https://您的網站
```

10.5 IIS 伺服器

IIS 是微軟公司所發行的一套網頁伺服器，許多 .aspx 網頁便是架構在這個伺服器中。

要在 IIS 中設定憑證，請先開啟「**系統管理工具**」 / 「**IIS 管理員**」，請點選您的電腦。如圖 10.8。

圖 10.8　伺服器憑證

接著請雙擊「**伺服器憑證**」來檢視目前在 IIS 伺服器中可供使用的憑證列表。

圖 10.9　伺服器憑證

如圖 10.9 右側，將可以讓您管理這台伺服器的憑證。10.5.1 小節起，我們將介紹如何建立、申請、匯入憑證，並設定這台 IIS 伺服器支援 SSL。

10.5.1　建立自簽憑證

若您的網站（如公司內部網站）不需要知名 CA 核發憑證，您將可以在 Windows Server 上直接產生金鑰及憑證。

請點擊圖 10.9 右側的「**建立自我簽署憑證**」，接著請在圖 10.10 處指定一個好記的名稱。

圖 10.10　建立自簽憑證

產生完畢，將會在伺服器憑證列表中，看到剛剛的憑證（包含金鑰），這張憑證已經可以直接拿來給這部伺服器使用了。如圖 10.11。

圖 10.11　建立自簽憑證

10.5.2 向其他 CA 申請憑證

請點擊圖 10.9 右側的「**建立憑證要求**」，由伺服器自行產生金鑰及 CSR。請在圖 10.12 處完整輸入憑證的 **DN 屬性**。

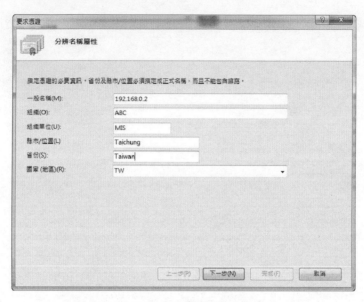

圖 10.12　輸入 DN 屬性

接下來，請您挑選金鑰的「**演算法**」及「**長度**」。如圖 10.13。

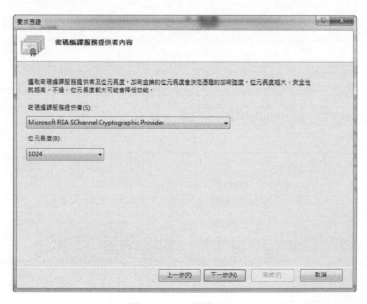

圖 10.13　選擇 CSP

請在圖 10.14 中指定 CSR 檔，接著將產生金鑰對以及 CSR。

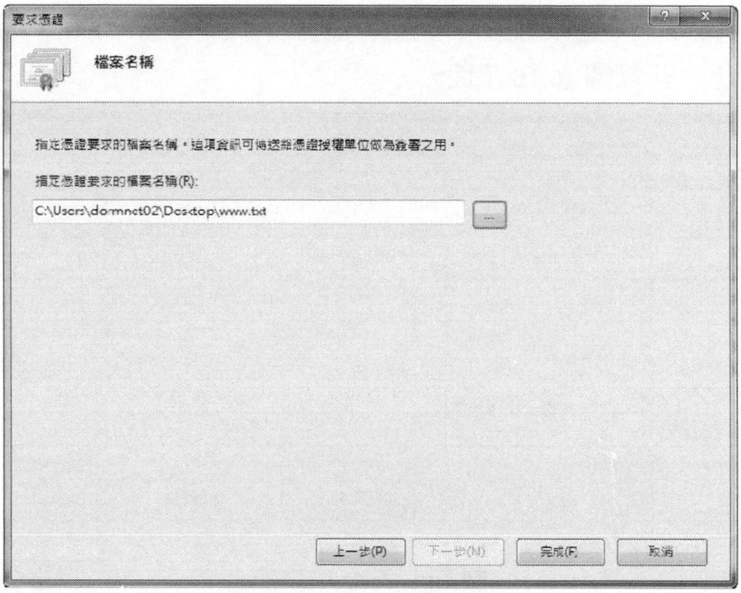

圖 10.14　儲存 CSR 檔

　　請您將 CSR 內容，向 CA 申請憑證；在收到憑證後，請在圖 10.15 處指定憑證檔的位置。如此，您的憑證就安裝成功了。

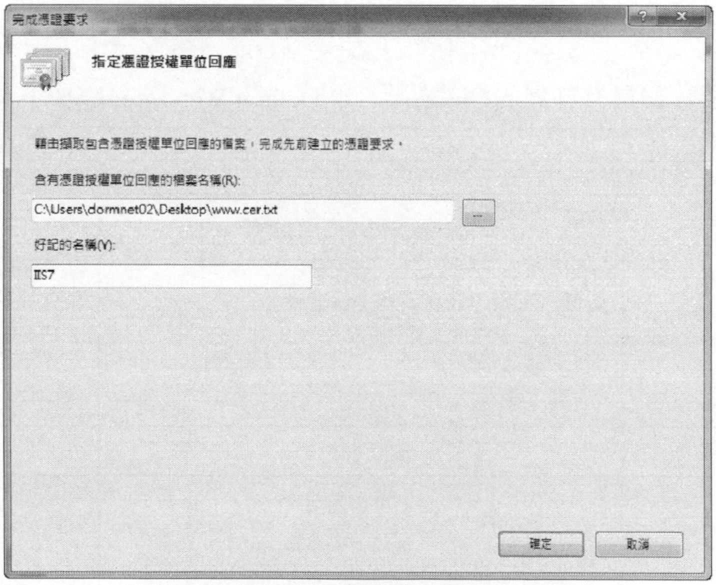

圖 10.15　指定憑證授權單位回應

10.5.3　匯入憑證

當您原本就已經有金鑰及憑證時，您可以將其包成 PKCS #12 檔，接著在圖 10.9 處按「**匯入憑證**」，出現圖 10.16 畫面。

圖 10.16　匯入憑證

請您指定好 PKCS #12 檔案及當時設定的密碼後，即可將這組憑證匯入到 IIS 中。

10.5.4　設定 IIS

完成憑證安裝後，我們要設定 IIS，才能啓動 https 服務。

請開啓「**IIS 管理員**」，在您的網站站台（如 Default Web Site）處按下**滑鼠右鍵** /「**編輯繫結**」。如圖 10.17。

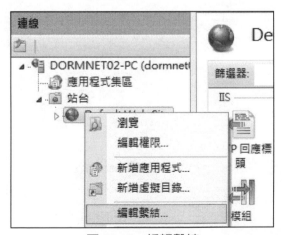

圖 10.17　編輯繫結

這時只會有一個 http 類型的站台，請按「**新增**」，出現圖 10.18 畫面。請在類型欄，切換到 https，並在「**SSL 憑證**」處下拉，選一個適合的憑證，這個憑證列表，就是從前面幾個小節中得來的。

圖 10.18　新增站台繫結

接著請進入您的站台，在「**SSL 設定**」按兩下（如圖 10.19）。

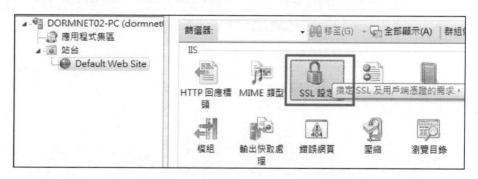

圖 10.19　SSL 設定

請勾選「**需要 SSL**」，如圖 10.20。再按右側的「**套用**」後，重新啟動 IIS 即可。

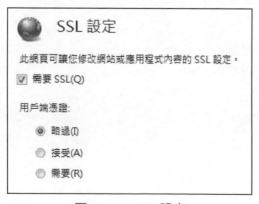

圖 10.20　SSL 設定

1. 可以到哪些網站申請 SSL 網站憑證？

2. 試說明在網站附加 SSL 的重要性。

3. 為什麼金鑰及 CSR 要盡量由自己產生？

4. Apache 若使用 Windows 版本，要記得安裝什麼版本？

5. TomCat 在存取金鑰及憑證，有什麼特別的地方？

6. 若使用 IIS 伺服器，要下載安裝什麼版本的 OpenSSL？

7. 若伺服器所使用的 SSL 憑證是由自建 CA 所發行，對使用者（Client）有何影響？

8. 使用 IIS 伺服器，若原本就已經有金鑰及憑證時，可以將其包成什麼檔案格式，接著在圖 10.9 處按[匯入憑證]。

9. 要使用 JKS 產生金鑰及憑證，必須使用什麼執行檔？在哪個目錄下找到這個檔案？

10. 使用什麼指令可以查看目前在 KeyStore 裡儲存哪些憑證？

參考文獻

[1] 內政部憑證管理中心：http://moica.nat.gov.tw/

[2] 經濟部工商憑證管理中心：http://moeaca.nat.gov.tw/index-2.html

[3] 台灣網路認證：TWCA http://www.twca.com.tw/Portal/Portal.aspx

[4] GCA 政府憑證管理中心：http://gca.nat.gov.tw/

[5] OpenSSL 官方網頁：http://www.openssl.org/

[6] http://zh.wikipedia.org/zh-tw/OpenSSL

[7] VeriSign 官方網頁：http://www.verisign.com/

[8] http://www.verisign.com.tw/ssl/?sl=t27880421970000018&gclid=CJiAs4qb86UCFYE3pAodu1
aaow

[9] http://zh.wikipedia.org/zh/VeriSign

[10] APACHE 官方網頁：http://www.apache.org/

[11] http://tomcat.apache.org/

[12] Java 台灣官方網站：http://www.java.com/zh_TW/

CHAPTER 11

個人憑證應用

就個人而言，數位憑證有什麼應用呢？本章將介紹數位憑證如何應用在個人的資訊生活中。介紹個人如何申請一張自己的數位憑證，並且利用它來將電子郵件及檔案進行加密和簽章。本章內容包含：

11.1 申請個人憑證

11.2 電子郵件簽章加密

11.3 檔案簽章

本章介紹數位憑證如何應用在個人的日常生活中，帶您申請一張您自己的數位憑證，以及用來將電子郵件及檔案進行簽章及加密。

11.1　申請個人憑證

各大知名的憑證服務公司，都提供個人數位憑證服務，價格通常都不算高，一年費用大約幾百塊新台幣；還會有一些 CA 提供短期憑證試用，甚至免費送給您。

在這個小節中，我們將使用 CoMoDo（Instant SSL）公司所提供的免費個人憑證，使用期間為一年。各家公司的申請流程大同小異，流程大致如下：

請先進入 CoMoDo 網站，並找尋個人憑證（Free Email Certificates）的申請連結（圖11.1）。

```
http://www.instantssl.com/
```

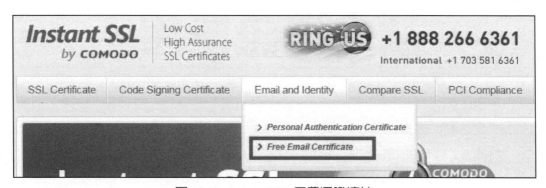

圖 11.1　Instant SSL 免費憑證連結

申請網站會要求您輸入基本資料（圖 11.2），而這些資料通常就會包含在您的憑證中。因此，姓名、Email 等至少都要填寫正確，才不會收不到憑證開通的信，或是憑證無法使用。

另外，該網站可能容許您調整一些設定，例如：金鑰長度，或是 CSP。因此，若您有購買智慧卡，安裝好 CSP 後，可以將申請的憑證安裝到智慧卡。

圖 11.2　填寫個人資料

　　依指示完成申請步驟後，您將會收到一封憑證開通的 Email。進入 Email 指示的網站，並輸入驗證的資料後，網站就會直接透過瀏覽器（通常為微軟 IE 瀏覽器），將金鑰及憑證安裝到您的電腦憑證區。如圖 11.3。

圖 11.3　安裝憑證

　　請開啟 IE 瀏覽器，進入「工具」／「網際網路選項」，切換到「內容」頁籤，按下「憑證」按鈕，您就會看到剛剛申請的憑證，已經出現在「個人」頁籤中（圖 11.4）。打開看看您的憑證裡的資料吧！

圖 11.4 檢視憑證

11.2 電子郵件簽章及加密

由於 SMTP 通訊協定的缺陷，讓偽造的電子郵件到處橫行，因此，我們常收到由朋友寄出來的病毒信或釣魚（Phishing）信，這都是因為 SMTP 並未做身分驗證，每個人都可以任意假冒他人名義來寄信。

雖然有 SASL（Simple Authentication and Security Layer）等新機制，必須先驗證身分後，使用者才能將 Email 寄出。但這種作法只是防小人不防君子。除非全世界的 SMTP 伺服器都安裝 SASL 驗證機制，否則攻擊者還是可以找到沒有 SASL 的 SMTP 伺服器。

為防止學生冒用老師身分，寄信給所有同學「老師身體不適，明日課程取消」的偽造信，寄件者可以在 Email 加上數位簽章，如此一來，收件者就可以確認，寄件者不是經過偽造的。

以下我們將介紹幾個常用的郵件收發軟體，如何將數位憑證應用在您的 Email 當中。

11.2.1　使用 Windows Live Mail

Windows Live Mail 是微軟於 2007 年用來取代 Outlook Express（在 Windows XP）及 Windows Mail（在 Windows Vista）的一套收信軟體，在本書截稿時的最新版本為 2012 版。

開啟 Windows Live Mail 後，在您的帳號上按下滑鼠右鍵，選擇「**內容**」。如圖 11.5。

圖 11.5　設定帳號內容

切換到「**安全性**」頁籤，在這個畫面中，將可以看到兩處「**憑證**」為空白，請按下「**選擇**」按鈕，來挑選簽章及加密用的憑證。如圖 11.6。

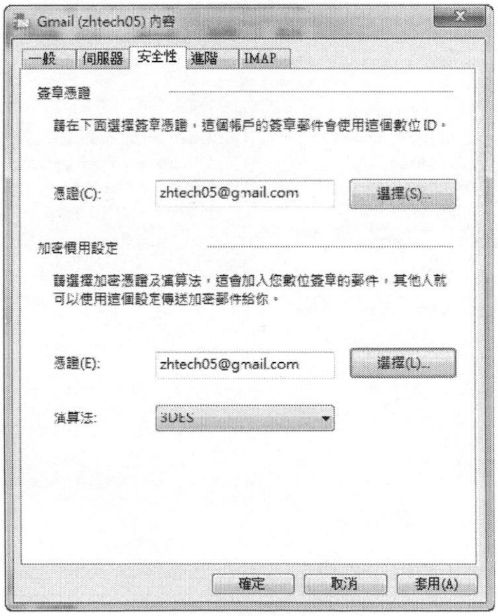

圖 11.6　帳號安全性

在挑選憑證之前，Windows Live Mail 會到電腦的個人憑證區，尋找符合您的 Email 的憑證（並且未過期），因此，在申請憑證時，Email 務必輸入正確，否則在這裡將不會顯示憑證。如圖 11.7。

圖 11.7　挑選憑證

我們剛剛申請的憑證，它的「**金鑰使用方法**」為 Digital Signature 及 Key Encipherment（圖 11.8），因此我們 Email 的簽章及加密的憑證，都可使用這張憑證。若您所設定的憑證為內政部自然人憑證，由於簽章及加密分為兩張不同的憑證，因此，您在 Windows Live Mail 所選取的憑證，將是兩張不一樣的憑證。

圖 11.8　憑證金鑰使用方法

設定好憑證後，您就可以寫一封含數位簽章的信給朋友了，只要在新郵件上，按一下「**數位簽章**」按鈕（在「**選項**」頁籤下，圖 11.9），這封 Email 就會用您的私密金鑰來簽章。

圖 11.9　電子郵件數位簽章

當您的朋友收到這封信時，就會被提示該 Email 含有數位簽章（圖 11.10），因此，他就能確定這封郵件是您所寄出，且傳輸途中未被竄改。

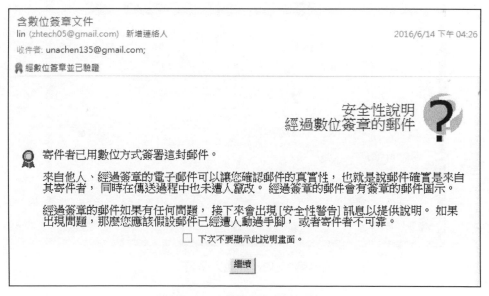

圖 11.10　含數位簽章的郵件

在這裡，我們故意將這封郵件的內容稍加修改，再開啓這封信時，將會出現圖 11.11 的畫面。這時候，收件者在開啓郵件時，就會被提示數位簽章有問題。

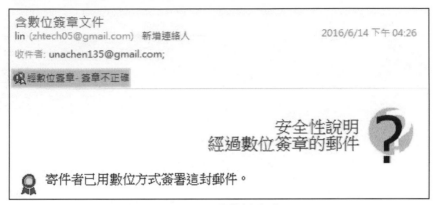

圖 11.11　郵件被竄改

　　當收件人收到並開啓您寄出的郵件（含簽章），Windows Live Mail 就會將您的憑證自動加入到他的電腦（其他人憑證區），如圖 11.12：

圖 11.12　其他人憑證

　　一旦我們有了對方的憑證，就可以使用憑證裡的公開金鑰，來將郵件加密回傳。現在，回寄了一封含簽章，且加密（數位信封）的郵件，如圖 11.13。

圖 11.13　簽章加密之郵件

11.2.2　使用 Outlook

Outlook 是微軟 Office 套裝軟體中的一套郵件收發程式（MUA，Mail User Agent），是一套整合個人事務的應用軟體。

在這個小節裡，我們只介紹如何設定 Outlook 來進行郵件數位簽章；數位簽章、驗證、加密及解密，請您參閱「Windows Live Mail」小節。

請開啓「工具」 ／ 「信任中心」，點擊左邊的「**電子郵件安全性**」，再按下「**設定**」按鈕，將會出現「**變更安全性設定**」視窗（圖 11.14）：

圖 11.14　Outlook 設定憑證

請將要使用的 Email 設定在「**安全性設定名稱**」，並在「**簽章憑證**」及「**加密憑證**」中，挑選適當的憑證。Outlook 所提供的「**雜湊演算法**」及「**加密演算法**」可選擇性也比 Windows Live Mail 還多，因此安全性也更高。

　　這時候，您在撰寫電子郵件時，就能在上面的「**選項**」中（圖 11.15），按下「**簽章**」或「**加密**」按鈕了。

圖 11.15　Outlook 簽章及加密

11.2.3　使用 Gmail

　　Google Mail 提供了大空間的郵件信箱，使用 Gmail 的 Webmail 介面，更能在不同電腦間使用 Email 服務，不必侷限於某一部電腦才能閱讀郵件。

　　但是，Gmail 的 Webmail 至本書截稿為止，尚未推出郵件數位簽章及加密功能；但是仍然有解決方案。

　　您必須使用 FireFox 瀏覽器，並安裝 Gmail S/MIME 擴充套件（Add-ons）。請連線至 FireFox Add-ons 網站：

```
http://addons.mozilla.org/
```

　　搜尋並安裝「Gmail S/MIME」套件（如圖 11.16）。

圖 11.16　安裝 Gmail S/MIME

安裝完畢後，請將您的憑證安裝到 FireFox 憑證儲存區：開啟「工具 / **選項**」，切換到「**進階**」，接著按下「**檢視憑證清單**」按鈕（圖 11.17）。

圖 11.17　FireFox 的憑證儲存區

由於 FireFox 有其自己的憑證管理介面，因此您必須先到本機的憑證儲存區（見圖 11.14），將您剛剛申請的憑證匯出（按「**匯出**」按鈕）成 PKCS #12 格式（*.pfx, *.p12），再到圖 11.17「**匯入**」這個 PKCS #12 檔案。

這時候，當您收到一封含數位簽章的郵件時（會有一個附檔，檔名為 smime.p7m），Gmail S/MIME 就會幫您解析簽章（圖 11.18）：

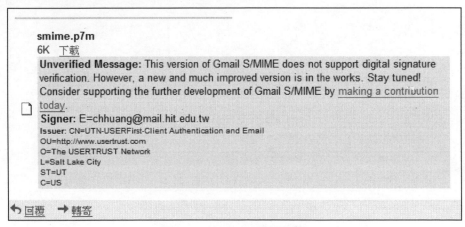

圖 11.18　Gmail 檢視憑證

當您在撰寫新郵件時，也可以直接加上您的數位簽章及加密（圖 11.19）：

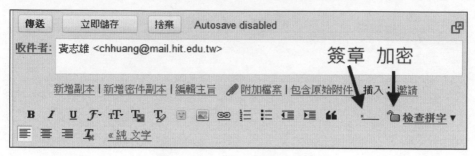

圖 11.20　Gmail 簽章及加密

11.3　檔案簽章

通常用來做數位簽章的檔案，都是文件屬性居多，將文件檔簽章，就可以確認該文件的完整性，也能保證文件完稿並經作者簽章後，都未被修改過內容。因為內容一旦被修改，數位簽章即消失。

這裡我們將介紹常用文件格式的數位簽章過程，分別是 PDF 及微軟 Office 系列。

請以 Adobe Acrobat 來開啟要加上簽章的 PDF 檔，請開啟功能表的「工具 / 認證」（圖 11.20）。

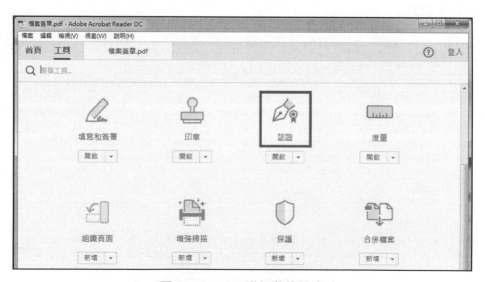

圖 11.20　PDF 進行數位簽章

接著在 PDF 文件的某個地方（通常是在封面頁）圈出一個要顯示簽章的區域（圖 11.21），接下來的數位簽章資訊，就會顯示在這個區塊。

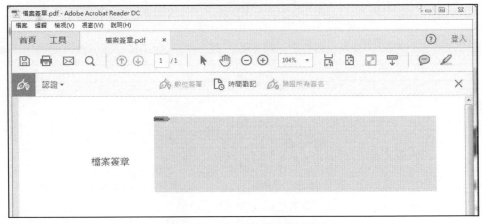

圖 11.21　挑選數位簽章位置

接著必須從本機的「個人憑證區」中挑選一個憑證（圖 11.22），建議所挑選的憑證以知名的 CA 所發行為主。

圖 11.22　選擇數位憑證

最後，您就可以把這個 PDF 傳送出去。如圖 11.23。開啟這個檔案的使用者，就可以確認這個檔案確實為您所簽署。這種應用適合於信用卡、電信等公司的電子帳單，可讓客戶收到帳單時，更能確定帳單的正確性。

圖 11.23　PDF 簽章結果

微軟的 Office 辦公室套裝軟體為各單位辦公室最常用軟體，其下包含各種不同功能的應用軟體，以下我們針對 Word 2013 來示範如何進行數位簽章，其餘軟體（如 Excel、PowerPoint 等）的操作流程大同小異。

請開啟 Word 功能表「檔案」／「資訊」／「文件保護」／「新增數位簽章」（圖 11.24）。

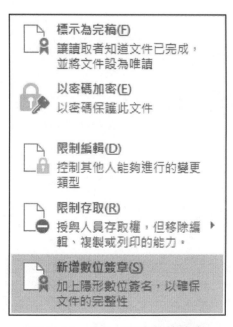

圖 11.24　Office 進行數位簽章

如同簽署 PDF 一樣，您必須挑選一張憑證來簽章（圖 11.25），這個憑證必須要有私密金鑰，若私密金鑰存放在智慧卡，則必須插卡並透過 CSP 來進行簽章。

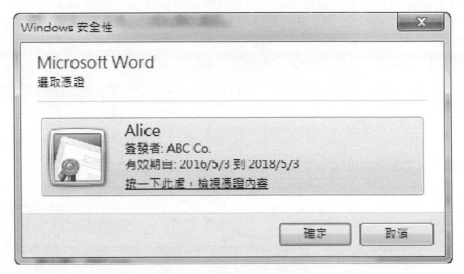

圖 11.25　選擇數位憑證

您可以寫下簽署的目的（圖 11.26），接著就可以進行數位簽章了。

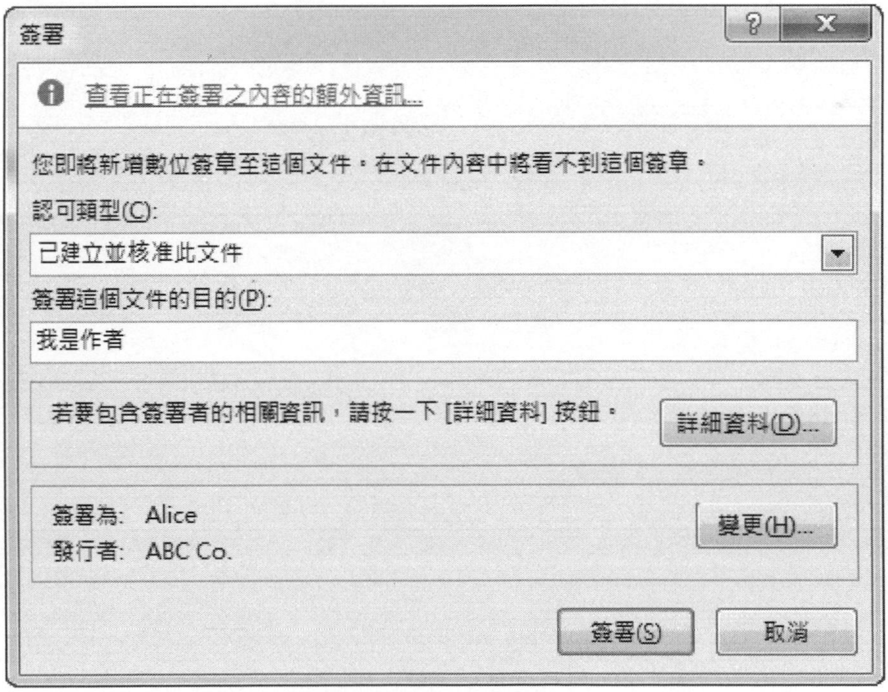

圖 11.26 設定簽章目的

簽章完畢後，在 Word 的最下列，將出現一個徽章圖示（圖 11.27），代表這個文件已經被人簽章過了，點擊這個圖示，就可以看到簽署人。若您與這份文件有關聯，也可以進行多重簽章，只要再簽章一次，這份文件就會多了另一個簽章。

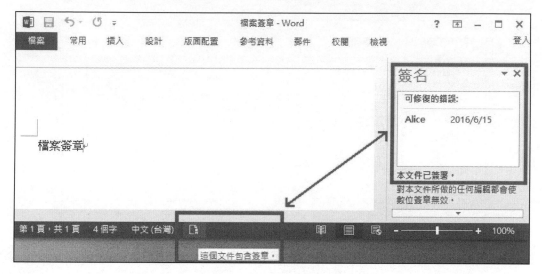

圖 11.27　Word 簽章結果

習 題

1. SMTP 少了哪一項功能，導致任何使用者都可以假冒寄信人？

2. 可以使用哪些郵件收發軟體在電子郵件加上憑證功能？

3. 說明在電子郵件附加數位簽章的重要性。

4. 修改已簽章的 Office 文件（如*.doc）內容，對文件的數位簽章有何影響？

5. 申請免費個人憑證時，如何將金鑰、憑證儲存到您的智慧卡中？

6. 憑證的「金鑰使用方法」若為 Digital Signature 及 Key Encipherment（如圖 11.8），則這張憑證的功能為何？

7. 如何將一份 PDF 檔案加上數位簽章？

8. 如何將一份 Word 檔案加上數位簽章？

9. 如何知道一份 Word 檔案是否加上數位簽章？如何知道簽署人是誰？

10. 可否對一份 Word 檔案進行多重簽章？如何做？

參考文獻

[1]　內政部憑證管理中心：http://moica.nat.gov.tw/

[2]　經濟部工商憑證管理中心：http://moeaca.nat.gov.tw/index-2.html

[3]　台灣網路認證：TWCA http://www.twca.com.tw/Portal/Portal.aspx

[4]　GCA 政府憑證管理中心：http://gca.nat.gov.tw/

[5]　Install OpenSSL: http://www.instantssl.com/

[6]　Comodo: http://www.instantssl.com/

[7]　Firefox add-ons: http://addons.mozilla.org/

[8]　Simple Mail Transfer Protocol: https://en.wikipedia.org/wiki/Simple_Mail_Transfer_Protocol

[9]　PKCS #12: https://en.wikipedia.org/wiki/PKCS_12

[10] Outlook 2016: http://office.microsoft.com/zh-hk/outlook/

[11] Gmail: http://mail.google.com/mail/help/intl/zh-TW/about.html

[12] What is smime.p7m?: http://www.cryptigo.eu/smime.p7m/

[13] S/MIME: https://zh.wikipedia.org/wiki/S/MIME

CHAPTER **12**

智慧卡安全與應用

本章針對智慧卡的概念、標準、結構、種類等，做一個介紹。也針對智慧卡的安全機制、可能遭受的攻擊等做說明。最後也介紹智慧卡的應用、與 PKI 的關係。內容包含：

12.1 智慧卡介紹

　　IC 卡（Integrated Circuit Card，IC Card）又稱智慧卡（Smart Card），以下統稱為智慧卡。一般市面常見的智慧卡，是將具有儲存功能、加密功能和資訊處理功能的積體電路晶片模組，封裝並附著於如信用卡尺寸大小的塑膠片中。

　　以下簡略介紹智慧卡的發展史：

❖ 1968 年，德國發明家 Jurgen Dethloff 和 Helmut Grotrupp 首先發表將積體電路模組加入身分識別卡的構想，不過這時並沒有實際的產品。

❖ 1970 年代，日本人 Kunitaka Arimura 實現了將積體電路晶片加到 IC 卡中，可惜的是，他並未提出完整的智慧卡實際概念方式。直到 1974 年，法國人 Roland Moreno 提出了智慧卡實際運作概念，確立了智慧卡發展的道路。

❖ 1970 年代後期，法國的 CII-Honeywell Bull 公司，發表了第一款智慧卡，此智慧卡大小與信用卡相近。

❖ 1980 年代早期，在法國和德國都初步試驗使用智慧卡作為電話卡或是信用卡。

❖ 1990 年代，在歐洲和亞洲，智慧卡廣泛使用在 GSM 卡和金融卡。

❖ 1990 年代後期，智慧卡應用在電子商務上的需求大量成長。

　　以前普遍使用的磁條卡，有容易變造且記憶容量小的缺點；智慧卡安全性高，記憶體比起磁條卡大上許多，且在使用前需要輸入個人 PIN 碼，可以有效進行身分驗證。所以，磁條卡已逐漸被智慧卡所取代。

12.2 智慧卡結構和分類

　　要了解智慧卡的各項標準和規範，可以參考 ISO / IEC 7816。在此文件中規定了智慧卡片的物理特性、接角位置和卡片尺寸、電子信號和傳輸協定、命令和回應格式等等。

　　由外觀來看，智慧卡的實體結構主要包含了塑膠卡片、印刷電路和積體電路晶片三部分。積體電路晶片通常含有 CPU、ROM、RAM、EEPROM / Flash，請參考圖 12.1。

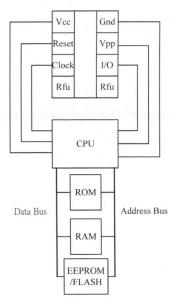

圖 12.1　智慧卡積體電路晶片

❖ **CPU（Central Process Unit）**：我們可以把智慧卡看成一部簡單的個人電腦，智慧卡通常會具備卡片作業系統 COS（Card Operating System）以提供各種系統服務和檔案文件管理。為了處理邏輯運算和擴大智慧卡應用領域，CPU 的效能是不可或缺的。從早期智慧卡具備的 8 位元微處理器演進到 16 位元，而目前 32 位元的智慧卡微處理器，逐漸成為主流。

　　當開發智慧卡應用時，除了智慧卡本身的成本，耗電量也是重點之一。CPU 運算在智慧卡中佔用主要的耗電量，因此，在開發智慧卡應用時必須評估哪些演算法耗電量比較節省。

❖ **ROM（Read-Only Memory）**：ROM 的全名是 Read-Only Memory，顧名思義，它是只能被讀取的記憶體，使用者只能夠讀取其中的內容。而 ROM 的內容是由製造商決定，通常會儲存固定的程式和資料，像是卡片的作業系統或是卡片序號。此類型的記憶體失去電源供應，內存的資料也不會消失。這些資料和程式通常會在卡片晶片製造時，被寫入記憶體中。

❖ **EEPROM（Electrical Erasable Programmable Read-Only Memory）/ Flash Memory**：EEPROM 如同 ROM 一樣，可以儲存程式和資料，就算失去電源供應，資料也不會消失。不同的是，EEPROM 中的資料可以用特定電壓修改。目前 EEPROM 已經被 Flash Memory 取代，後者的好處是讀寫的速度比較快，且成本比 EEPROM 低。一般智慧卡中的 Flash Memory 可被讀寫十萬次，其中資料可保存 10 年。

❖ **RAM（Random Access Memory）**：RAM 在智慧卡中的功用如同一般電腦的 DRAM，主要用於存放程式執行時的堆疊、暫存資料，以及作為 I/O 的緩衝區。當電源中斷時，RAM 中存放的資料會消失。早期開發智慧卡應用時，由於 RAM 的容量很小，通常不到 1K 位元組，所以當開發人員撰寫程式時，不能宣告太大的變數，且必須精算記憶體的使用，否則可能會發生記憶體位址重疊的錯誤，對於開發人員的程式設計功力是一項挑戰。不過，近年來由於 RAM 的容量增加，對開發人員而言，可以更靈活的設計程式，也可以增加智慧卡的應用範圍。

　　智慧卡晶片表面有 8 個接觸點，分別以 C1~C8 為編號，如圖 12.2 所示。表 12.1 說明各個接觸點的功用。其中 C4 和 C8 設計為保留給將來使用，目前沒有功用。接觸面為金屬材質，一般為銅製薄片，積體電路的輸出輸入端 C7（接觸點名稱為 I/O）連接到接觸面，便於讀寫操作。

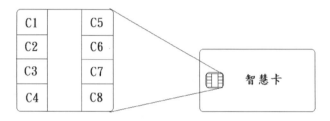

圖 12.2　智慧卡接觸點示意圖

表 12.1　智慧卡接觸點說明

接觸點編號	接觸點名稱	接觸點功能
C1	VCC	電源
C2	RTS	提供重置信號
C3	CLK	提供時脈信號
C4	RFU	保留
C5	GND	接地點
C6	VPP	改寫非揮發式記憶體時的電源輸入
C7	I/O	資料輸出輸入
C8	RFU	保留

12.2.1　智慧卡分類

　　智慧卡有幾種不同的分類方式。根據內部結構可分為記憶卡、加密智慧卡、非加密智慧卡。根據讀取介面分類，可分為接觸式、非接觸式、混合式。而根據應用系統的不同而分類，則有 Java 卡、Multos 卡、GSM 卡、EMV 卡。如圖 12.3 所示。

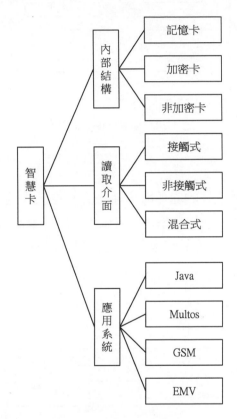

圖 12.3　智慧卡分類方式

一、依內部架構分類

1. 記憶卡

　　此類型卡片是最早出現的智慧卡，所以功能較少，相對的應用也少。內部的元件有用來存放應用資料的 EEPROM，和用來存放永久資料的 ROM，但並不具備微處理器，僅具有資料儲存功能，參考圖 12.4。

　　EEPROM 裡面通常會建立一個簡單的文件系統，可以用來當作電話卡和電子現金或類似的應用。

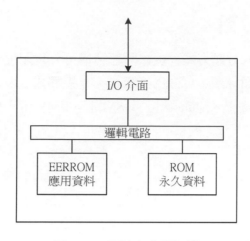

圖 12.4　記憶卡內部架構

2. 非加密智慧卡

此類型智慧卡包含效能更好的處理器，通常為 8 位元或是 16 位元，並且具有更多的安全功能，能夠防備外來的攻擊，也可做更多的應用。如圖 12.5 所示。所有的存取都會先經過微處理器，而不直接存取記憶體，這表示作業系統會控管存取的工作，因而可增加安全性。

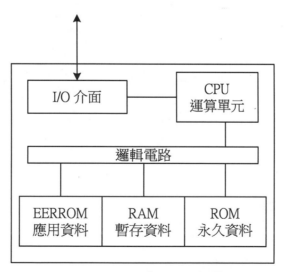

圖 12.5　非加密卡內部結構

3. 加密智慧卡

加密智慧卡和非加密智慧卡的區別，在於是否能夠執行加密運算。加密智慧卡可以，而非加密智慧卡不能，特別是在執行公開金鑰演算法。這是因為執行非對稱加密演算法是相當複雜的運算，需要耗掉大量的資源。對於一般的 8 位元或是 16 位元微處理器而言，所耗費的時間太久，因而無法使用。因此，加密智慧卡通常會有硬體加速器，如圖 12.6 所示，針對需要耗掉龐大資源的演算法做特別處理。必須將非對稱加密演算法的執行時間縮短，才能夠滿足應用服務的需求。

但是，隨著智慧卡晶片中的微處理機效能愈來愈好，除非有特定的執行時間要求，或是要執行特別的加密演算法，否則已經不一定要依靠硬體加速器，才能執行加密演算法。所以，加密和非加密卡之間的界線已經愈來愈模糊，可以將加密和非加密卡統稱為「晶片卡」，和記憶卡做區別。

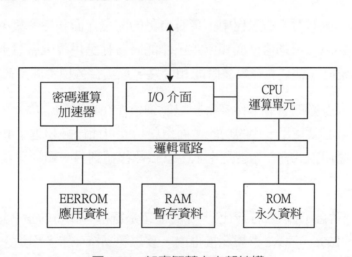

圖 12.6　加密智慧卡內部結構

二、依照讀取介面來分類

1. 接觸式智慧卡

接觸式智慧卡藉由和讀卡機的實體接觸傳遞資料，通常是將卡片插入讀卡機。而這類卡片內含的積體電路晶片，通常是用鍍金材質來封裝，增加讀取介面的壽命，資料或控制訊號可以透過金屬接點來傳送或接收。

2. **非接觸式智慧卡**

   非接觸式智慧卡，卡片內除了晶片以外，還有天線和收發電路。資訊透過無線電波傳遞，通訊距離有限，卡片和讀卡機相距太遠，就無法作用。非接觸式智慧卡應用很普遍，例如悠遊卡等。

3. **混合式智慧卡**

   早期的混合式智慧卡是嵌入兩顆晶片，同時擁有接觸式和非接觸式存取方式的晶片，以應付不同的存取介面，稱為「Hybrid Card」。

   新一代的智慧卡，同時提供兩種存取方式，而只使用一顆晶片，稱為「Combi Card」。Combi Card 的便利性可以符合各式各樣的業界需求和應用。

三、依照應用系統分類

各家廠商在開發智慧卡的過程中，皆有自己的開發介面和指令集，因此，系統開發人員需要非常熟悉底層通信介面和協定，才能將各種應用導入智慧卡。所以，在開發智慧卡應用系統時，需要花費較多時間和金錢，以結合各種不同系統的開發。

另一方面，大多數的智慧卡作業系統只能夠運作在專屬的卡片上，為了開發良好的應用程序，通常必須使用卡片的功能。而這些功能可能已經超越了 ISO 7816 中的規範。因此，開發應用程式在一類智慧卡上，就很難移植到另一類的智慧卡。

1. **Java**

   在以前，每個智慧卡製造商對自己卡片的作業系統都有獨特的指令集，為了能夠統一發展介面，1996 年 Java 卡規範被推出，該規範支持一卡多用途。在 Java 卡上可以同時存在多個不同的應用，載入不同的執行碼，就可以執行不同的應用。

   Java 卡的發展，針對各種複雜的開發程序，希望發展一套統一的標準作業介面。其主要的特點是高移植性（或稱可攜性）和防護安全。

   Java 卡的內部結構如圖 12.7 所示，由下到上分別是作業系統和基本函式、Java 卡虛擬機（Virtual Machine，VM）、Java 卡框架（Framework）、Java 卡產業增掛類別（Industry Add-on Classes）、執行碼（Applet）。

   作業系統和基本函式負責處理底層的系統命令；而 Java 卡虛擬機則是作為程式語言和智慧卡介面的溝通橋樑，將程式語言編譯為智慧卡可接受的形式。Java 卡框架為開發人員提供程序執行所需要的環境。Java 卡產業增掛類別則是可以提供特殊服務的介面，滿足開發人員的需求。執行碼就是一般人使用卡片時會看到的程序，開發人員可以彈性加入或刪除程序。

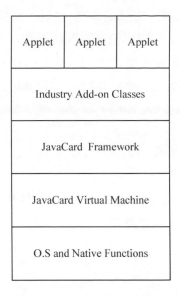

圖 12.7　Java 卡內部結構

2.　Multos

Multos 智慧卡作業系統是由 Mondex 和 MasterCard 所領導，是獨立的作業系統，也適合多方位的應用。Multos 特別以高安全著稱，常用於金融和財務方面。更被評定為智慧卡作業系統安全性的最高級，對於安全的要求極為嚴謹。

3.　GSM（Global System for Mobile Communications）

GSM 是起源於歐洲的移動通訊技術標準，俗稱 2G。GSM 標準的開發是為了使全球各地使用共同的移動通訊網路，讓使用者無論到何地，都可以使用同一部手機，無需轉換設備。GSM 是開放的標準，電信營運商依照標準佈建通訊基地台，只要電信營運商間達成漫遊協議，那麼用戶就可以在兩個電信營運商系統間切換，達成國際漫遊的目的。

在 GSM 系統使用的智慧卡，稱為 SIM 卡（Subscriber Identity Module），可以保存用戶資料和電話簿，用戶使用不同手機依然可以保存自己的數據資料。

4.　EMV

EMV 是由 Europay、MasterCard、VISA 三大國際組織英文名稱的字首所組成，是自動櫃員機（ATM）和金融智慧卡以及終端設備的標準，藉以達成安全交易和認證。智慧卡符合 EMV 標準就稱為 EMV 卡，對於智慧卡的要求大部分依照 ISO 7816 的規範。

在 2010 年初，或者正確來說，應該是 2009 年底，劍橋大學的研究人員就已經發現 EMV 協議的重大漏洞，爲了相關單位有時間修補和改正錯誤，到了 2010 年才發表。這個漏洞可以讓任何人拿著撿來或偷來的卡片，在終端設備上輸入任何密碼，都會被判定身分認證通過，然後完成交易並扣款。這個漏洞的攻擊手法是屬於中間人攻擊（Man-in-the-middle attack）。

12.3 智慧卡標準

ISO/IEC 7816 是智慧卡的重要標準，大部分的智慧卡製造商，都會符合這個標準。ISO/IEC 7816 共有 15 個部分，參考表 12.2。

表 12.2 ISO/IEC 7816 說明

ISO/IEC 7816 項目分類	功能說明
Part 1 Physical characteristics	定義對卡片的物理規範，其中包含智慧卡的工作環境要求和其他使用上的規定。
Part 2 Dimensions and location of the contacts	定義卡片上的接腳位置和卡片的尺寸。
Part 3 Electrical interface and transmission protocols	定義電子訊號和傳輸協定。
Part 4 Organization security and commands for interchange	這個部分包含以下的內容： • 連接介面上，命令和回應的內容所代表的意義。 • 取得卡片中資料的方式。 • 描述卡片中工作特徵的歷史和內容。 • 連接介面處理命令時，在卡片中的應用程式和資料的結構。 • 卡片中檔案和資料的存取方式。 • 對卡片中的檔案和資料提供安全方式，設定存取的權限。 • 卡片中識別和定址應用程式的方法和機制。 • 安全傳輸的方式。 • 卡片的存取演算法。
Part 5 Registration of application providers	如何通過國際認可授權並獲得應用程式標示。
Part 6 Interindustry data elements for interchange	為了產業間的往來，指定資料元素（Data Elements，DEs）。
Part 7 Interindustry commands for Structured Card Query Language	智慧卡的結構化查詢語言。

表 12.2　ISO/IEC 7816 說明（續）

ISO/IEC　7816 項目分類	功能說明
Part 8 Commands for security operations	智慧卡有關安全方面的指令。
Part 9 Commands for card management	智慧卡管理的相關指令。
Part 10 Electronic signals and answer to reset for synchronous cards	規定智慧卡在終端設備和介面間在同步傳輸時，電源、信號結構的相關事項。
Part 11 Personal verification through biometric methods	定義智慧卡使用生物特徵方法來做身分驗證的相關事項。
Part 12 Cards with contacts -- USB electrical interface and operating procedures	定義智慧卡使用 USB 當作存取介面的操作條件。
Part 13 Commands for application management in multi-application environment	描述開發 Global Platform 標準的相關事項，例如安全通道協議。
Part 15 Cryptographic information application	定義智慧卡的加密訊息應用。

　　在非接觸式智慧卡方面，一般民眾使用的卡大部分採用 ISO/IEC 14443 作為規範，資料傳輸較快。而另一個規範 ISO/IEC 15693 則常使用在物流管理，卡片和讀卡機的有效距離比起 ISO/IEC 14443 較長。參考表 12.3 和表 12.4。

表 12.3　ISO/IEC 14443

ISO/IEC 14443	內容概要
Part 1 Physical characteristics	定義了實際特性，規範硬體外觀。
Part 2 Radio frequency power and signal interface	規範射頻功率和信號介面。
Part 3 Initialization and anticollision	定義初始化程序和防碰撞協定。
Part 4 Transmission protocol	讀卡器和智慧卡之間的傳輸協定。

表 12.4　ISO/IEC 15693

ISO/IEC 15693	內容概要
Part 1 Physical characteristics	定義了實際特性，規範硬體外觀。
Part 2 Air interface and initialization	定義了傳輸介面。
Part 3 Anticollision and transmission protocol	定義傳輸協定和防碰撞機制。

12.4 智慧卡的安全機制

因為智慧卡具備多層的安全保護措施,所以,安全性高是其重要的特點。這些安全保護措施包括:持卡人身分識別、卡片真偽的鑑別、資料存取安全控制、資料加密處理。

12.4.1 持卡人身分識別

最常見的身分識別是輸入發卡單位或是使用者決定的密碼(Password),使用者可替換成自己容易記憶的密碼,採用密碼的輸入,來識別持卡人的身分。因為智慧卡本身具有基本運算處理的能力,這些密碼認證的機制,並不需要傳回到網路上的主電腦去執行,在卡片端便可以完成。

對伺服器而言,以往做身分驗證時,伺服器都必須儲存密碼表(Password Table),內容是使用者 ID 對應的密碼。但是這種作法會有安全的疑慮,一旦伺服器遭到入侵,密碼表很可能被偷走。若將身分驗證的程序在卡片端完成,可降低伺服器遭受攻擊的機率,和節省儲存密碼表的記憶體空間。但是在卡片端身分驗證的作法,極可能遭受中間人攻擊,所以卡片端和伺服器端的通訊協定必須審慎設計。

12.4.2 卡片真偽鑑別

為考量安全性,可以在智慧卡的內部,儲存如 DES、AES、RSA 等演算法的加密軟體,或是在卡片內含加密功能的硬體電路,這些加密軟體機制可以提供讀卡機與智慧卡間相互認證的功能,因而可以做到鑑別卡片真偽的目的。

12.4.3 資料存取控制

為防止未經授權的存取,以保護資料的隱密性,在實體或邏輯上均可強化保護機制,以確保智慧卡資料的安全。

在邏輯的保護機制上,智慧卡可以具有分區控管的能力,以便限制僅能夠讀取某一區塊的資料,而不能夠讀取其他區塊的資料。而在實體的保護機制上,智慧卡具有破壞偵測電路(Tamper Detection and Zeroization),當智慧卡受到破壞時,能夠在極短的時間內消除晶片卡中的所有機密資料,使得重要資料不致外洩。

12.4.4　資料加密

在智慧卡內可以實做 DES、RSA、Hash 等加密或簽章演算法之軟硬體，將重要資料以加密後的密文型式儲存在智慧卡內。因此，即便資料被竊取，如果沒有正確的解密金鑰，就無法得知原始資料的內容。例如，秘密金鑰或個人通行碼就可用加密後的密文形式儲存在智慧卡內。

12.5　智慧卡攻擊手法

所有的智慧卡都必須具備某些形式的保護，抵抗駭客的攻擊；無論是單純的破壞，或企圖竊取和竄改智慧卡中的機密資料。以下介紹幾種典型的攻擊手法。

12.5.1　實體攻擊

利用多種手法，將智慧卡晶片外層的塑膠和多項的保護層去除，讓智慧卡晶片暴露在外。然後接上細小的探針，就可能可以讀出或直接竄改晶片中的記憶體區段。為防止上述的攻擊手法，製造商使用更加安全的保護層，讓智慧卡晶片很難暴露出來，增加攻擊的困難度。

假使晶片被取出，攻擊者可以直接使用探針對晶片做攻擊。以下的機制可以防備某些攻擊。

1. **匯流排干擾（Bus Scrambling）**：攻擊者可以將探針接到晶片上的位址和資料排線接口，進入記憶體區段。此時攻擊者可以被動的監視通過匯流排的值，或是主動的傳送特定位址查看其中儲存的值。為防備此種攻擊，可以不停的變換位址線和資料線，使得攻擊者無法知道什麼位址被修改，或是某個值存在什麼位址。

2. **假匯流排傳送（Fake Bus Transactions）**：假造一個匯流排傳送隨機值和位址給處理器，將這些假造的資料和真實的資料混合，讓攻擊者無法分辨。

3. **匯流排分層（Bus Layering）**：將位址線放在晶片外，資料線和記憶體放在晶片內。假使攻擊者為了插入探針存取資料線和記憶體，而將晶片外層去除，會使得位址線也被切斷，這將無法對晶片進行操作。

4. **變動時脈頻率**：假使智慧卡具有加密功能，當處理器在執行加密演算法時，處理位元 1 和位元 0 所消耗的電量會不同。攻擊者依照這個資訊，統計電量的變化完成差異電量分析（Differential Power Analysis），很可能可以得知資料的內容。某些廠商會隨機改變時脈頻率，時脈頻率增高會使得耗電量加大。反之，則是降低。藉由採取這個防備機制，擾亂攻擊者的統計結果，使其無法藉由電量消耗，以猜測所處理的資料。

12.5.2　改變時脈頻率

時脈會由讀卡機透過智慧卡上的介面輸入到智慧卡中，作爲資料輸入和輸出的同步化，讀卡機和智慧卡依照時脈，判斷何時該收送資料。改變時脈的頻率可以被用來作爲攻擊的手法，會使得智慧卡的處理器運作不正常。時脈必須是持續不間斷的運行，大部分的智慧卡處理器不能在沒有時脈的情況下運作。攻擊者降低時脈頻率，期望處理器產生錯誤，因而將記憶體中的資料全部輸出，或是其他有機可乘的情況。類似的情況也會發生在時脈頻率過高的時候。

預防上述攻擊的作法有兩種：其中之一是監控時脈，假使發生了預期之外的頻率改變，可以將處理器切換到安全模式，防止資料外洩和被竄改。另外一個是採用內頻，而不使用由讀卡機提供的外頻。用這種方法，真正與資料輸出和輸入相關的是內頻，改變外頻將不會影響處理器，但此方法比第一個方法複雜。

12.5.3　插入高頻時脈

另一個使用時脈作爲攻擊媒介的手法爲：在正常的時脈頻率中，插入一段高頻的時脈頻率。對某些智慧卡而言，這類的攻擊手法，會使得處理器錯過數個應該執行的指令。精確的使用這樣的攻擊，可以跳過特定的指令。

要防備這類攻擊，可以使用低頻的濾波器，排除高頻的時脈頻率，或是使用內部產生的時脈頻率，讓外頻無法作用，此種攻擊因而無法奏效。

12.5.4　改變電壓

假如智慧卡的電壓下降到某一臨界值，微處理器將會無法正常運作。此時記憶體和暫存器的值可能被改變。雖然無法預測最後會產生什麼結果，但是攻擊者可能會從結果中找到有用的資訊。現在的卡片製造商生產智慧卡時，幾乎都會設計微處理器能夠檢測低電壓，防備上述的攻擊。

12.6　智慧卡應用

由於智慧卡的安全性和便利性，許多安全相關的產業，都會用到智慧卡或是使用智慧卡作為儲存的媒介。智慧卡可以儲存個人的機密資料，例如憑證或是個人金鑰，搭配 PKI 以建立安全完善的交易制度。另一種作法是將需要保密的運算在智慧卡中執行，例如加密演算法等。

雖然智慧卡的執行效能比不上一般電腦，但是將機密的運算在智慧卡中執行，確保在運算過程中，不會有金鑰外洩的風險，也不會被監看。在表 12.5 列舉了在各個領域的智慧卡應用。

表 12.5　智慧卡在各領域的應用

智慧卡應用領域	智慧卡應用系統
交通運輸業	悠遊卡、高速公路電子收費
金融業	提款卡、電子錢包
通訊業	SIM 卡
健保醫療業	健保 IC 卡
電子化政府	電子護照、自然人憑證
教育學術	校園 IC 卡
門禁管制	宿舍門禁管制

12.7　智慧卡與 PKI

在 PKI 架構中，身分驗證是非常重要的一環。為了防止身分被冒用，並且達成交易雙方的不可否認性，需要完善的流程。智慧卡擁有下列幾項優點，適合在 PKI 架構中，擔當重要的角色。

1. 每張智慧卡晶片都會有一串序號，這串序號是獨一無二的。並且，當使用智慧卡服務時，都會要求輸入 PIN 碼。因此，要在 PKI 使用服務，就要同時擁有這張智慧卡，而且要通過卡中的身分認證。而 PKI 憑藉這兩項安全因子辨識使用者身分，所以智慧卡是個雙因子的認證工具。

2. 智慧卡擁有安全防護，機密資料放在卡中，很難被竄改和非法讀取。例如，個人憑證或是金鑰。

3. 近年來，智慧卡微處理器的效能增強，足以負擔非對稱式加密演算法的龐大運算量。在卡中執行加密演算法，一方面可以避免輸出金鑰，減少金鑰被竊取的風險；另一方面，執行運算程序時，也可以防止結果被竄改。

上述的幾項優點，加上智慧卡攜帶方便，讓智慧卡在現行的 PKI 應用中，成為代表個人身分的主要媒介。

12.8 特殊的智慧卡應用

隨著智慧卡產業的發展，愈來愈多的應用服務被開發，帶來便利性和安全性。當智慧卡已經充斥在我們生活周遭，每個人都可能隨身攜帶好幾張卡片，再加上手機或是 PDA，我們還要帶多少東西在身上，才能夠正常生活？

為了滿足行動商務的安全需要，國內廠商開發出結合 microSD 記憶卡和智慧卡晶片的 microSD 智慧卡。將智慧卡晶片放在 microSD 中，提供行動商務的安全服務。如圖 12.8 所示，在原本的 microSD 記憶體，疊上智慧卡晶片，讓原本 microSD 記憶卡成為提供多項應用的智慧卡。

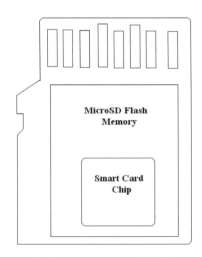

圖 12.8　microSD 智慧卡

如此結合會有下列多項好處和應用。

1. 目前市面上的手機和 PDA，大部分都能夠存取 microSD 記憶卡；智慧卡晶片經由 microSD 的介面，就能夠提供服務，相當便利。

2. 用 3G 手機瀏覽網路愈來愈盛行，但是，假如要線上購物或刷卡，通常需要再外接 讀卡機，這對使用者而言，非常的不方便。假如金融單位採用 microSD 智慧卡作爲 金融卡，對消費者而言，透過手機就可線上購物，並且刷卡完成交易，也不需擔心 安全的問題，將會是非常方便。

3. 有鑑於竊聽的風險愈來愈大，無論是合法或非法的竊聽，都會侵害用戶的自由。由 於 microSD 智慧卡有硬體加密的優點，結合手機後，開發出保密電話，或者是保密 網路電話（VOIP），可杜絕竊聽。

4. microSD 智慧卡可以結合電子錢包的功能，將現金儲值在卡中，進行小額消費。一 旦餘額不足，可經由手機通訊網路或是 3G 網際網路，連到銀行網頁，就可對卡片 進行儲值，無需再到 ATM 或是儲值機加值。

5. 許多銀行或是遊戲公司，會發給客戶一次性密碼產生器（One Time Password Generator），讓客戶在登入或是使用服務時，多一層身分認證的安全機制。但是這 些產生器有些會有壽命限制，一旦使用年限到期，就要另外再發給客戶新的產生 器，造成成本上升。

   使用 microSD 智慧卡，就可以將一次性密碼的程序放在智慧卡晶片中，只要開發出 對應的軟體，客戶手機就可以變成產生器，也不容易遺失。

6. microSD 卡的記憶體容量，比起一般智慧卡晶片而言多出許多；microSD 卡和智慧 卡晶片做結合後，microSD 智慧卡同時兼具安全和大容量。可以在手機上將想要保 存的訊息或是文件，透過智慧卡晶片加密後，存放到原本 microSD 的記憶體，即使 手機遺失，沒有通過身分認證，也無法讀取加密的檔案。

習 題

1　第一款智慧卡是在哪個年代由誰發表的？

2　智慧卡裡包含了哪些實體結構？積體電路晶片包含了哪些？

3　智慧卡有哪些接觸點，分別是什麼功能？

4　根據應用系統不同分類，智慧卡分為哪些種類？

5　依讀取介面分類，智慧卡有哪三種？

6　智慧卡的安全機制有哪些？

7　針對智慧卡的實體攻擊有哪些方式？

8　智慧卡在各領域有哪些應用？

9　智慧卡的密碼認證機制，為什麼不需要透過網路傳回到主電腦去執行認證，而是在卡片端便可以完成？

10　什麼是 EMV 卡？

參考文獻

[1]　Smart Card Basics: http://www.smartcardbasics.com/overview.html

[2]　Smart Card: https://en.wikipedia.org/wiki/Smart_card

[3]　Smart Cards Security: http://www.smartcardbasics.com/smart-card-security.html

[4]　Smart Card Technology and Security https://people.cs.uchicago.edu/~dinoj/smartcard/security.html

[5]　William Stallings, Cryptography and Network Security: Principles and Practice, 7th Edition, Published　by Pearson, 2017.

[6]　林祝興、張明信，資訊安全概論，3rd Ed.,旗標出版股份有限公司，2017。

[7]　RSA Security Company，http://www.rsasecurity.com。

[8]　First Bus Company，http://www.nwfb.com.hk。

[9]　ISO/IEC 7816，http://en.wikipedia.org/wiki/ISO/IEC_7816

[10]　ISO/IEC 14443，http://en.wikipedia.org/wiki/ISO/IEC_14443

[11]　SafeNet Company，http://www.safenet-inc.com。

CHAPTER 13

智慧卡與憑證實務

前一章介紹了智慧卡的背景知識，本章介紹智慧卡與數位憑證的實務應用。智慧卡晶片需要一部讀卡機連結到電腦；也需要專用的函式庫，才能讓電腦來操作智慧卡。本章說明：智慧卡存取介面、智慧卡簽章與驗證、智慧卡加密與解密、智慧卡身分驗證、以及智慧卡其他操作等。並透過實際操作畫面，介紹詳細的步驟。

13.1 智慧卡存取介面

　　智慧卡晶片就像一般硬體，它需要一部讀卡機連結到電腦；也需要專用的函式庫，才能讓電腦來操作智慧卡。如圖 13.1 所示，每個晶片都有各自的函式庫，函式庫提供電腦控制晶片來產生金鑰、進行簽章、加解密等功能。試想，如果每家廠商所提供的函式庫，操作方法皆不一樣，當您開發了一套系統，可以操作三張不同廠商生產的晶片，那麼您就必須撰寫三套與函式庫相連的介面，這對系統發展是非常不利的。

　　因此，操作智慧卡必須使用一個共通的介面，各家廠商所提供的函式庫，只要符合存取介面（Interface）要求的標準（如：進入點，Entry Point）、參數型態等，您就可以直接向存取介面要求：「請幫我將這串訊息，由智慧卡 B 來進行數位簽章，並回傳簽章值給我。」

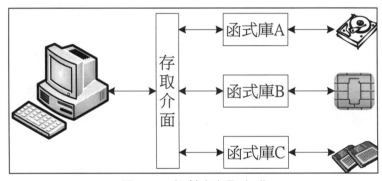

圖 13.1　智慧卡存取方式

　　目前最常使用的存取介面為：CSP 及 PKCS #11。通常，購買智慧卡所附的 SDK，就會提供這兩種介面，同時也會附上 SDK 說明文件。

　　此外，當您購買智慧卡時，廠商會附上一組軟體工具（有些廠商會獨立販售，購買時請注意），讓管理者（您）可以進行一些晶片的管理工作：

1. 個人化（Personalization）：將晶片進行格式化，才能開始存放金鑰及憑證；當晶片內原本就有物件時，也會被清空。

2. 檢視晶片物件：可以用來檢視晶片內的所有物件，可以開啟其中憑證，也能看到公開金鑰，但是無法得知私密金鑰的內容，這就是智慧卡嚴謹之處；所以，要進行簽章、解密的動作，必須將訊息送到晶片裡處理。

3. PIN 碼管理：可以將 PIN 碼重設（Reset）。當 PIN 碼輸入錯誤的次數太多，將會被上鎖（Block），管理者可以將 PIN 碼解鎖（Unblock）。

13.1.1 使用 CSP

CSP（Cryptographic Service Provider）是微軟公司提出來的一個密碼編譯介面，這個介面可以讓各種應用程式用來進行各種密碼編碼、解碼的工作。舉例說明（如圖13.2），您想使用 Outlook 程式，寫一封「數位簽章」的電子郵件給一位朋友，這時候 Outlook 程式就會向 CSP 要求進行數位簽章；而 CSP 就會與指定的函式庫溝通。

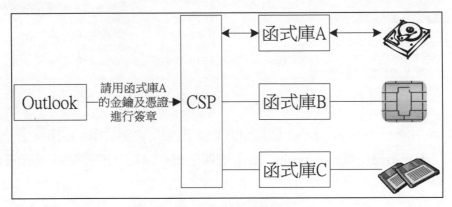

圖 13.2　CSP 範例

透過 CSP 介面，應用程式就能輕鬆進行各種編碼及解碼的動作。但是目前 CSP 僅限於微軟 Windows 作業系統才能使用，但或許某些時日後，某個作業系統也能支援 CSP。

那麼，當您要自己開發一套系統，透過 CSP 來控制晶片（或其他儲存著金鑰及憑證的空間），您就必須使用 CryptoAPI（簡稱 CAPI）。如圖 13.3 所示，CAPI 是微軟提供的一套加密 API，它可以讓您的程式來操控 CSP，本章後面將使用 Visual Studio C# 來示範，如何透過 CAPI 及 CSP 來控制您的智慧卡。

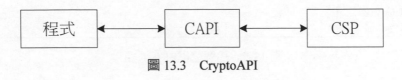

圖 13.3　CryptoAPI

廠商所提供的 CSP 函式庫，大都是 DLL（Dynamic-link Library），在 CSP 將會指定這個 DLL 檔。以下我們將示範如何查詢電腦上的 CSP。

請您執行 regedit.exe，接著一一展開下列機碼路徑：

```
HKEY_LOCAL_MACHINE\SOFTWARE\Microsoft\Cryptography\Defaults\Provider
```

接著，您將可以看到在這部電腦裡的所有CSP列表。在圖13.4左側中，「Provider」底下就是各個 CSP，裡面有一個「HiCOS PKI Smart Card...」，這是中華電信的智慧卡CSP[1]，本章後面的部分將會使用這個CSP來操作中華電信的智慧卡。

Defaults	名稱	類型	資料
Provider	(預設值)	REG_SZ	(數值未設定)
Chunghwa TL HiCOS PKICard	Image Path	REG_SZ	C:\Windows\system32\HiCOSCSPv32.dll
HiCOS PKI Smart Card Cryptog	PINCaching	REG_DWORD	0x00000750 (1872)
Microsoft Base Cryptographic P	SigInFile	REG_DWORD	0x00000000 (0)
Microsoft Base DSS and Diffie-H	Type	REG_DWORD	0x00000001 (1)
Microsoft Base DSS Cryptograp	WinLogon	REG_DWORD	0x00000000 (0)
Microsoft Base Smart Card Cryp			

圖 13.4　CSP 列表

圖 13.4 右側，「Image Path」就是這個 CSP 所使用的函式庫，它指向了一個 DLL 檔，也就是說，當應用程式（Application）呼叫這個 CSP 時，其實是呼叫這個 DLL 檔來完成任務。

另外，在這個例子中，「Type」值為"1"，您可以展開以下這個機碼：

```
HKEY_LOCAL_MACHINE\SOFTWARE\Microsoft\Cryptography\Defaults\Provider
Types
```

展開後，將列出目前支援的加解密提供者種類；較常用的是"1"，也就是 RSA Full。如圖 13.5。

Provider Types	名稱	類型	資料
Type 001	(預設值)	REG_SZ	(數值未設定)
Type 003	Name	REG_SZ	Microsoft Strong Cryptographic Provider
Type 012	TypeName	REG_SZ	RSA Full (Signature and Key Exchange)
Type 013			
Type 018			
Type 024			

圖 13.5　加解密提供者種類

---

[1] 中華電信的智慧卡，不管是卡片式的，或是 USB Token（HiKey），都是用這個 CSP（目前為止）。支持國產，可以購買國產品，相關資訊請見：http://hikey.hinet.net/。

13.1.2　使用 PKCS #11

PKCS #11 是 RSA Laboratories 公司所發表的一個標準，全名爲 Cryptographic Token Interface Standard。顧名思義，就是使用在 Token（智慧卡、USB Token 等）的一個標準。

有別於微軟的 CAPI（CSP），PKCS #11 提供了一套 API（稱爲 Cryptoki，即 CRYPtographic TOKen Interface）。這套 API 是使用 C 語言（有物件導向概念）撰寫而成，可以達到跨平台的需求。因此，常常被應用在網頁內嵌元件來應用，因爲使用者的作業系統可能不是 Windows。

然而，相較於微軟 CAPI，CAPI 已經被包成一個好用的套組（Package），要執行簽章、加密的動作，相當的輕鬆；用 PKCS #11 的方式，卻可能要修改原始碼。因此，完全應用在 Windows 作業系統下的程式，可以使用 CAPI（CSP）；要執行跨平台的程式，就可以使用 PKCS #11 來完成。

13.2　智慧卡與 Windows CA

接下來的範例，我們將使用中華電信的 HiCOS 智慧卡，結合微軟 Windows CA，並使用 Visual Studio C#語言進行開發。

13.2.1　初始化智慧卡

智慧卡就像一般的儲存設備，它擁有自己的儲存空間，因此在存放金鑰、憑證之前，必須將卡片進行初始化（Personalization）。當您購買了一套智慧卡，會附上一個管理軟體，這個管理軟體可以讓您初始化智慧卡、重設 PIN 碼、PIN 碼解鎖及其他應用。

請備妥智慧卡讀卡機（USB Token 除外）、插入智慧卡，並安裝廠商所提供的 SDK 軟體後，開啓智慧卡的管理軟體。圖 13.6 是中華電信之管理軟體，進行初始化時，必須輸入 Transport Key（購買智慧卡時，廠商就會告訴您），完成初始化後，就可以產生金鑰及憑證了。請注意，當您的智慧卡中有物件時，再次執行初始化，會將這些物件全部刪除。

圖 13.6 智慧卡初始化（Personalization）

13.2.2 設定憑證範本

請登入到 Windows CA Server，並開啓憑證範本的管理介面。我們必須在智慧卡中，建立兩張憑證：一張用來加解密，另一張用來做數位簽章。因此我們必須建立兩個憑證範本。

請在「**使用者**」這個範本上按「**右鍵**」 / 「**複製範本**」，接著爲這個範本取個名稱（如圖 13.7）。

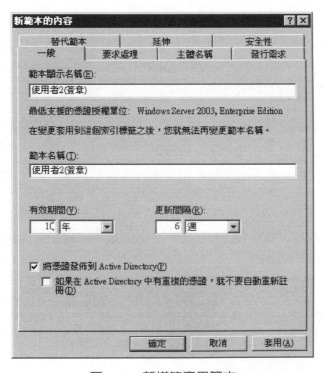

圖 13.7 新增簽章用範本

接著請切換到「**要求處理**」頁籤,將「**目的**」設定為「**簽章**」;按下「**CSP**」按鈕,進入圖 13.8 畫面,勾選適當的 CSP,如此,在產生金鑰及憑證時,便可限制某個(些)CSP 才能使用。

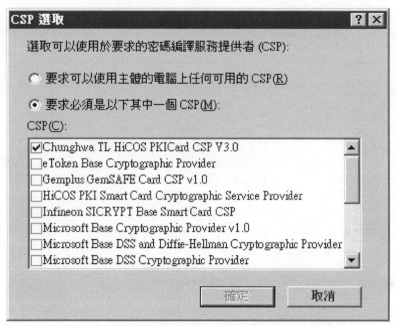

圖 13.8　限制 CSP 存取

切換到「**延伸**」頁籤,編輯「**金鑰使用方式**」,勾選「**簽章是原件證明(不可否認性)**」。

編輯「**發佈原則**」,新增「**中度保證**」。

編輯「**應用程式原則**」,請確定至少有這些原則:

1. 加密檔案系統
2. 安全電子郵件
3. 用戶端驗證
4. 數位權利
5. 智慧卡登入

按下「**確定**」來建立這個範本。接著,請用同樣的方式,再建立一個「加密」的範本,以下僅列出不同於「簽章」範本之處。

在「**要求處理**」頁籤下,「**目的**」設定為「**加密**」;「**延伸**」頁籤中,編輯「**金鑰使用方式**」,將「**允許使用者資料加密**」打勾;編輯「**發佈原則**」,新增「**中度保證**」;編輯「**應用程式原則**」,至少應與剛剛「**簽章**」範本一樣,若不足之處可自行新增。

最後,請將剛剛新增的兩個範本,加入到可挑選的列表中(如圖 13.9),否則稍後在發行憑證時,將沒有憑證可供選擇。

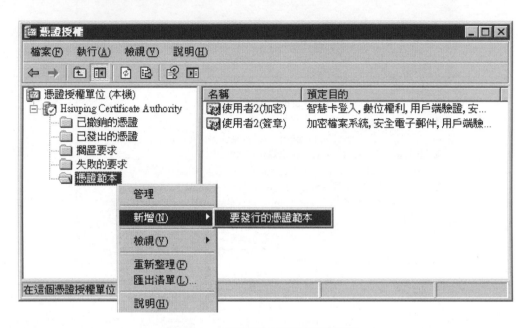

圖 13.9　新增要發行的憑證範本

13.2.3　產生金鑰及憑證

接下來,我們要使用 Windows CA 在智慧卡中產生一張簽章用憑證、一張加解密用憑證,以及兩組金鑰對(每張憑證各有一組)。

請使用微軟的 Internet Explorer 開啓下列網址:

```
http://CA網址/certsrv
```

進入「**要求憑證**」 / 「**向這個 CA 建立並提交一個要求**」,請將憑證範本設定為剛剛所建立的憑證範本(簽章用),並將相關資訊填妥。如圖 13.10。

圖 13.10　安裝憑證（1/3）

由於目前卡片的內容空無一物，因此請選擇「**建立新的金鑰組**」；選擇正確的 CSP，才能將憑證寫入卡片中。「**金鑰使用方式**」只能選取「**簽章**」，因為我們所選的憑證範本中，限定只能使用「**簽章**」。「**金鑰大小**」是依 CSP 及智慧卡而定，這張智慧卡只提供 RSA-1024bit。待會我們將會產生一組金鑰對，這組金鑰對會被儲存在一個「**金鑰容器**」（Key Container）中，為了以後程式撰寫方便，我們將每一張卡片的金鑰容器名稱都設定為一致，因此請選擇「**使用者指定的金鑰容器名稱**」，並輸入一個名稱（如：k1）。如圖 13.11。

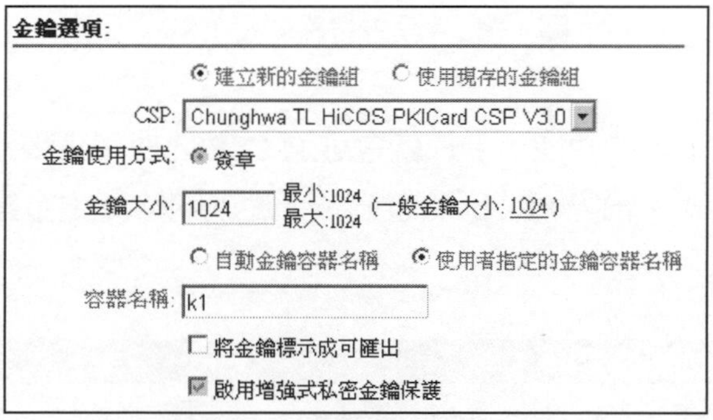

圖 13.11　安裝憑證（2/3）

「**雜湊演算法**」與「**金鑰大小**」一樣，是由 CSP 或智慧卡所提供，這張卡片只提供 MD5 及 SHA-1，因此只能二選一；您可為這張憑證取一個別名，將別名輸入在「**好記的名稱**」欄。如圖 13.12。

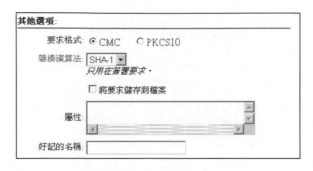

圖 13.12　安裝憑證（3/3）

資訊輸入完畢後，請按下「**提交**」鍵。這時候，電腦就會透過 CSP 來要求您的智慧卡自行產生一組金鑰對及 CSR（圖 13.13），請按「**是**」。

圖 13.13　產生金鑰對及 CSR

凡是會觸及私密金鑰的功能，卡片就會透過 CSP 向使用者要求輸入 PIN 碼，這是智慧卡保護金鑰的方式。輸入 PIN 碼驗證後，卡片就開始產生金鑰對，及 CSR 資訊。如圖 13.14。

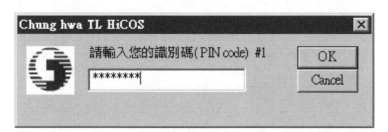

圖 13.14　輸入 PIN 碼

產生完金鑰對及 CSR 後，CA 便核發一張憑證到您的電腦了。請按下「**安裝這個憑證**」連結，電腦就會將這張憑證，透過 CSP 安裝到智慧卡裡。如圖 13.15。

憑證已發出

您要求的憑證已發給您。

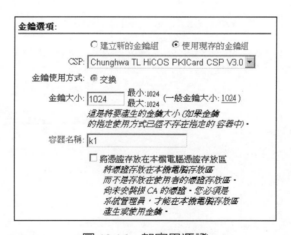 安裝這個憑證

圖 13.15　將憑證安裝到智慧卡

到目前為止，這張智慧卡裡面，已經有一個金鑰容器，容器裡儲存著一個金鑰對，另外還有一張簽章用的憑證。現在，我們要再產生一張加密用憑證。

請在剛剛的 IE 瀏覽器，按兩次「**上一頁**」，回到圖 13.10 的畫面（這樣就可以不必再輸入一次相關資料）。

請將「**憑證範本**」切換到加密用的範本。在「**金鑰選項**」區塊中，選擇「**使用現在的金鑰組**」，並在「**容器名稱**」輸入"k1"，這樣就可以讓兩個金鑰對，放在同一個容器中。如圖 13.16。

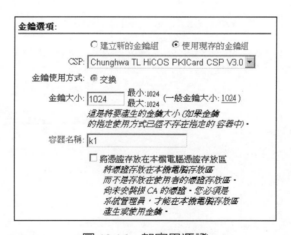

圖 13.16　加密用憑證

其他設定及流程與「簽章用憑證」相同，請您自行完成即可。完成憑證安裝後，智慧卡裡的物件，就會如同圖 13.17。請注意，憑證的順序錯誤，在程式中將會造成錯誤，因此務必先產生「簽章」憑證，再產生「加密」憑證。

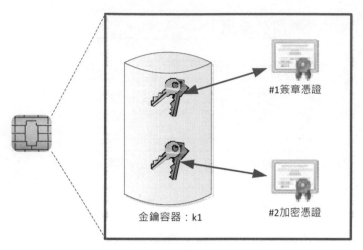

圖 13.17　卡片內物件

13.3　智慧卡簽章與驗章

13.3.1　數位簽章

首先，我們製作了一個 Windows 介面：如圖 13.18。

圖 13.18　智慧卡簽章

其中訊息欄及數位簽章欄的名稱各為 textBoxMessage 及 textBoxSignature。「簽章」按鈕名稱為 buttonSign。以下程式碼為 buttonSign 的 Click 事件：

❖ 程式範例 ch13-1.cs»

```
private void buttonSign_Click(object sender, EventArgs e)
{
    CspParameters cspParameters = new CspParameters();
    cspParameters.KeyNumber = (int)KeyNumber.Signature;
    cspParameters.ProviderName = "HiCOS PKI Smart Card Cryptographic
Service Provider";
    cspParameters.ProviderType = 1;
    cspParameters.Flags = CspProviderFlags.UseDefaultKeyContainer;

    RSACryptoServiceProvider rsaSigner;
    try
    {
        rsaSigner = new RSACryptoServiceProvider(cspParameters);
        byte[] byteSignature =
rsaSigner.SignData(System.Text.ASCIIEncoding.Default.GetBytes(this.
t
extBoxMessage.Text), "SHA1");
        this.textBoxSignature.Text =
Convert.ToBase64String(byteSignature);
    }
    catch
    {
        MessageBox.Show("讀取智慧卡失敗，請確定讀卡機或卡片是否插入。");
    }
}
```

CspParameters 類別是用來呼叫電腦中的 CSP，以下是 CspParameters 裡重要的屬性（property）說明：

屬性	型態	說明
KeyNumber	Int	指定使用哪一把金鑰。 (int)KeyNumber.Exchange = 1 為加密用金鑰； (int)KeyNumber.Signature = 2 為簽章用金鑰。
ProviderName	String	CSP 名稱，對應到機碼： HKEY_LOCAL_MACHINE\SOFTWARE\Microsoft\Cryptography\Defaults\Provider 下的其中一個。
ProviderType	Int	CSP 種類，對應到機碼 HKEY_LOCAL_MACHINE\SOFTWARE\Microsoft\Cryptography\Defaults\Provider Types 下的其中一個。通常為 1，也就是 RSA Full。
Flags	CspProviderFlags	用來指示 CSP 的行為，本範例中的 UseDefaultKeyContainer 就是用來指定預設的金鑰容器，如此就不必設定 KeyContainerName。除非您的金鑰放在不同的容器下。
KeyContainer Name	string	金鑰容器名稱，也就是剛剛的「k1」。可由 Flags 屬性來自動挑選。

設定好 CSP 參數後，我們把 cspParameters 物件傳給 RSACryptoServiceProvider 類別，就可以進行數位簽章了。而簽章的方法（method）為 SignData()，其使用方法如下：

```
byte[] SignData(byte[] buffer, object halg)
```

因此我們只要用 System.Text.ASCIIEncoding.Default.GetBytes() 來把訊息轉換為 byte 陣列，並指定一個雜湊演算法，就可以得到一組簽章值（byte 陣列）。

最後便可以將簽章值轉換為 Base64 編碼，顯示在 textBoxSignature 欄位上（或是儲存到資料庫中）。

請執行您的程式，並在訊息欄輸入一些文字後，按下「簽章」。這時，CSP 會提示輸入 PIN 碼（圖 13.19）。

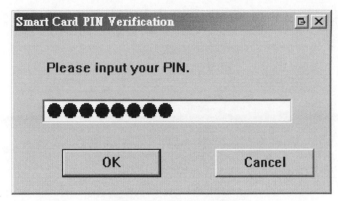

圖 13.19　輸入 PIN 碼

最後，您將可以得到數位簽章值（圖 13.20）。

圖 13.20　取得數位簽章

13.3.2　驗證簽章

驗證數位簽章的方法，就是拿簽章者的公開金鑰來將「**訊息的雜湊值**」解密，再與收到的「**數位簽章**」比對。

以下我們將介紹幾種驗證方式。

一、由智慧卡驗證

使用同一張智慧卡來簽章再驗證，就如同拿同一把鑰匙來上鎖、開鎖一樣，等同於多此一舉。因此，這個範例是展示用，不太可能直接應用在您的系統上。

在這個範例中，我們多了一個名爲 buttonVerify 的按鈕（13.21）：

圖 13.21　從智慧卡驗章

接下來，我們在「**驗證**」按鈕的 Click 事件編輯以下程式碼：

❖ 程式範例 ch13-2.cs»

```csharp
private void buttonVerify_Click(object sender, EventArgs e)
{
    CspParameters cspParameters = new CspParameters();
    cspParameters.KeyNumber = (int)KeyNumber.Signature;
    cspParameters.ProviderName = "HiCOS PKI Smart Card Cryptographic
Service Provider";
    cspParameters.ProviderType = 1;
    cspParameters.Flags = CspProviderFlags.UseDefaultKeyContainer;

    RSACryptoServiceProvider rsaSigner;
    try
    {
        rsaSigner = new RSACryptoServiceProvider(cspParameters);
        bool                        Verified                        =
rsaSigner.VerifyData(ASCIIEncoding.Default.GetBytes(this.textBoxMess
age.Text),                                                  "SHA1",
Convert.FromBase64String(this.textBoxSignature.Text));
        MessageBox.Show(string.Format("數位簽章驗證{0}", Verified ? "成功
" : "失敗"));
    }
    catch
```

```
    {
        MessageBox.Show("讀取智慧卡失敗，請確定讀卡機或卡片是否插入。");
    }
}
```

您會發現，這個驗證數位簽章的程式碼，與簽章時的差異不大，因為我們使用的是同一個卡片及 CSP。唯一相異之處為 RSACryptoServiceProvider.VerifyData() 這個方法，把原始訊息、使用的雜湊演算法，以及收到的數位簽章值傳給這個方法，就會請智慧卡把這個訊息解密、比對，比對後將會回傳結果，使用方法如下：

```
bool VerifyData(byte[] buffer, object halg, byte[] signature)
```

二、由 CA 驗證

要驗證數位簽章是否正確，必須要有簽章者的公開金鑰，最好是從 CA 取得公開金鑰；以下這個範例將介紹如何使用 LDAP 來向 CA 要求某個使用者的憑證，再拿憑證裡的公開金鑰來驗證簽章：

❖ 程式範例 ch13-3.cs»

```
private void buttonVerify_Click(object sender, EventArgs e)
{
    string strServerName = "CA網址或IP Address";
string strAuthID = "CA裡供驗證的帳號名稱";
    string strAuthPasswd = "strAuthID對應的密碼";
    string strUserID = "要取得的帳號名稱";
    DirectoryEntry entry = new DirectoryEntry("LDAP://" + strServerName,
strAuthID, strAuthPasswd);
    DirectorySearcher searcher = new
DirectorySearcher(string.Format("(&(objectCategory=Person)(objectCla
ss=user)(name={0}))", strUserID));
    searcher.SearchRoot = entry;
    searcher.SearchScope = SearchScope.Subtree;
    try
    {
        foreach (SearchResult result in searcher.FindAll())
```

```
        {
            for (int i = 0; i <
result.Properties["usercertificate"].Count; i++)
            {
                byte[] arrResult =
(byte[])result.Properties["usercertificate"][i];

                X509Certificate2 cert = new X509Certificate2(arrResult);
                RSACryptoServiceProvider rsaCSP = new
RSACryptoServiceProvider();

rsaCSP.FromXmlString(cert.PublicKey.Key.ToXmlString(false));
                bool Verified =
rsaCSP.VerifyData(ASCIIEncoding.Default.GetBytes(this.textBoxMessage
.Text), "SHA1",
Convert.FromBase64String(this.textBoxSignature.Text));
                if (Verified)
                {
                    MessageBox.Show("數位簽章驗證成功");
                    return;
                }
            }
        }
        searcher.Dispose();
        entry.Dispose();
    }
    catch { }
    MessageBox.Show("數位簽章驗證失敗");
}
```

　　首先，您必須確認幾個變數內容。請在 strServerName 設定 CA 的網址或 IP Address；稍後會使用 strAuthID 這個帳號，透過 LDAP 來登入到 CA，因此 CA 中必須先建立好這組帳號。

　　接著建立一個 DirectoryEntry 物件，用來連線到 CA；建立 DirectorySearcher 物件來搜尋簽章者的帳號（strUserID）內容。

　　我們使用 DirectorySearcher.FindAll() 來過濾搜尋結果，找到的結果（SearchResult），就能使用 SearchResult.Properties["usercertificate"] 來取出該使用者的憑證，因為一個使用者可能不止一個憑證，因此，我們必須將所有憑證一一列舉出來驗章。

　　取出來的憑證為 byte 陣列，我們可以將其轉換為 X509Certificate2 格式：

```
X509Certificate2 cert = new X509Certificate2(arrResult);
```

　　然後再將這個憑證傳給 RSACryptoServiceProvider 物件：

```
RSACryptoServiceProvider rsaCSP = new RSACryptoServiceProvider();
rsaCSP.FromXmlString(cert.PublicKey.Key.ToXmlString(false));
```

　　最後我們就能使用 RSACryptoServiceProvider.VerifyData() 方法來驗證數位簽章是否正確。

　　這個範例將會有一個風險存在，那就是 strAuthID 及 strAuthPasswd 這兩個變數，將會以明文方式傳遞至 CA，若被他人攔截，將可以對 CA 不利。因此，我們另外準備了一個範例，我們撰寫一個 ASP.NET 程式，存放於 CA 的 IIS，這個程式接受一組帳號，並將這個帳號的某一個憑證轉換為 Base64 格式顯示出來，Client 程式便能用這個憑證來驗章。

　　下面這段程式碼，請儲存至 IIS 下的某一個 ASP.NET 程式，例如 /adsi/getCert.aspx。這個程式能接受 name 及 certno 兩個參數，分別代表要讀取在 CA 裡的某個帳號，以及這個帳號下的第 n 個憑證。若找不到帳號或憑證，將會印出"-ERROR"，否則就會將憑證內容轉為 Base64 格式輸出。

　　其中 strAuthID 及 strAuthPasswd 兩個變數內容，請參考上一個範例。

❖ 程式範例 ch13-4.aspx»

```
<%@ Page language="c#" AutoEventWireup="false" %>
<% @Import Namespace="System.DirectoryServices" %>
<% @Import Namespace="System.IO" %>
<%
String strName = Request.QueryString["name"];
```

```
int iCertNumber = -1;
try
{
    iCertNumber = Convert.ToInt32(Request.QueryString["certno"]);
}
catch
{
    Response.Write("-ERROR");
}
if(strName != null && iCertNumber >= 0)
{
string strAuthID = "CA裡供驗證的帳號名稱";
    string strAuthPasswd = "strAuthID對應的密碼";
    DirectoryEntry entry = new DirectoryEntry("LDAP://localhost",
strAuthID, strAuthPasswd);
    DirectorySearcher searcher = new
DirectorySearcher("(&(objectCategory=Person)(objectClass=user)(name=
"+strName+"))");
    searcher.SearchRoot = entry;
    searcher.SearchScope = SearchScope.Subtree;
    try
    {
        foreach(SearchResult result in searcher.FindAll())
        {
            byte[] arrResult =
(byte[])result.Properties["usercertificate"][iCertNumber];
            string strCert = Convert.ToBase64String(arrResult);
            Response.Write(strCert);
        }
    }
    catch
    {
        Response.Write("-ERROR");
    }
    finally
    {
        searcher.Dispose();
        entry.Dispose();
```

```
    }
}
else
{
    Response.Write("-ERROR");
}
%>
```

　　以上程式是放在 CA Server，可以讀取 CA 的某個帳號的某張憑證內容，用 http 協定傳輸給 Client 端。以下這個 Method，是用來向 CA 要求一張指定的憑證，只要將其傳入指定的簽章者帳號（strUserPID）及某一張憑證（iCertNo），GetCertFromCA()就會回傳一個 X509Certificate2 物件；若找不到帳號或憑證，將會回傳 null。

❖ 程式範例 ch13-5.cs»

```
public static X509Certificate2 GetCertFromCA(string strUserPID, int
iCertNo)
{
    WebRequest webRequest = null;
    WebResponse webResponse = null;
    Stream stream = null;
    try
    {
        string strCertUrl = string.Format("http://CA網址
/adsi/getUserCert1st.aspx?name={0}&certno={1}", strUserPID,
iCertNo);
        webRequest = WebRequest.Create(strCertUrl);
        webResponse = webRequest.GetResponse();
        stream = webResponse.GetResponseStream();
        string strCertInfo = null;
        int iStreamCount = 0;
        byte[] byteBuffers = new byte[8192];
        do
        {
            iStreamCount = stream.Read(byteBuffers, 0,
byteBuffers.Length);
            if (iStreamCount != 0)
            {
```

```
            strCertInfo +=
System.Text.Encoding.ASCII.GetString(byteBuffers, 0, iStreamCount);
        }
    } while (iStreamCount > 0);
    if (strCertInfo == "-ERROR")
        return null;
    System.Text.ASCIIEncoding encoding = new
System.Text.ASCIIEncoding();
    byte[] byteCerts = encoding.GetBytes(strCertInfo);
    X509Certificate2 cert2 = new X509Certificate2(byteCerts);
    return cert2;
}
catch
{
    return null;
}
finally
{
    webRequest = null;
    if (webResponse != null)
    {
        webResponse.Close();
        webResponse = null;
    }
    if (stream != null)
    {
        stream.Close();
        stream = null;
    }
}
}
```

　　請注意，在 strCertUrl 變數中，必須指定您的 CA 網址或 IP Address。接著，我們就可以在「驗證」按鈕中進行解密的動作：

❖ 程式範例 ch13-6.cs»

```csharp
private void buttonVerify_Click(object sender, EventArgs e)
{
    for (int i = 0; ; i++)
    {
        X509Certificate2 cert = GetCertFromCA("簽章者帳號", i);
        if (cert == null)
        {
            MessageBox.Show("驗證失敗！");
            break;
        }
        RSACryptoServiceProvider rsaCSP = new
RSACryptoServiceProvider();
        rsaCSP.FromXmlString(cert.PublicKey.Key.ToXmlString(false));
        if
(rsaCSP.VerifyData(ASCIIEncoding.Default.GetBytes(this.textBoxMessag
e.Text), "SHA1",
Convert.FromBase64String(this.textBoxSignature.Text)))
        {
            MessageBox.Show("驗證成功！");
            return;
        }
    }
}
```

　　點擊這個按鈕時，會去呼叫 GetCerFromCA() 來取得憑證，當無法取得憑證時，代表 CA 上沒有這個帳號或沒有任何憑證，或是所有的憑證都拿來解密（驗章）過了，因此將顯示「驗證失敗」。

　　若有取得憑證，將會拿憑證裡的公開金鑰來將訊息及簽章值進行驗證，若驗證失敗，將自動取得下一個憑證，因此，我們必須要有一個 for 迴圈來一一列舉該帳號的所有憑證。

三、由本機憑證驗證

憑證也可以儲存在本機中，以下我們將由本機憑證儲存區中的憑證來完成驗章的動作：

❖ 程式範例 ch13-7.cs»

```csharp
private void buttonVerify_Click(object sender, EventArgs e)
{
    X509Store store = new X509Store(StoreName.My,
StoreLocation.CurrentUser);
    store.Open(OpenFlags.OpenExistingOnly);
    foreach (X509Certificate2 cert in store.Certificates)
    {
        RSACryptoServiceProvider rsaCSP = new
RSACryptoServiceProvider();
        rsaCSP.FromXmlString(cert.PublicKey.Key.ToXmlString(false));
        if
(rsaCSP.VerifyData(ASCIIEncoding.Default.GetBytes(this.textBoxMessag
e.Text), "SHA1",
Convert.FromBase64String(this.textBoxSignature.Text)))
        {
            MessageBox.Show("驗證成功");
            return;
        }
    }
    MessageBox.Show("驗證失敗");
}
```

我們使用 X509Store 類別來操作本機的憑證儲存區。在這個程式範例，將會以目前登入的使用者身分（StoreLocation.CurrentUser）來開啟「個人」憑證區（StoreName.My）裡的憑證。

接著我們用 store.Open() 來取得憑證區裡的憑證列表，再將這些憑證一一拿來驗證數位簽章的正確性。

13.4　智慧卡加密與解密

在這個小節裡，我們將介紹如何使用智慧卡來將一個訊息加密，再使用智慧卡裡的私密金鑰來將密文解密，圖 13.22 是這些範例的介面圖：

圖 13.22　加密及解密

圖 13.22 中的三個 TextBox 各為訊息、密文、解密後訊息對應的名稱，分別為 textBoxMessage、textBoxCipher、textBoxDecrypted；兩個按鈕的名稱分別為 buttonEncrypt（加密）、buttonDecrypt（解密）。

13.4.1　加密

將一個訊息加密，會使用到公開金鑰；而公開金鑰是公開讓大眾可以使用的。以下我們將介紹三種取得公開金鑰的方式，來將一個訊息加密。

一、由智慧卡加密

智慧卡中儲存著數位憑證，就代表也儲存了公開金鑰，我們就能拿來將資料加密。但是，這種方法通常不適合用來做交換，但適合作為個人資料保護。例如機密文件，作者希望該文件受到加密保護，當作者要使用這個文件時，則必須使用智慧卡來解密。

請在 buttonEncrypt 按鈕的 Click 事件加入以下程式碼：

❖ 程式範例 ch13-8.cs»

```
private void buttonEncrypt_Click(object sender, EventArgs e)
{
    CspParameters cspParameters = new CspParameters();
    cspParameters.KeyNumber = (int)KeyNumber.Exchange;
    cspParameters.Flags = CspProviderFlags.UseDefaultKeyContainer;
    cspParameters.ProviderName = "HiCOS PKI Smart Card Cryptographic
Service Provider";
    cspParameters.ProviderType = 1;
    RSACryptoServiceProvider rsaCSP = new
RSACryptoServiceProvider(cspParameters);
    this.textBoxCipher.Text =
Convert.ToBase64String(rsaCSP.Encrypt(ASCIIEncoding.Default.GetBytes
(this.textBoxMessage.Text), false));
}
```

　　我們先在 CspParameters 類別中指定所要使用的 CSP 及其他參數，接著呼叫
RSACryptoServiceProvider.Encrypt()方法來將訊息加密。加密過後的密文，
就會顯示在 textBoxCipher 欄位裡。

二、由 CA 取出憑證加密

　　當使用者要加密訊息給某個人，就可以直接向 CA 要求對方的憑證，再用其公開
金鑰來加密傳輸。

❖ 程式範例 ch13-9.cs»

```
private void buttonEncrypt_Click(object sender, EventArgs e)
{
    X509Certificate2 cert = GetCertFromCA("接收密文者帳號", 4);
    if (cert == null)
    {
        MessageBox.Show("找不到憑證！");
        return;
    }
    RSACryptoServiceProvider rsaCSP =
(RSACryptoServiceProvider)cert.PublicKey.Key;
```

```
    this.textBoxCipher.Text =
Convert.ToBase64String(rsaCSP.Encrypt(ASCIIEncoding.Default.GetBytes
(this.textBoxMessage.Text), false));
}
```

上列程式碼中的 `GetCertFromCA()` 方法，是向 CA 要求某個人的第 x 張憑證，使用方法可參考 13.2.2 的第二項「由 CA 驗證」。

三、由本機憑證加密

當您的憑證儲存區裡頭有數位憑證時，也可以直接取出來使用。

❖ 程式範例 ch13-10.cs»

```
private void buttonEncrypt_Click(object sender, EventArgs e)
{
    X509Store store = new X509Store(StoreName.My);
    store.Open(OpenFlags.ReadWrite);
    X509Certificate2 cert =
store.Certificates.Find(X509FindType.FindBySubjectName, "黃志雄",
true).Find(X509FindType.FindByKeyUsage,
X509KeyUsageFlags.DataEncipherment, true)[0];
    if (cert == null)
    {
        MessageBox.Show("找不到憑證！");
        return;
    }
    RSACryptoServiceProvider rsaCSP =
(RSACryptoServiceProvider)cert.PublicKey.Key;
    this.textBoxCipher.Text =
Convert.ToBase64String(rsaCSP.Encrypt(ASCIIEncoding.Default.GetBytes
(this.textBoxMessage.Text), false));
}
```

我們先使用 X509Store 來取出「個人」憑證區裡所有憑證並過濾指定的憑證擁有人名稱，以及金鑰使用方式為資料加密（X509KeyUsageFlags.DataEncipherment）的憑證。

接著就將這張憑證傳給 RSACryptoServiceProvider 來進行加密（Encrypt()
方法）。

13.4.2 解密

解密必須要有私密金鑰，而私密金鑰存放在智慧卡中，因為智慧卡的安全機制，
我們無法將私密金鑰取出來運用，因此，我們必須透過指定的 CSP，將密文傳送給智
慧卡解密，下列程式是解密的範例。

❖ 程式範例 ch13-11.cs»

```csharp
private void buttonDecrypt_Click(object sender, EventArgs e)
{
    CspParameters param = new CspParameters();
    param.KeyNumber = (int)KeyNumber.Exchange;
    param.Flags = CspProviderFlags.UseDefaultKeyContainer;
    param.ProviderName = "HiCOS PKI Smart Card Cryptographic Service
Provider";
    param.ProviderType = 1;

    RSACryptoServiceProvider rsaCSP = new
RSACryptoServiceProvider(param);
    this.textBoxDecrypted.Text = ASCIIEncoding.Default.GetString(

rsaCSP.Decrypt(Convert.FromBase64String(this.textBoxCipher.Text),
false)
        );
}
```

首先請指定好 CSP 參數，再使用 RSACryptoServiceProvider.Decrypt()
方法，就能取得原始訊息。

13.5 智慧卡的身分驗證

當我們了解了如何使用智慧卡來做數位簽章後，我們就可以開發一個介面，讓使用者插入智慧卡來登入您所開發的系統。下圖是使用智慧卡來進行使用者的身分驗證。如 13.23。

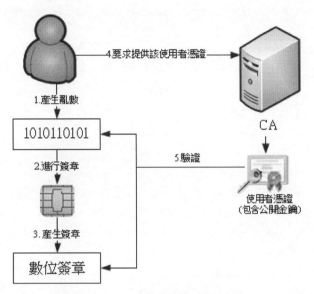

圖 13.23 智慧卡身分驗證流程

進行身分驗證的關鍵在於圖 13.23 的第一個步驟，也就是以一組亂數當成是被簽章的主體。由於要簽章的來源是亂數，才能保證只有當次有效。若不使用亂數，而是一組固定的值，那麼產生出來的數位簽章就必定每次都一樣，如此便會產生「重送攻擊（Replay Attack）」的弱點，因此程式設計時，一定要注意。

以下我們設計了一個登入表單，如 13.24：

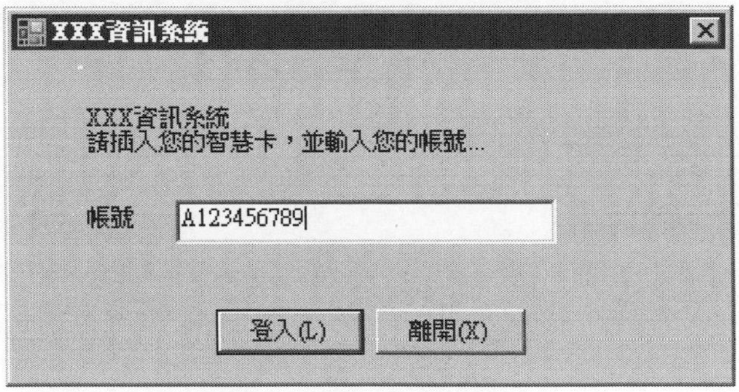

圖 13.24 身分驗證表單

這個表單可用來驗證使用者的身分，以確認是否可以使用您所開發的系統，圖中的帳號欄位（textBoxID），用來讓使用者輸入他在 CA 上的帳號，按下「登入」按鈕（buttonLogin）後，就會進行驗證；程式碼如下：

❖ 程式範例 ch13-12.cs»

```
private void buttonLogin_Click(object sender, EventArgs e)
{
    // 1.產生亂數
    Random random = new Random();
    byte[] byteRandom = new byte[10];
    random.NextBytes(byteRandom);

    // 2.取得數位簽章
    byte[] byteSignature = null;
    CspParameters cspParameters = new CspParameters();
    cspParameters.KeyNumber = (int)KeyNumber.Signature;
    cspParameters.ProviderName = "HiCOS PKI Smart Card Cryptographic
Service Provider";
    cspParameters.ProviderType = 1;
    cspParameters.Flags = CspProviderFlags.UseDefaultKeyContainer;
    try
    {
        //3.產生數位簽章
        RSACryptoServiceProvider rsaSigner = new
RSACryptoServiceProvider(cspParameters);
        byteSignature = rsaSigner.SignData(byteRandom, "SHA1");
    }
    catch
    {
        MessageBox.Show("讀取智慧卡失敗，請確定讀卡機或卡片是否插入。");
    }

    for (int i = 0; ; i++)
    {
        //4.向CA取得憑證
        X509Certificate2 cert = GetCertFromCA(this.textBoxID.Text,
i);
```

```
        if (cert == null)
        {
            MessageBox.Show("身分驗證失敗！");
            break;
        }
        //5.驗證簽章
        RSACryptoServiceProvider rsaCSP = new
RSACryptoServiceProvider();

rsaCSP.FromXmlString(cert.PublicKey.Key.ToXmlString(false));
        if (rsaCSP.VerifyData(byteRandom, "SHA1", byteSignature))
        {
            MessageBox.Show("登入成功！");
            return;
        }
    }
}
```

首先我們產生了一組 byte 陣列，用來儲存系統產生的亂數。接著再運用前幾個小節使用到的智慧卡數位簽章（這時候，CSP 會要求使用者輸入 PIN 碼）。

取得數位簽章後，我們以使用者所輸入的帳號（textBoxID 欄位），向 CA 要求他的憑證（GetCertFromCA()方法請見前面小節），一個一個取得，且一個一個的驗證，若其中有一個驗證成功了，就允許使用者登入到您的系統；否則當所有的憑證都驗證失敗，則代表：

1. 使用者所輸入的帳號可能有誤；

2. 非持卡人本人；

3. PIN 碼輸入錯誤；

4. 網路不通。

13.6　智慧卡其他操作

　　智慧卡還有其他的應用操作，這些功能包含在所附的智慧卡工具中。但有時候我們希望能提供更方便的應用，使用者只要在您開發的系統中，就能修改 PIN 碼、PIN 碼解鎖等，而不必每個使用者都安裝智慧卡工具。這時候，您就可以使用您購買的智慧卡所附的 API，來實作到您的系統中。

　　在這個小節中，我們介紹如何將一般的操作，套用在您所開發的程式中。

13.6.1　信任 CA 憑證

　　當您的 CA 為自建 CA，所發行出來的憑證自然不被其他電腦所信任，因此，您必須將 CA 憑證，儲存為一個憑證檔（.CER 或 .CRT），再將 CA 憑證檔匯入到使用者的「受信任的根憑證授權單位」（如 13.25），由您的 CA 發出來的憑證才不會出現不被信任的錯誤。

圖 13.25　受信任的根憑證授權單位

　　但是要由使用者自行下載 CA 憑證檔，再將憑證匯入到「受信任的根憑證授權單位」，也許困難度會因使用者的年紀而提高。

因此，您可以應用下列程式碼，將一個憑證檔，自動匯入到相關儲存區，不知不覺中，就完成了匯入的動作了。

❖ 程式範例 ch13-13.cs»

```csharp
public static void ImportCAToRootStore(X509Certificate2
certificateCA)
{
    X509Store store = new X509Store(StoreName.Root,
StoreLocation.LocalMachine);
    store.Open(OpenFlags.MaxAllowed);
    store.Add(certificateCA);
    store.Close();
}

public static void ImportCAToRootStore(string CACertificateFile)
{
    X509Certificate2 certificateCA = new
X509Certificate2(CACertificateFile);
    ImportCAToRootStore(certificateCA);
}
```

在這個範例中，我們建立了一個多載（Overloading）的方法：ImportCAToRootStore()，只要將 CA 憑證檔或 X509Certificate2 物件傳給這個方法，程式就會自動將您的 CA 憑證讓這部電腦信任。因此，只要在程式一開啟後，呼叫這個方法就行了。

若使用者的作業系統為 Windows Vista / Windows 7 以上，使用者必須以管理者身分來執行您的程式。因此，使用者必須在您的應用程式上，先按滑鼠右鍵，再點選「以系統管理員身分執行」（如 13.26），否則剛剛的程式將會失敗，包含下一小節，要將資料註冊到電腦機碼，也必須這麼做。

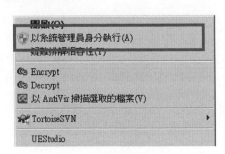

圖 13.26　以系統管理員身分執行

但是每次執行您的程式，都要這麼麻煩，使用者必定抱怨連連。因此，您可以這麼做，讓您的程式可以直接以管理者身分登入。

　　請將下列程式碼（XML），修改好**粗體字**部分後，儲存成「程式檔名.exe.manifest」，並放置在專案目錄下的/bin/debug下。也就是說，當您的應用程式執行檔爲MyApp.exe，那麼下列XML請儲存成MyApp.exe.manifest即可。

❖ 程式範例 ch13-14.manifest»

```xml
<?xml version="1.0" encoding="utf-8" ?>
<assembly xmlns="urn:schemas-microsoft-com:asm.v1"
manifestVersion="1.0">
<assemblyIdentity version="1.0.0.0"
processorArchitecture="X86"
name="您的程式名稱"
type="win32" />
<description>應用程式描述</description>
<trustInfo xmlns="urn:schemas-microsoft-com:asm.v3"><security>
<requestedPrivileges>
<requestedExecutionLevel level="requireAdministrator" />
</requestedPrivileges>
</security>
</trustInfo></assembly>
```

　　接下來，請在您的電腦（安裝 Visual Studio 的電腦），搜尋 mt.exe 檔。找到檔案後，將 mt.exe 的所在路徑新增至 PATH 系統變數（在「**我的電腦**」上按**滑鼠右鍵** /「**內容**」 / 「**進階系統設定**」 / 「**進階**」 頁籤 / 「**環境變數**」）[2]。如圖 13.27。

2　路徑之間請記得用分號隔開。

圖 13.27 環境變數設定

　　請切換到 Visual Studio，進入工具列的「**專案**」／「**屬性**」，點擊「**建置事件**」，在「**建置後事件命令列**」中輸入（請記得粗體字部分改成您自己的資料），如 13.28：

```
mt -manifest YourProgram.exe.manifest
-outputresource:YourProgram.exe
```

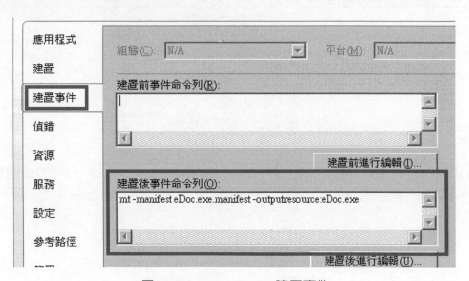

圖 13.28 Visual Studio 建置事件

設定完畢後，您每次將專案編譯（建置）後，就會自動執行這段指令，如此一來，Windows Vista / 7 的使用者，就可以更便利的來使用您的應用程式了。

13.6.2 自動註冊 CSP 到電腦

通常智慧卡都會附上 CSP 的安裝程式，安裝後會將相關檔案及機碼備妥，因此，我們也可以將 CSP 包裝到您的應用程式裡，當使用者開啓了您的應用程式，就會自動檢查指定的 CSP 是否已安裝；若沒有，則自動替他安裝，提供便利性。

接下來我們所要完成的動作：

1. 將相關檔案（DLL）複製到電腦；
2. 註冊智慧卡機碼；
3. 註冊 CSP 機碼。

請您自己先裝好所購買的智慧卡安裝套件，接著開啓以下機碼[3]：

```
HKEY_LOCAL_MACHINE\SOFTWARE\Microsoft\Cryptography\Calais\SmartCards
```

您可以看到 13.29 的畫面，在這個範例中，我們是使用中華電信的智慧卡，因此請點擊您所購買的智慧卡名稱。

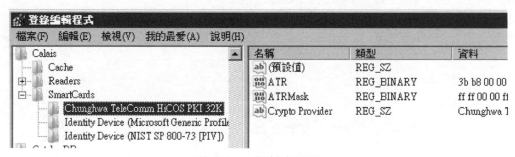

圖 13.29　智慧卡機碼

所以您的程式，就要自動幫使用者在他的電腦裡，建立 13.29 右邊的幾個機碼到 Chunghwa TeleComm HiCOS PKI 32K 項目中。

---

[3] 請直接執行 regedit.exe 即可檢視及編輯機碼。

下面這個方法 RegisterSmartcard() ，可以幫您建立 13.29 的機碼。

❖ 程式範例 ch13-15.cs»

```
public static void RegisterSmartcard(string SmartcardName, string
ProviderName, byte[] ATR, byte[] ATRMask)
{
    string strSmartcardRegistry =
"SOFTWARE\\Microsoft\\Cryptography\\Calais\\SmartCards\\" +
SmartcardName;
    try
    {

Registry.LocalMachine.OpenSubKey(strSmartcardRegistry).GetValue("Cry
pto Provider").ToString();
    }
    catch
    {

Registry.LocalMachine.OpenSubKey("SOFTWARE\\Microsoft\\Cryptography\
\Calais\\SmartCards",
        RegistryKeyPermissionCheck.ReadWriteSubTree,

System.Security.AccessControl.RegistryRights.FullControl).CreateSubK
ey(SmartcardName);
        Registry.LocalMachine.OpenSubKey(strSmartcardRegistry,
        RegistryKeyPermissionCheck.ReadWriteSubTree,

System.Security.AccessControl.RegistryRights.FullControl).SetValue("
", "");
        Registry.LocalMachine.OpenSubKey(strSmartcardRegistry,
        RegistryKeyPermissionCheck.ReadWriteSubTree,
System.Security.AccessControl.RegistryRights.FullControl).SetValue("
Crypto Provider", ProviderName);

        Registry.LocalMachine.OpenSubKey(strSmartcardRegistry,
        RegistryKeyPermissionCheck.ReadWriteSubTree,
System.Security.AccessControl.RegistryRights.FullControl).SetValue("
ATRMask", ATRMask, RegistryValueKind.Binary);
```

```
    Registry.LocalMachine.OpenSubKey(strSmartcardRegistry,
        RegistryKeyPermissionCheck.ReadWriteSubTree,
System.Security.AccessControl.RegistryRights.FullControl).SetValue("
ATR", ATR, RegistryValueKind.Binary);
    }
}
```

如您所見，只要將相關的參數丟給這個方法，程式就自動建立機碼設定了。下面是建立本卡片的實例：

```
RegisterSmartcard("Chunghwa TeleComm HiCOS PKI 32K",
    "Chunghwa TL HiCOS PKICard CSP V3.0",
    new byte[] { 0x3b, 0xb8, 0x00, 0x00, 0x81, 0x31, 0xfa, 0x52, 0x48,
0x69, 0x43, 0x4f, 0x53, 0x50, 0x4b, 0x49, 0x00 },
    new byte[] { 0xff, 0xff, 0x00, 0x00, 0xff, 0xff, 0xff, 0xff, 0xff,
0xff, 0xff, 0xff, 0xff, 0xff, 0xff, 0xff, 0x00 });
```

接下來，我們要建立 CSP 機碼。請展開以下機碼：

```
HKEY_LOCAL_MACHINE\SOFTWARE\Microsoft\Cryptography\Defaults\Provider
```

您會看到如 13.4 的機碼，請點選智慧卡的 CSP，下列的這個方法，可以幫使用者建立這組機碼：

❖ 程式範例 ch13-16.cs»

```
public static void RegisterCSP(string ProviderName, string ImagePath,
byte Type, byte SignInFile)
{
    string strCSPRegistry =
"SOFTWARE\\Microsoft\\Cryptography\\Defaults\\Provider\\" +
ProviderName;
    try
    {
        if
(!Registry.LocalMachine.OpenSubKey(strCSPRegistry).GetValue("Image
Path").ToString().Equals(ImagePath))
```

```
        Registry.LocalMachine.OpenSubKey(strCSPRegistry,
true).SetValue("Image Path", ImagePath);
    }
    catch
    {

Registry.LocalMachine.OpenSubKey("SOFTWARE\\Microsoft\\Cryptography
\\Defaults\\Provider", true).CreateSubKey(ProviderName);
        Registry.LocalMachine.OpenSubKey(strCSPRegistry,
true).SetValue("Image Path", ImagePath);


        Registry.LocalMachine.OpenSubKey(strCSPRegistry,
true).SetValue("SigInFile", SignInFile, RegistryValueKind.DWord);
        Registry.LocalMachine.OpenSubKey(strCSPRegistry,
true).SetValue("Type", Type, RegistryValueKind.DWord);
    }
}
```

只要將相關資料丟給 RegisterCSP() 方法，就可以直接註冊到電腦裡：

```
RegisterCSP("Chunghwa TL HiCOS PKICard CSP V3.0",
Application.StartupPath + @"\HiCOSCSP30.dll", 1, 0);
```

如同註冊智慧卡機碼一樣，我們先讀取這個機碼是否存在，當不存在時，則依所給的參數來建立機碼。

必須注意的是，機碼中指定的 Image Path，就是 CSP 所要讀取的 DLL 檔，所以您必須想辦法將這個 DLL 檔複製到使用者的電腦，否則將因為讀不到檔案而失敗。

另外，您所購買的智慧卡，機碼一定會與本範例有差異，請務必先在您的電腦安裝智慧卡套件，並依原廠安裝的 CSP 設定來撰寫到程式中。

13.6.3 修改 PIN 碼

在您購買智慧卡之前，請確認製造公司是否會附上 API 及說明文件給您，您就能依照說明文件，來呼叫某些 DLL 檔，才能進行一些應用。

在這個範例中，我們閱讀了中華電信所提供的說明文件後，可以使用 HiCOSSDKAPI.dll 檔裡面的 HiPKI_ConnectCardChangePIN() 這個方法，來變更智慧卡的 PIN 碼。

雖然我們可以使用 "dumpbin.exe /exports DLL 檔"[4] 來查詢某個 DLL 檔裡所提供出來的方法（Methods），但是我們還是需要說明文件的指示，才能知道要傳入什麼型態的參數給這個方法，而執行後又會傳回什麼結果。

因此我們設計了一個 C#的方法，來與 DLL 裡面的進入點（Entry Point）對應：

❖ 程式範例 ch13-17.cs»

```csharp
[DllImport("HiCOSSDKAPI.dll")]
public static extern int HiPKI_ConnectCardChangePIN(
    string strOldPIN,     // 舊的PIN碼
    int iOldPINLength,    // 舊的PIN碼長度
    string strNewPIN,     // 新的PIN碼
    int iNewPINLength);   // 新的PIN碼長度
```

從程式碼中可以看到，我們用 DllImport() 來將指定的 DLL 檔引入程式中，並與 DLL 中的 HiPKI_ConnectCardChangePIN() 來對應，因此在 C#程式中，我們就可以直接使用這個方法，將舊、新密碼資訊傳輸，就可以直接修改智慧卡的 PIN 碼。

這個方法將會回傳一個整數（int）值，從 API 文件中查到，回傳的值皆有所代表，以下我們將回傳值製作成一個列舉型態（enum）：

❖ 程式範例 ch13-18.cs»

```csharp
public enum SmartCardStatus
{
    /// <summary>
    /// 成功
    /// </summary>
    OK = 0,
```

---

[4] 找不到 dumpbin.exe 嗎？請直接到 Visual Studio 的安裝目錄下搜尋即可，通常會是在 Visual Studio 的安裝目錄\VC\bin。若執行 dumpbin.exe 後有缺少 DLL 檔（通常是 mspdb100.dll），再搜尋一下 DLL 檔，把找到的檔案複製到 C:\Windows\System32 即可。

```
    /// <summary>
    /// PIN Code太長
    /// </summary>
    PINTooLong = -65521,

    /// <summary>
    /// PIN碼嚐試剩餘2次
    /// </summary>
    PINLeft2 = 25538,

    /// <summary>
    /// PIN碼嚐試剩餘1次
    /// </summary>
    PINLeft1 = 25537,

    /// <summary>
    /// PIN碼被鎖
    /// </summary>
    PINBlocked = 27011
}
```

如此，在程式開發中，將會更加方便。

13.6.4 PIN 解鎖

使用者難免會忘記 PIN 碼，連續輸入錯誤而造成 PIN 碼鎖住（Blocked）；而您又不希望使用者三天兩頭要求您幫他解鎖（Unblock），這時候就可以將解鎖的介面應用在您的程式裡：

❖ 程式範例 ch13-19.cs»

```
[DllImport("HiCOSSDKAPI.dll")]
public static extern SmartCardStatus
HiPKI_ConnectCardUnblockPIN(string strUnBlockKey, int
iUnBlockKeyLength, string strNewPIN, int iNewPINLength);
```

我們使用 HiPKI_ConnectCardUnblockPIN()方法就可以將已被鎖的 PIN 解開成新的 PIN 碼；在您購買智慧卡時，務必要問清楚解鎖密碼（UnBlockKey）。這組密碼是提供給管理者用來解鎖用的，因此必須保管好解鎖密碼，否則他人拾獲卡片，就能自行解鎖，冒充卡片擁有人的身分。

這個方法的回傳值也是整數（int），因此我們可以用剛剛的 SmartCardStatus 這個列舉（enum）來承接，就不必死背這些整數值了。

13.6.5 將卡片中的憑證匯入到本機

目前這張智慧卡中，至少有兩張憑證，我們可以實作一個功能，讓使用者將憑證匯入到電腦的個人憑證區中，讓使用者可以做一些應用，例如：Outlook 寄出含數位簽章的郵件、在 PDF 或 Office 程式做數位簽章。

智慧卡 API 的進入點如下：

❖ 程式範例 ch13-20.cs»

```
/// <summary>
/// 讀取卡片裡的憑證
/// </summary>
/// <param name="strContainer">金鑰容器</param>
/// <param name="keyNumber">金鑰用途別，1=加解密(KeyNumber.Exchange)，
2=簽章用(KeyNumber.Signature)</param>
/// <returns>憑證Context</returns>
[DllImport("HiCOSSDKAPI.dll")]
public static extern IntPtr HiPKI_ReadCertFromCard(
    [MarshalAs(UnmanagedType.LPTStr)]string strContainer,
    KeyNumber keyNumber);


/// <summary>
/// 將憑證Context匯入到本機
/// </summary>
/// <param name="strContainer">金鑰容器</param>
/// <param name="keyNumber">金鑰用途別，1=加解密(KeyNumber.Exchange)，
2=簽章用(KeyNumber.Signature)</param>
/// <param name="iCertContext">憑證Context</param>
/// <param name="strStoreLocation">匯入到本機的位置(StoreName)</param>
/// <returns>0=成功</returns>
[DllImport("HiCOSSDKAPI.dll")]
```

```
public static extern int HiPKI_ImportCert2Store(
   [MarshalAs(UnmanagedType.LPTStr)]string strContainer,
   KeyNumber keyNumber,
   IntPtr iCertContext,
   string strStoreLocation);
```

　　這個程式分為兩個階段：先將指定的憑證從智慧卡中取出，再匯入到指定的憑證區（StoreLocation）。以下範例，用來呼叫上面的兩個方法：

❖ 程式範例 ch13-21.cs»

```
private void Import()
{
   try
   {
      // 讀取簽章用憑證並匯入本機
      IntPtr context = HiPKI_ReadCertFromCard("k1",
KeyNumber.Signature);
      if (HiPKI_ImportCert2Store("k1", KeyNumber.Signature,
context, "my") != 0)
         throw new Exception();

      // 讀取加解密用憑證並匯入本機
      context = HiPKI_ReadCertFromCard("k1", KeyNumber.Exchange);
      if (HiPKI_ImportCert2Store("k1", KeyNumber.Exchange, context,
"my") != 0)
         throw new Exception();
      MessageBox.Show("憑證匯入成功！");
   }
   catch
   {
      MessageBox.Show("匯入數位憑證失敗，請檢查讀卡機及智慧卡是否插入。");
   }
}
```

　　您可以看到，我們令 strContaner = "k1"，k1 也就是在產生金鑰時所輸入的金鑰容器名稱（見 13.11），因此，我們建議產生金鑰及憑證時，讓大家的智慧卡金鑰容器名稱都統一，在您的程式中比較容易開發。

1. 為什麼要使用 CSP？

2. 如何查看電腦中有哪些 CSP？

3. 列舉使用 PKCS#11 的好處。

4. 智慧卡中的 Key Container 的功用為何？

5. 如何驗證智慧卡持卡人身分？

6. 智慧卡除了用來擺放憑證，還可以做何種用途？

7. 如果我們已經利用了智慧卡做加密，要如何將加密後的文件解密？

8. 在編輯「應用程式原則」時，我們至少要設定哪些原則？

9. 智慧卡進行使用者身分驗證時，以一組亂數當成是被簽章的主體的目的何在？是為了避免遭到什麼攻擊？

10. 用什麼方法註冊智慧卡機碼到電腦？

參考文獻

[1]　悠遊卡（Easy Card）：http://www.easycard.com.tw/

[2]　智慧卡：http://zh.wikipedia.org/zh/%E6%99%BA%E6%85%A7%E5%8D%A1

[3]　PKCS #11: http://en.wikipedia.org/wiki/PKCS11

[4]　HiCOS 卡片管理工具——MOICA 內政部憑證管理中心：moica.nat.gov.tw/download_1.html

[5]　HiCOS PKI Smart Card SDK: http://www.chttl.com.tw/en/service/service_1_09.html

[6]　RSA Security: http://www.rsa.com/rsalabs/node.asp?id=2133

[7]　輕型目錄存取協定（LDAP）：http://zh.wikipedia.org/zh-tw/%E8%BD%BB%E5%9E%8B%E7%9B%AE%E5%BD%95%E8%AE%BF%E9%97%AE%E5%8D%8F%E8%AE%AE

[8]　LDAP und Public Key Infrastructure: http://www.mitlinx.de/ldap/index.html?http://www.mitlinx.de/ldap/ldap_pki.htm

[9]　Cryptographic Service Providers: http://en.wikipedia.org/wiki/Cryptographic_Service_Provider

[10]　Cryptographic Service Providers: http://msdn.microsoft.com/en-us/library/aa380245%28v=vs.85%29.aspx

[11]　Microsoft CryptoAPI: https://en.wikipedia.org/wiki/Microsoft_CryptoAPI

[12]　Public CA 鎖卡解碼作業：http://hikey.hinet.net/

CHAPTER 14

自然人憑證

自然人憑證是內政部憑證管理中心（MOICA）為「自然人」發行的數位憑證，因此，只要是我國人民皆可申辦。民眾只要使用自然人憑證，即可透過網路，在電子化政府所提供之應用服務系統進行各項業務申辦，節省許多的時間與金錢。本章介紹自然人憑證相關議題，包含：

14.1　自然人憑證介紹

自然人憑證是我國內政部憑證管理中心（MOICA）為「自然人」發行的數位憑證，只要是我國人民皆可申辦。非自然人，如法人、學校機構等，則各自有其憑證管理中心。

自然人憑證由內政部在西元 2000 年規劃，並委外由中華電信數據分公司辦理整體規劃；民眾只要使用自然人憑證，即可透過網路，在各政府機關所提供之應用服務系統進行各項申辦業務，節省民眾的時間與金錢。

例如，申辦青年購屋專案，必須附上「戶籍謄本」，只要使用自然人憑證，登入到「戶政網路申辦服務」網站，網站在驗證身分後，就可直接列印謄本，不必再出門到戶政事務所，並花費一份 20 元的手續費來取得謄本了。

MOICA 委託各地戶政事務所為註冊窗口（Register Authority，RA），民眾可至各戶政事務所（不必是戶籍所在地，任何一間都能申辦），並付些許費用，即可立即取得自然人憑證卡片。

圖 14.1　自然人憑證晶片卡

申辦自然人憑證時，可留意幾個地方：所填寫的 Email 信箱，可用來做數位簽章，因此，填寫 Email 時，可選擇一個您常用的信箱。申請表中會要求勾選「是否公布憑證」，若勾「否」者，代表其他人無法透過 MOICA 來取得您的憑證，因此建議勾「是」。

支援自然人憑證的網站已逐漸增加中，您可進入自然人憑證網站來取得更多資料：

```
http://moica.nat.gov.tw/
```

14.2　申請 MOICA API

MOICA API 是內政部憑證管理中心推出的一套應用程式介面，可讓各機構控制使用者的自然人憑證；因此，若您打算爲您的程式，發展一個自然人憑證模組，便可以使用這套 API。

這套 API 必須是由機關團體才能提出申請；請先進入自然人憑證網站，開啓**應用服務 / API 申請**（如圖 14.2），依指示便可完成申請手續。若您的組織單位是學校、政府機關或工商公司者，就可以使用 GCA、XCA 或 MOEACA 發行給您的 IC 卡來線上申請；若沒有 IC 卡，就必須以發函的方式來完成申請。

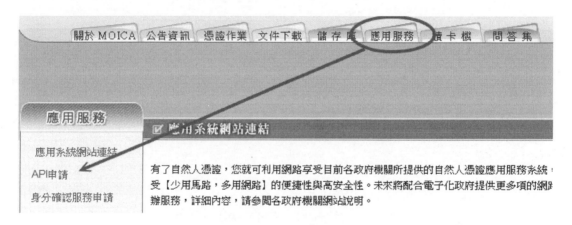

圖 14.2　API 申請

當您申請完畢後，將收到這套 API，其中包含了 API 檔案（DLL）、標頭檔（*.h）及函式庫（*.lib）。若您使用 C 語言爲開發環境，就可以直接使用這些檔案；而本章將使用 C#語言來呼叫 DLL 檔，因此將不會使用到*.h 和*.lib 檔。

套件裡也會包含許多的說明文件及程式範例（以 C++完成），若您已經有程式設計基礎，使用程式範例來修改成您要的程式，應該不是問題。

MOICA API 亦提供 Java 語言的 API，申請時請留意 API 語言。

14.3　常用列舉（enum）

在程式開始前，我們先了解，以下的程式範例會用到的兩個 enum；首先是 MOICACertType，這個 enum 可以用來傳入參數，指定要使用哪一張憑證：

❖ 程式範例 ch14-1.cs

```
public enum MOICACertType
{
    /// <summary>
    /// 數位簽章用憑證
    /// </summary>
    DigitalSignature = 1,

    /// <summary>
    /// 加解密用憑證
    /// </summary>
    Encrypt = 2
}
```

另外一個是 MOICAPINStatus，用來代表呼叫 API 後，所回傳的代表值（整數）對應，以免看到一堆數字，還要去翻說明文件才能知道其所代表為何。

❖ 程式範例 ch14-2.cs

```
public enum MOICAPINStatus
{
    /// <summary>
    /// 成功
    /// </summary>
    OK = 0,

    /// <summary>
    /// PIN Code太長
    /// </summary>
    PINTooLong = -65521,
```

```
/// <summary>
/// PIN碼嘗試剩餘2次
/// </summary>
PINLeft2 = 25538,

/// <summary>
/// PIN碼嘗試剩餘1次
/// </summary>
PINLeft1 = 25537,

/// <summary>
/// PIN碼被鎖
/// </summary>
PINLeft0 = 25536,

/// <summary>
/// PIN碼被鎖
/// </summary>
PINBlocked = 27011,

/// <summary>
/// 讀取失敗
/// </summary>
Failed = -1,

/// <summary>
/// 卡片未插入
/// </summary>
CardNotInsertted = 29442
}
```

14.4　取出卡片裡的憑證

　　自然人憑證卡片中存有兩張數位憑證，先後分別是簽章及加密用，將憑證取出並儲存至電腦本機的個人憑證區，可讓使用者進行一些 Email 或檔案的簽章加密。

　　此外，我們更建議您，在使用者開啟您的系統，插入自然人憑證到讀卡機，並嘗試以自然人憑證登入到您的系統的同時，就將他的兩張憑證取出，並儲存至資料庫。當要驗證該使用者的簽章時，就可以直接從資料庫將憑證拿出來驗證，不必每次都連線到 MOICA 來取得憑證，從 MOICA 取得憑證將會有幾個缺點：

❖ 每次連線到 MOICA 的速度，肯定比直接從資料庫取得的慢；

❖ 使用者的憑證可能不公開；

❖ MOICA 可能因使用者的憑證過期或失效而不開放取得；

❖ MOICA 的 LDAP 可能停工（筆者就遇過一次 MOICA 的 LDAP 故障）。

　　因此，在這個小節中，我們將介紹如何從已插入的自然人憑證卡片中，直接取出兩張憑證。

　　請先建立進入點 GetCertificateFromGPKICard 來與 ChtHiSECURE5_GPKICard Function.dll 檔連結。

❖ 程式範例 ch14-3.cs

```
[DllImport("ChtHiSECURE5_GPKICardFunction.dll")]
private static extern int GetCertificateFromGPKICard(
    int iCertID,       // 卡片內之憑證ID，1=簽章用，2=加解密用
    byte[] certificate, // 憑證(輸出)
    ref int certificateLength,  // 憑證長度(輸出)
    string readerName   // 讀卡機名稱，可設為null自動尋找
    );
```

　　也就是這個 DLL 檔裡頭有一個方法(Method)叫作 GetCertificateFromGPKICard，您可以使用 dumpbin.exe 指令來查詢：

```
dumpbin /exports ChtHiSECURE5_GPKICardFunction.dll
Microsoft (R) COFF/PE Dumper Version 10.00.30319.01
Copyright (C) Microsoft Corporation.  All rights reserved.
…(略)…
    ordinal hint RVA      name

          3    0 000012B0 GPKICardClose
          2    1 00001239 GPKICardInitialize
          5    2 00001318 GPKICardReadCardID
          4    3 000012D9 GPKICardVerifyUserPIN
          1    4 00001010 GetCertificateFromGPKICard
…(略)…
```

因此，我們使用 DllImport 來將 DLL 檔引用進來，但是要傳入什麼參數給 GetCertificateFromGPKICard 這個方法，且又會回傳什麼呢？這時您就必須閱讀 API 的文件說明，以下是這個方法的部分文件：

```
extern "C" __declspec(dllexport)
unsigned long __stdcall GetCertificateFromGPKICard (
int iCertID,
unsigned char *ppucCertificate,
int *piCertificateLength,
char *sReaderName);
```

這樣我們就能知道必須傳入什麼參數，以及回傳的值；因此就能套用到我們的程式了。

接下來，我們寫一個方法，讓程式更好運用：

❖ 程式範例 ch14-4.cs

```
public static X509Certificate2
GetCertificateFromMOICACard(MOICACertType certType, string
readerName)
{
    int iCertLength = 0;
    byte[] byteCert = new byte[0];
```

```
    try
    {
        GetCertificateFromGPKICard((int)certType, byteCert, ref
iCertLength, readerName);
        byteCert = new byte[iCertLength];
        GetCertificateFromGPKICard((int)certType, byteCert, ref
iCertLength, readerName);
        return new X509Certificate2(byteCert);
    }
    catch
    {
        return null;
    }
}
```

當您要將憑證取出時，只要執行這個方法，並指定要取出哪張憑證（見 MOICACertType），再指定讀卡機，通常只需傳入 null 即可由 API 自動尋找。

若一切順利，就可以取得一個 X509Certificate2 的物件；若希望將憑證儲存至資料庫，就可以使用 X509Certificate2.Export() 來匯出成 byte[]，再使用 Convert.ToBase64String()，就可以轉為字串，並存至資料庫欄位中，範例如下：

❖ 程式範例 ch14-5.cs

```
byte[] byteCert = cert.Export(X509ContentType.Cert);
string strCert = Convert.ToBase64String(byteCert);  // 儲存至DB

// 從DB還原成X509Certificate2:
X509Certificate2 mycert = new
X509Certificate2(Convert.FromBase64String(strCert));
```

14.5 透過 LDAP 取得使用者憑證

MOICA 提供 LDAP 服務，因此我們可以直接透過 LDAP 協定取得使用的憑證。以下這段範例將提供所指定的使用者（姓名）及 Email 信箱的所有憑證。

❖ 程式範例 ch14-6.cs

```csharp
public static X509Certificate2[] GetCertFromMOICA(string Name, string
Email)
{
    X509Certificate2[] certs = new X509Certificate2[0];
    DirectoryEntry entry = new
DirectoryEntry("LDAP://moica.nat.gov.tw");
    entry.AuthenticationType = AuthenticationTypes.None;
    string[] resultsFields = new string[] { "cn", "mail",
"usercertificate;binary" };
    DirectorySearcher searcher = new
DirectorySearcher(string.Format("(&(cn={0})(email={1})", "姓名",
"Email信箱"));
    searcher.SearchRoot = entry;
    searcher.SearchScope = SearchScope.Subtree;
    searcher.PropertiesToLoad.AddRange(resultsFields);
    try
    {
        foreach (SearchResult result in searcher.FindAll())
        {
            for (int i = 0; i <
result.Properties["usercertificate"].Count; i++)
            {
                byte[] arrResult =
(byte[])result.Properties["usercertificate"][i];
                Array.Resize(ref certs, certs.Length + 1);
                certs[certs.Length - 1] = new
X509Certificate2(arrResult);
            }
        }
        searcher.Dispose();
        entry.Dispose();
    }
    catch { }
    return certs;
}
```

取得使用者的憑證後，就可以進行其他的應用。

14.6　使用 OCSP 查詢憑證狀態

我們可以使用 MOICA 所提供的 OCSP 協定，來查詢某一張憑證的狀態（正常、廢止或查無憑證），這個協定可以用在接下來一小節中，以自然人憑證來登入系統的應用。

依據 API 說明文件得知，我們必須先建立一個名為 OCSstruct 的 Struct：

❖ 程式範例 ch14-7.cs

```
[StructLayout(LayoutKind.Sequential, CharSet = CharSet.Auto,
Pack = 1)]
unsafe public struct OCSstruct
{
    public fixed byte SerialNumber[20];
    public int ResponseStatus;
    public int CertStatus;
    public int RevokeReason;
    public fixed byte PequestTime[32];
}
```

這個 Struct 使用了傳統 C++的格式，因此必須在最前面加上 unsafe 關鍵字，並且必須在「**專案**」／「**屬性**」／「**建置**」下，勾選「**容許 Unsafe 程式碼**」，讓專案在編譯時，加上 "/unsafe" 參數來執行。

這個參數用來接受 MOICA 回傳的查詢結果，分別是憑證序號、回應狀態、憑證狀態、廢止原因及查詢時間[1]。這裡的 ResponseStatus 應回傳 0，若非 0 者，代表查詢有誤；而 CertStatus 回傳值的代表：

❖ 0：憑證存在且未廢止；

❖ 1：憑證已經永久或暫時廢止；

❖ 2：無此憑證（該憑證不是 MOICA 所發行）。

---

[1] 查詢時間應為 RequestTime，應為 API 開發人員將 R 誤植為 P，因此只能將錯就錯。

接著請指定進入點（Entry Point）：

❖ 程式範例 ch14-8.cs

```
[DllImport("CHTHiSECURE5_NetFuncva.dll")]
private static extern int BuildTobesignedOCSPRequest(
    ref OCSstruct ocs,
    int num,      // OCS個數，填1即可
    string Nounce,  // OCSPRequest的Nounce欄位資料(填1~0)
    int NounceLength,   // Nounce的長度
    byte[] RequestIssueCertificate, // MOICA憑證
    byte[] ToBeSignedRequest,    // 用來簽章的資料
    ref int ToBeSignedRequestLength
    );


[DllImport("CHTHiSECURE5_NetFuncva.dll")]
private static extern int QueryOCSfromOCSPRequest(
    ref OCSstruct ocs,
    int num,
    byte[] ToBeSignedOCSPReq,
    int ToBeSingedOCSPReqLength,
    byte[] RequstSignature,
    int RequestSignatureLength,
    byte[] RequestIssueCertificate, // MOICA憑證
    byte[] SenderCertificate,    // 要檢查的憑證
    byte[] OCSPServerCertificate,    // OCSP憑證
    string ServerURL,    // OCSP網址
```

下面這個方法，用來呼叫 API，請 API 幫我們檢驗指定的憑證是否有問題：

❖ 程式範例 ch14-9.cs

```
unsafe public static OCSstruct VerifyCertViaOCSP(X509Certificate2
certCA, X509Certificate2 certOCSP, X509Certificate2 certUser)
{
    OCSstruct ocs = new OCSstruct();

    string strSN = certUser.SerialNumber;
    for (int i = 0; i < strSN.Length / 2; i++)
```

```
        ocs.SerialNumber[i] = Convert.ToByte(strSN.Substring(i * 2,
2), 16);

    byte[] TBSReq = new byte[0];
    int iTBSReqLength = 0;
    int iReturn = BuildTobesignedOCSPRequest(
        ref ocs,
        1,
        "1234567890",
        10,
        certCA.Export(X509ContentType.Cert),
        TBSReq,
        ref iTBSReqLength);
    TBSReq = new byte[iTBSReqLength];
    iReturn = BuildTobesignedOCSPRequest(
        ref ocs,
        1,
        "1234567890",
        10,
        certCA.Export(X509ContentType.Cert),
        TBSReq,
        ref iTBSReqLength);

    iReturn = QueryOCSfromOCSPRequest(
        ref ocs,
        1,
        TBSReq,
        iTBSReqLength,
        null,
        0,
        certCA.Export(X509ContentType.Cert),
        certUser.Export(X509ContentType.Cert),
        certOCSP.Export(X509ContentType.Cert),
        "moica.nat.gov.tw",
        null,
        0);
    return ocs;
}
```

因為有使用到 unsafe 的 Struct，因此在宣告方法之前，也必須加上 unsafe 關鍵字。上列這個方法，接受三個參數，分別是 CA、OCSP 及要檢查的憑證；CA 及 OCSP 的憑證，可至 MOICA 網址的「**儲存庫**」中，即可直接下載，使用下列這個方法，就可以將憑證檔轉成 X509Certificate2 格式：

```
X509Certificate2 cert = new X509Certificate2("憑證檔案(含路徑)");
```

我們就可以從回傳的 OCSstruct 的內容，來分析憑證是否正常。

14.7 以自然人憑證驗證身分

使用智慧卡來驗證使用者身分，有兩個檢查要件：驗證 PIN 碼、驗證憑證。因此，在前一個章節，我們針對一組亂碼來做數位簽章，這時就需要使用者輸入卡片的 PIN 碼；接著再從 CA 取得該位使用者的公開金鑰來驗證數位簽章是否正確。

❖ 在自然人憑證也可以這麼做，但我們舉另一種驗證方式，流程如下：

1. 檢驗 PIN 碼是否正確；
2. PIN 碼正確後，取出卡片裡的憑證，透過 OCSP 查詢憑證狀態；
3. 取出憑證擁有人姓名及身分證字號後四碼，與資料庫比對後判斷是否可登入。

在這個範例中，請先加入這些進入點：

❖ 程式範例 ch14-10.cs

```
[DllImport("ChtHiSECURE5_GPKICardFunction.dll")]
private static extern int GPKICardInitialize(string readerName);

[DllImport("ChtHiSECURE5_GPKICardFunction.dll")]
private static extern int GPKICardClose();

[DllImport("ChtHiSECURE5_GPKICardFunction.dll")]
private static extern int GPKICardVerifyUserPIN(string PINCode);
```

這三個方法皆來自同一個 DLL 檔，分別是用來初始化讀卡機、釋放 GPKICardInitialize 所佔用的資源、驗證卡片 PIN 碼。我們再製作下列方法，來簡化上述的進入點：

❖ 程式範例 ch14-11.cs

```csharp
public static MOICAPINStatus VerifyMOICAPIN(string strPIN, string
readerName)
{
    try
    {
        if (GPKICardInitialize(readerName) != 0)
            return MOICAPINStatus.Failed;
        MOICAPINStatus                          status                    =
(MOICAPINStatus)GPKICardVerifyUserPIN(strPIN);
        GPKICardClose();
        return status;
    }
    catch
    {
        return MOICAPINStatus.Failed;
    }
}
public static MOICAPINStatus VerifyMOICAPIN(string strPIN)
{
    return VerifyMOICAPIN(strPIN, null);
}
```

我們只要呼叫 VerifyMOICAPIN() 方法，就能知道驗證結果（見
MOICAPINStatus 列舉）。

接著我們撰寫了一個 Authenticate() 方法，這個方法接受幾個參數：CA 憑證、
OCSP 憑證、使用者輸入的 PIN 碼、使用者身分證字號（IDNO）及姓名（Name），另
一個參數 PINStatus 作爲輸出用，也就是 PIN 碼驗證後的結果，將會用這個參數來
代表。

❖ 程式範例 ch14-12.cs

```csharp
public static bool Authenticate(X509Certificate2 certCA,
X509Certificate2 certOCSP, string PINCode, string IDNO, string Name,
ref MOICAPINStatus PINStatus)
{
    if ((PINStatus = VerifyMOICAPIN(PINCode)) != MOICAPINStatus.OK)
        return false;
    X509Certificate2 cert =
GetCertificateFromMOICACard(MOICACertType.DigitalSignature);
    if (cert == null)
        return false;


    DateTime now = DateTime.Now;
    if (now > cert.NotAfter || now < cert.NotBefore)
        return false;


    OCSstruct ocs = VerifyCertViaOCSP(certCA, certOCSP, cert);
    if (ocs.ResponseStatus != 0 && ocs.CertStatus != 0)
        return false;


    X509Extension extension = cert.Extensions["2.5.29.9"];
    if (extension == null)
        return false;


    string  strID  =  Encoding.ASCII.GetString(extension.RawData,
extension.RawData.Length - 4, 4);

    return IDNO.EndsWith(strID) && cert.Subject.Equals(Name);
}
```

　　如您所見，Authenticate()會先驗證 PIN 碼，再取出憑證來驗證使用期間是否過期，並透過 OCSP 協定詢問 MOICA 該憑證是否正常。我國的自然人憑證在每張憑證中，都儲存著每個自然人的身分證字號後 4 碼，儲存在 "2.5.29.9" 的延伸區（Extensions）中。因此，我們可以拿憑證的擁有人姓名、身分證字號後4碼，與該人員在資料庫裡的基本資料做比對，若一切皆正常，則回應 true，代表使用者可以操作您所開發的系統。

14.8 數位簽章

進行數位簽章及資料加密所會使用到的進入點如下：

❖ 程式範例 ch14-13.cs

```
[DllImport("ChtHiSECURE5_CryptoAPIva.dll")]
private static extern int InitModule(string moduleDLL, string
initArgs, ref int moduleHandle);


[DllImport("ChtHiSECURE5_CryptoAPIva.dll")]
private static extern int CloseModule(int moduleHandle);


[DllImport("ChtHiSECURE5_CryptoAPIva.dll")]
private static extern int InitSession(int moduleHandle, int iFlags,
string UserPIN, int iUserPINLength, ref int sessionHandle);


[DllImport("ChtHiSECURE5_CryptoAPIva.dll")]
private static extern int CloseSession(int moduleHandle, int
sessionHandle);


[DllImport("ChtHiSECURE5_CryptoAPIva.dll")]
private static extern int GetKeyObjectHandle(int moduleHandle, int
sessionHandle, int iKeyType, string KeyID, int iKeyIDLength, string
parameter, int iParameterLength, ref int KeyObjHandle);


[DllImport("ChtHiSECURE5_CryptoAPIva.dll")]
private static extern int DeleteKeyObject(int moduleHandle, int
sessionHandle, int KeyObjHandle);


[DllImport("ChtHiSECURE5_CryptoAPIva.dll")]
private static extern int MakeSignature(int moduleHandle, int
sessionHandle, int algorithm, string Message, int iMessageLength, int
PrivateKeyObj, byte[] Signature, ref int iSignatureLength);


[DllImport("ChtHiSECURE5_CryptoAPIva.dll")]
private static extern int PrivateKeyDecryption(int moduleHandle, int
sessionHandle, int algorithm, string Cipher, int iCipherLength, int
PrivateKeyObj, byte[] PlainData, ref int iPlainDataLength);
```

這些方法用來啟動密碼模組、建立 Session 供後續函式使用、產生金鑰物件的控制指標、產生數位簽章以及資料解密，各自執行後的結果，將成為其他方法的參數；其他參數及用法，請參考 API 說明文件。

GetSignature()為我們自建的方法，將使用者所輸入的 PIN 碼（PINCode）及要簽章的訊息來源（Message）傳入，就會去呼叫 API 來取得簽章；最後就可以取得 byte 陣列的數位簽章。

❖ 程式範例 ch14-14.cs

```csharp
public static byte[] GetSignature(string PINCode, string Message)
{
    int moduleHandle = 0;
    int sessionHandle = 0;
    int keyHandle = 0;

    string strMsg =
Convert.ToBase64String(System.Text.ASCIIEncoding.Default.GetBytes(
Message));

    try
    {
        InitModule("CHTGPKICDLL.dll", null, ref moduleHandle);
        InitSession(moduleHandle, 0x4, PINCode, PINCode.Length, ref
sessionHandle);
        GetKeyObjectHandle(moduleHandle, sessionHandle, 0, null, 0,
"1", 1, ref keyHandle);

        byte[] byteSignature = new byte[0];
        int iSignatureLength = 0;
        MakeSignature(moduleHandle, sessionHandle, 6, strMsg,
strMsg.Length, keyHandle, byteSignature, ref iSignatureLength);
        byteSignature = new byte[iSignatureLength];
        MakeSignature(moduleHandle, sessionHandle, 6, strMsg,
strMsg.Length, keyHandle, byteSignature, ref iSignatureLength);

        DeleteKeyObject(moduleHandle, sessionHandle, keyHandle);
        CloseSession(moduleHandle, sessionHandle);
```

```
        CloseModule(moduleHandle);

        return byteSignature;
    }
    catch
    {
        return new byte[0];
    }
}
```

要驗證數位簽章的正確性，只要到 MOICA，或將預先儲存至資料庫的使用者憑證取出，並將訊息（Message）、數位簽章（Signature）及使用者憑證（x509Certificate2）傳給下列方法，就能知道該簽章是否正確：

❖ 程式範例 ch14-15.cs

```
public static bool VerifySignature(byte[] Message, byte[] Signature,
X509Certificate2 x509Certificate2)
{
    RSACryptoServiceProvider rsaCSP = new RSACryptoServiceProvider();

rsaCSP.FromXmlString(x509Certificate2.PublicKey.Key.ToXmlString(fals
e));
    return
rsaCSP.VerifyData(System.Text.ASCIIEncoding.Default.GetBytes(Convert
.ToBase64String(Message)), "SHA1", Signature);
}
```

由於自然人憑證使用 SHA-1 為簽章時的雜湊演算法，因此在驗證時必須指定使用 SHA-1。

14.9　資料加密

資料的加密及解密，與上一章大致相同，只要能取得加解密用的憑證，就能將資料加密；再將密文透過 API，讓自然人憑證來解密即可，下面這個方法可以用來取得自然人憑證裡的加密用憑證，再以此憑證來取得密文：

❖ 程式範例 ch14-16.cs

```
public static byte[] Encrypt(byte[] PlainText)
{
    X509Certificate2 cert =
GetCertificateFromMOICACard(MOICACertType.Encrypt);
    RSACryptoServiceProvider rsaCSP = new RSACryptoServiceProvider();
    rsaCSP.FromXmlString(cert.PublicKey.Key.ToXmlString(false));
    return rsaCSP.Encrypt(PlainText, false);
}
```

憑證的取得不一定必須從晶片卡，也可以從 CA 來取得，就看您的系統如何應用。
而資料的解密，必須透過 API，由卡片來處理：

❖ 程式範例 ch14-17.cs

```
public static byte[] Decrypt(string PINCode, byte[] Cipher)
{
    int moduleHandle = 0;
    int sessionHandle = 0;
    int keyHandle = 0;

    string strMsg =
System.Text.ASCIIEncoding.Default.GetString(Cipher);

    try
    {
        InitModule("CHTGPKICDLL.dll", null, ref moduleHandle);
        InitSession(moduleHandle, 0x4, PINCode, PINCode.Length, ref
sessionHandle);
        GetKeyObjectHandle(moduleHandle, sessionHandle, 0, null, 0,
"2", 1, ref keyHandle);

        byte[] bytePlain = new byte[0];
        int iPlainLength = 0;
        MakeSignature(moduleHandle, sessionHandle, 6, strMsg,
strMsg.Length, keyHandle, bytePlain, ref iPlainLength);
        bytePlain = new byte[iPlainLength];
        MakeSignature(moduleHandle, sessionHandle, 6, strMsg,
strMsg.Length, keyHandle, bytePlain, ref iPlainLength);
```

```
    DeleteKeyObject(moduleHandle, sessionHandle, keyHandle);
    CloseSession(moduleHandle, sessionHandle);
    CloseModule(moduleHandle);

    return bytePlain;
  }
  catch
  {
    return new byte[0];
  }
}
```

您可以發現，解密的動作與簽章的動作相似，必須注意的是，GetKeyObjectHandle()
的第 6 個參數，這裡必須使用加解密的憑證，因此必須傳入 "2"（簽章則是 "1"）。

14.10　自然人憑證與 CSP

若您所開發出來的應用程式，完全是在 Windows 作業系統下操作，亦可以使用專
用的 CSP 來控制自然人憑證（包含 GCA、XCA、MOEACA、GTestCA 所發行的晶片
卡都可以使用）。自然人憑證的 CSP 位於 MOICA 網站的**「文件下載」** / **「檔案下載」**
中（如圖 14.3），只要下載安裝後，再使用上一章《智慧卡與數位憑證》所介紹的方法，
就可以不必使用 API 來操作自然人憑證。

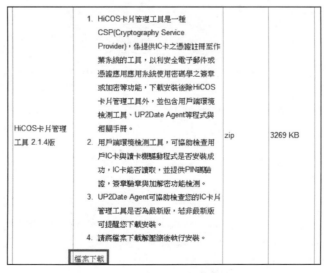

圖 14.3　下載自然人憑證 CSP

安裝完「**HiCOS 卡片管理工具**」（即 CSP）後，開啓程式集裡的「**HiCOS PKI Smart Card**」／「**HiCOS 卡片管理工具**」（如圖 14.4），便可以做一些基本的卡片管理，例如變更 PIN 碼、將卡片裡的兩張憑證匯入到電腦憑證區（可用來設定 Outlook 等軟體來做數位簽章）。

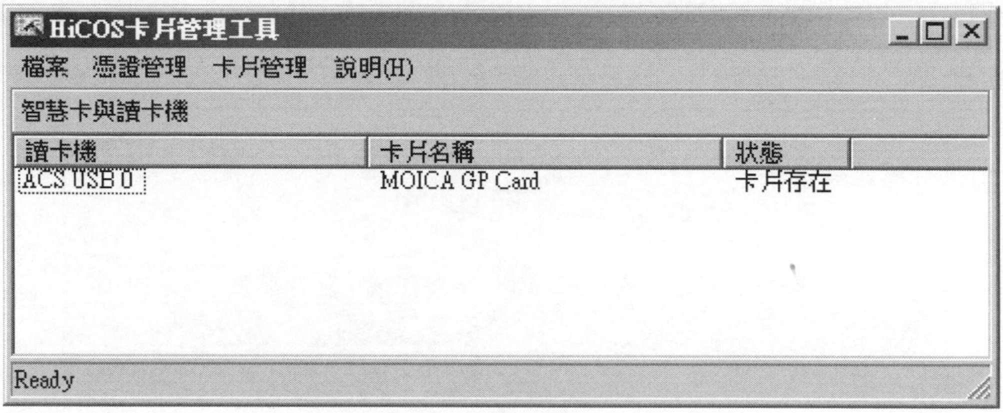

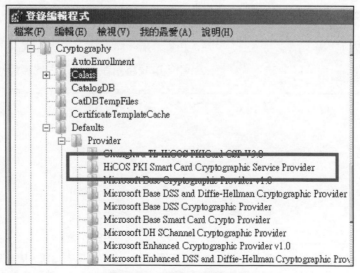

圖 14.4　HiCOS 卡片管理工具

這時候，您就可以去機碼區查看 CSP 是否已安裝。請執行 regedit.exe，並展開以下機碼，若能看到「**HiCOS PKI Smart Card Cryptographic Service Provider**」（如圖 14.5），代表 CSP 安裝成功。

HKEY_LOCAL_MACHINE\SOFTWARE\Microsoft\Cryptography\Defaults\Provider

圖 14.5　自然人憑證 CSP

14.11 忘記 PIN 碼

當您在開發自然人憑證應用程式時，或許會（無意或故意）遇到 PIN 碼被鎖（Block）；請使用微軟的 IE 瀏覽器進入自然人憑證網站，進入「憑證作業」/「忘記 PIN 碼」/「鎖卡解碼」（如圖 14.6）[2]，由於這些功能是使用 ActiveX，因此第一次使用時，網站會要求安裝相關軟體（圖 14.7），請將這些 ActiveX 逐一安裝。

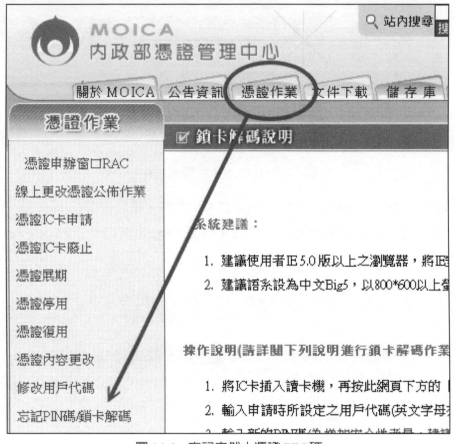

圖 14.6 忘記自然人憑證 PIN 碼

---

[2] 由於鎖卡解碼需要 Unblock PIN 碼，且內政部不可能把 Unblock PIN 讓您知道，因此您無法在您的系統中提供「鎖卡解碼」的功能；您可以做的就是指示使用者開啟微軟 IE，連線到自然人憑證來解卡。

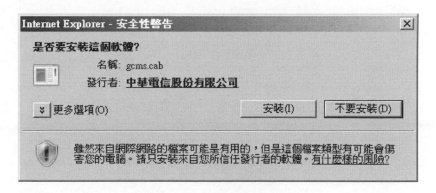

圖 14.7　安裝相關 ActiveX

接著，您就可以按下「鎖卡解碼」按鈕。請輸入您申請自然人憑證時所填的「用戶代碼」（所以務必牢記用戶代碼，亦不可將代碼寫在卡片上，如圖 14.8）。

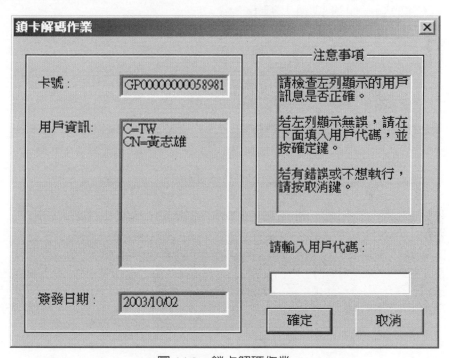

圖 14.8　鎖卡解碼作業

用戶代碼驗證完畢後，就能變更您的 PIN 碼（圖 14.9）。

圖 14.9　變更新 PIN 碼

　　若您無法安裝 ActiveX，請進入 IE 的「工具」 / 「網際網路選項」，切換到「**安全性**」頁籤，在「**信任的網站**」上點一下，並按下「網站」按鈕，將自然人憑證網址加入到「信任的網站」（如圖 14.10 及圖 14.11）。

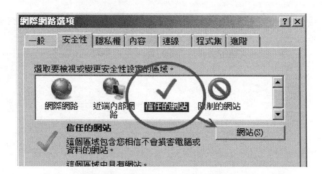

圖 14.10　IE「信任的網站」

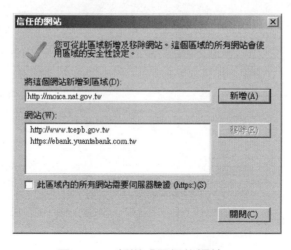

圖 14.11　新增「信任的網站」

接著在圖 14.10 中按下「自訂等級」按鈕，修改下表所列的選項後，再重新整理網頁，即可正常安裝：

功能	選項
下載已簽署的 ActiveX 控制項	啓用
下載未簽署的 ActiveX 控制項	啓用
允許不提示就執行從未使用過的 ActiveX 控制項	啓用
起始不標示為安全的 ActiveX 控制項	啓用或提示
執行 ActiveX 控制項與外掛程式	啓用

14.12　自然人憑證應用

自然人憑證自開放以來，已經有許多的應用服務，下表是電子化政府所提供的自然人憑證應用。

應用服務名稱	主管機關
廢機動車輛報廢回收系統	行政院環境保護署
財政部稅務入口網	財政部
台灣集中保管結算所「股東 e 票通」	台灣集中保管結算所
國家考試網路報名資訊系統	考選部
關稅總局線上申辦服務單一簽入系統	財政部關稅總局
考試院證書服務線上申辦及繳費	考試院
行政院國家科學委員會線上申辦系統	行政院國科會
全國商工行政服務入口網	經濟部
全國建築管理資訊系統入口網	內政部營建署
個人綜所稅結算申報	財政部
內政部地政司地政線上申辦系統	內政部地政司
戶政網路申辦服務	內政部戶政司
個人有無限制出國查詢	內政部入出國及移民署
勞工保險局 e 化服務系統	勞工保險局
全民健康保險多憑證網路承保作業平台	中央健康保險局
交通部電子公路監理	交通部
車輛號牌網路競標系統	交通部公路總局
中華郵政通訊地址遷移通報服務	中華郵政
中華電信網路 e 櫃臺	中華電信

以下我們將介紹「內政部戶政司」的戶籍謄本的申請，有別於其他網站，戶政司除了提供身分驗證之外，還將電子戶籍謄本進行數位簽章驗證。

14.12.1 線上申請電子戶籍謄本

請使用微軟 IE 進入「內政部戶政司」網站：

http://www.ris.gov.tw/

找到圖 14.12「網路申辦」區塊，進入「電子戶籍謄本申辦及驗證系統」。

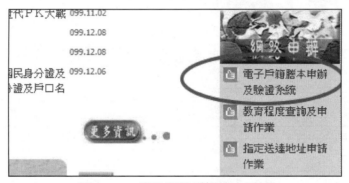

圖 14.12 登入電子戶籍謄本系統

請點選圖 14.13 中的「現戶全戶電子戶籍謄本」，接著網站會要求您先安裝必要的 ActiveX 軟體。

圖 14.13 申辦或驗證電子戶籍謄本

請在圖 14.14 處輸入您的戶籍資料，並輸入自然人憑證 PIN 碼來驗證身分。

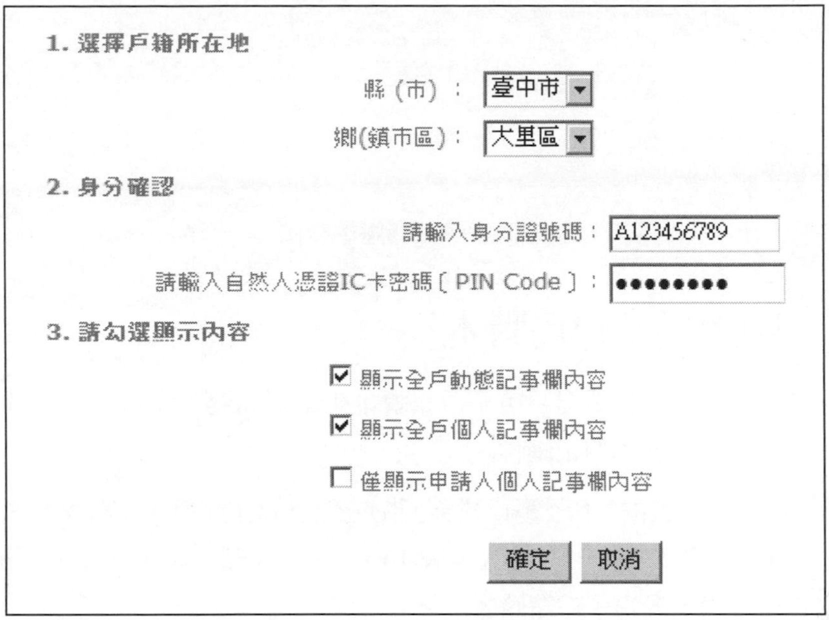

圖 14.14　設定謄本需求

按下「確定」後，等候大約一分鐘，就會出現圖 14.15 畫面。

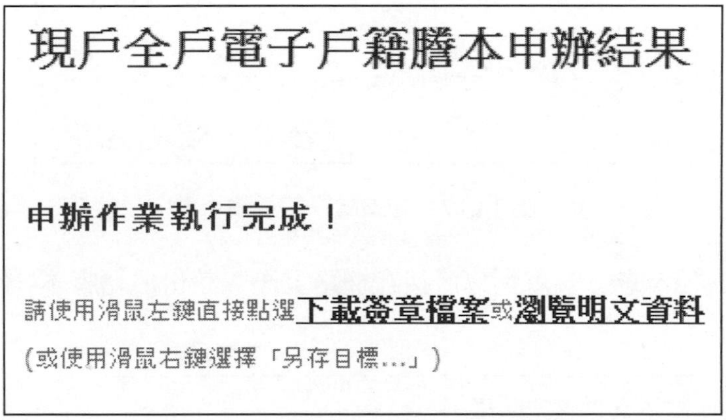

圖 14.15　電子戶籍謄本申辦完成

　　請點選「瀏覽明文資料」，就可以開啟電子戶籍謄本（PDF 檔）。圖 14.16 為筆者的戶籍謄本第二頁範例，只要將這份文件直接列印，就不必再到戶政事務所花幾十元的費用來辦理了，不只省時，更能省錢。

圖 14.16　戶籍謄本範例

14.12.2　驗證電子戶籍謄本

當您所屬的單位接受民眾提供電子戶籍謄本來申辦事務，您可以進入圖 14.13「驗證作業」來檢核所提供謄本的正確性。

請將圖 14.15 已下載的「下載簽章檔案」指定到圖 14.17「電子文件檔案儲存位置」，或將圖 14.16 中的「謄本檢查號」輸入至圖 14.17 下方的欄位中，再按下「確定」後，即可驗證並下載所指定的電子戶籍謄本。

圖 14.17　驗證電子戶籍謄本

經系統驗證後，檢驗人員就可以直接在網路上瀏覽該份戶籍謄本（圖 14.18 中的「瀏覽明文資料」）。

電子文件驗證結果

　　黃志雄　　　先生所申辦的現戶全戶電子戶籍謄本文件驗證無誤！

欲檢視詳細內容請使用滑鼠左鍵點選瀏覽明文資料（※瀏覽明文資料需使用PDF閱讀軟體開啟檔案。）

圖 14.18　電子戶籍謄本驗證結果

習 題

1. 自然人憑證是由哪個單位所發行的？

2. 自然人憑證卡片裡共有幾張憑證？

3. 自然人憑證卡片裡共有幾把金鑰？

4. 自然人憑證 API 是由什麼語言撰寫而成？

5. 在程式裡為何要使用列舉（enum）？

6. 簡述如何呼叫 DLL？

7. 簡述 OCSP 的功用為何？

8. 說明驗證自然人憑證持卡人身分的過程。

9. 使用智慧卡來驗證使用者身分時，有哪兩個檢查要件？

10. 使用智慧卡來驗證使用者身分時，當 PIN 碼正確後，取出卡片裡的憑證，接著要透過什麼協定查詢憑證的狀態？

參考文獻

[1] 內政部憑證管理中心：http://moica.nat.gov.tw/index.html

[2] 經濟部工商憑證管理中心：http://moeaca.nat.gov.tw/index-2.html

[3] 台灣網路認證 TWCA：http://www.twca.com.tw/Portal/Portal.aspx

[4] GCA 政府憑證管理中心：http://gca.nat.gov.tw/

[5] 安全保密程式介面（API）開發應用系統問題：http://moica.nat.gov.tw/faq_in_c_40_52.html

[6] LDAP: http://en.wikipedia.org/wiki/LDAP

[7] OCSP: https://en.wikipedia.org/wiki/Online_Certificate_Status_Protocol

[8] RFC4806: https://tools.ietf.org/html/rfc4806

[9] RFC6960: https://tools.ietf.org/html/rfc6960

[10] MOICA 內政部憑證管理中心——應用系統網站連結：
     http://moica.nat.gov.tw/other/link_1.html

CHAPTER 15

PGP 應用

PGP 是一套個人資料隱私保護的軟體，可用來保護在傳輸中的資料，不被窺視、竄改。
PGP 最常用來將 Email 進行簽章、加密及解密，讓電子郵件的傳輸具有安全性。PGP
及其他類似的軟體（如 GPG 等）都遵循 OpenPGP 標準（RFC 4880）來進行資料加
解密。只要提供訊息給 PGP，PGP 就能將資料加密成密文，您就可以將密文拿來傳輸。
本章將針對 PGP 及 GPG 來做說明，相關議題包含：

15.1 PGP 介紹

PGP[1]為 Pretty Good Privacy 的縮寫[1]，由美國人 Phil Zimmermann 於西元 1991 年發明；一開始是使用 Open Source 方式，提供全世界使用。

西元 2010 年 5 月 4 日，PGP 公司（PGP Corporation）被 Symantec 公司以 3 億美元併購[2]；因此，PGP 不再是免費軟體了，以最便宜的產品"PGP Desktop Email"為例，單一授權要價 164 美元。

在本章的應用範例，將使用"GPG"軟體來做展示，GPG 為 GNU Privacy Guard 的縮寫[3]，是依 OpenPGP 格式開發而成的 Open Source 軟體；基於 GNU GPL（General Public License）原則的自由軟體[2]，您可以自行從網路取用，而不需付費。

PGP 可用來做資料加密（機密性）、數位簽章（完整性及不可否認性），技術實作則是與數位信封類似，使用對稱式加密系統來將資料加、解密，再用非對稱式加密系統來將上述的金鑰加解密。PGP 最常用來將 Email 進行簽章、加密及解密，讓電子郵件的傳輸具有安全性。PGP 及其他類似的軟體（如本章舉例之 GPG）都遵循 OpenPGP 標準（RFC 4880）來進行資料加解密[4]。

PGP 在 1991 年推出時，採用的對稱式加密系統（加解密共用同一把金鑰）為 IDEA 演算法，在加密時將會產生一把 IDEA 金鑰，這把金鑰用來對資料加密或解密，且只會使用一次，因此亦稱為 Session Key。採用的非對稱式加密系統則是 RSA 演算法，用來將 Session Key 進行加、解密，或對資料做數位簽章及驗章。後來推出 Diffie-Hellman 與 DSS（Digital Signature Standard）結合的版本（簡稱 DH / DSS）。

使用 RSA 演算法，在資料的加解密及數位簽章，只需用到同一組金鑰對（Key Pair），金鑰長度至少由 1024 至 4096 位元；進行數位簽章時使用 MD5 為雜湊函數，然而 MD5 已被證實有碰撞的問題存在，不建議使用；相較於 DH / DSS 所使用的 SHA-1，PGP 使用 RSA 會比使用 DH / DSS 的安全度來得低。

---

[1] PGP 的命名，是創辦人受到一間雜貨店店名的啟發，這間雜貨店的店名是："Ralph's Pretty Good Grocery"。

[2] 在被併購前，PGP 也是 GNU GPL 的自由軟體。

表 15.1 為 RSA 與 DH / DSS 的比較表。

表 15.1　RSA 與 DH / DSS 比較表

演算法	RSA	DH/DSS
雜湊函數	MD5 (128-bit)	SHA-1 (160-bit)
金鑰數量	1 組金鑰對	2 組金鑰對
金鑰長度	1024 至 4096-bit	DH 可至 4096-bit DSS 可至 1024-bit
加密速度	快	慢
解密速度	慢	快

參考[5]的結論，在 PGP 所使用的演算法，DH / DSS 安全性較優於 RSA：

❖ RSA 使用 MD5 做數位簽章時的雜湊函數演算法，安全性低於 DH / DSS 的 SHA-1；且 MD5 已有安全上的顧慮。

❖ DH / DSS 有 2 組金鑰對（資料加解密與簽章驗章各用 1 組），而 RSA 只有 1 組金鑰對，一旦金鑰對被破解，RSA 所影響的範圍是資料及數位簽章。

❖ 加解密用的 DH 金鑰，支援多組子金鑰（Sub Key），某子金鑰被破解時，可將其撤銷，改採其他子金鑰。

　而依據[6]的實驗結果，RSA 與 ElGamal（ElGamal 演算法是 DH 的變形）的加解密比較，在加密時 ElGamal 慢了 RSA 約 13.6 倍；但解密時 ElGamal 快了 RSA 約 1.2 倍。但通常加密只需一次，而解密通常不只一次，因此，ElGamal 在資料加解密時效率比 RSA 高。

　但以[7]的結果，使用相同長度的金鑰來做數位簽章時，DSA 為 RSA 的 6 倍；而驗章時，DSA 卻慢了 RSA 達 45 倍的時間。因此，RSA 在處理數位簽章時，效率比 DSA 高。

　綜合以上說明，您必須依自己的需求來評估要使用何種演算法。

15.2 加密及解密

PGP 的加解密原理，與數位信封（Digital Envelope）的概念類似，加密流程如下（圖 15.1）：

1. 由 Alice（傳送方）產生一把 Session Key（IDEA 或 Diffie-Hellman 金鑰），這把金鑰只適用於本次加解密用。

2. 使用剛剛產生的 Session Key 來將訊息（Message）加密，並取得密文（Cipher Text）。

3. 在 Alice 電腦中的 Key Ring 中搜尋 Bob 的公開金鑰，將 Session Key 加密；若沒有 Bob 的公開金鑰，則必須事先向 Bob 取得。

4. 將密文、加密過的 Session Key，連同加密演算法傳送給 Bob。

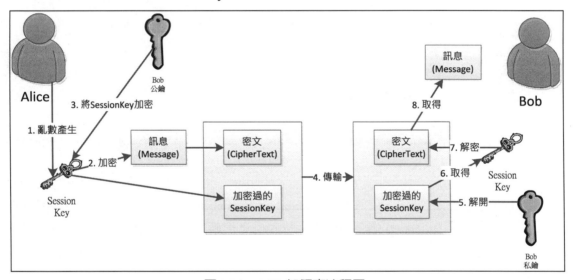

圖 15.1　PGP 加解密流程圖

Bob 收到 Alice 傳送過來的資料後，就可以使用他的私密金鑰來解密，解密流程如下：

1. Bob 使用自己的私密金鑰來取出 Session Key。

2. 使用 Session Key 將密文解密以取得訊息。

15.3　數位簽章

　　PGP 亦可以應用數位簽章，來證明自己的身分，概念與本書第 2 章同，以下僅做簡單介紹（圖 15.2）。

　　若 Alice 為傳送者，要將訊息進行數位簽章，流程如下：

1. Alice 將要傳送的訊息取得訊息摘要（Message Digest）。
2. Alice 使用自己的私密金鑰將訊息摘要加密，並取得數位簽章值。
3. 將數位簽章及訊息傳送給 Bob。

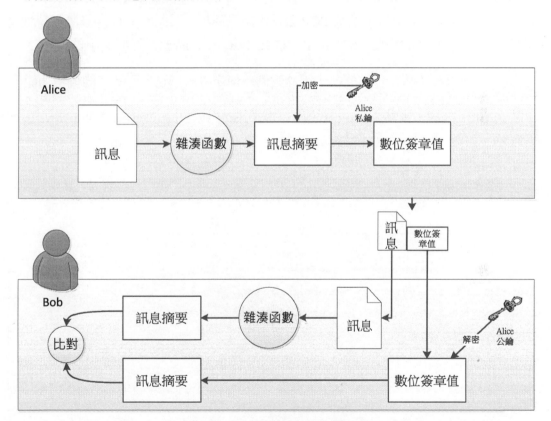

圖 15.2　PGP 之數位簽章流程圖

　　當 Bob 收到訊息及數位簽章後，可以進行以下流程來驗證訊息是否確定為 Alice 所寄，且未受竄改：

1. 將收到的訊息進行雜湊，以取得訊息摘要。

2. Bob 使用自己電腦 Key Ring 中的 Alice 公開金鑰，將收到的數位簽章解密；解密後的值應為訊息摘要；若 Bob 電腦的 Key Ring 中沒有 Alice 的公開金鑰，則必須向 Alice 取得。

3. 將上述兩個訊息摘要進行比對，若兩者不相同，則代表簽章者非 Alice，或訊息在傳遞過程可能被竄改。

15.4　安裝 GPG（GNU Privacy Guard）

　　GPG 是一套符合 OpenPGP 標準的自由軟體，可以用來取代 PGP。由於 Pretty Good Privacy、PGP 及 Good Privacy 都被 PGP 公司申請為商標，因此，GPG 開發團隊特地將專案名稱設定為 PGP 的相反，即 "GPG"（GNU Privacy Guard），好記又不侵權。

　　由於 PGP 已經不再是自由軟體，因此我們將使用 GPG 來展示 PGP 的各項功能。

　　請到 GPG 網站，並點 Download 連結，找到 BINARIES 區塊，點擊 Windows 版本的下載點（如圖 15.3）。GPG 網站：

```
http://www.gnupg.org/
```

BINARIES

Packages for **Debian GNU/Linux** are available at the Debian site .

RPM packages of this software should be available from rpmfind network.

Packages for other **POSIX-like** operating systems might be available at Unix Security .

Packages for **Mac OS X** should be available at Mac GPG .

Sources and precompiled binaries for **RISC OS** are available at Stefan Bellon's home page who ported GnuPG to this platform.

There is also a version compiled for **MS-Windows**. Note that this is a command line version and comes with a graphical installer tool.

· GnuPG 1.4.11 compiled for Microsoft Windows.   B FTP

· Signature and SHA-1 checksum for previous file.   FTP

631b5129f918b7d30247ade8bcc27908951eaea0 gnupg-w32cli-1.4.11.exe

圖 15.3　GPG for Windows 下載點

請執行 GPG 安裝檔，在閱讀版權聲明後，勾選全部的元件。

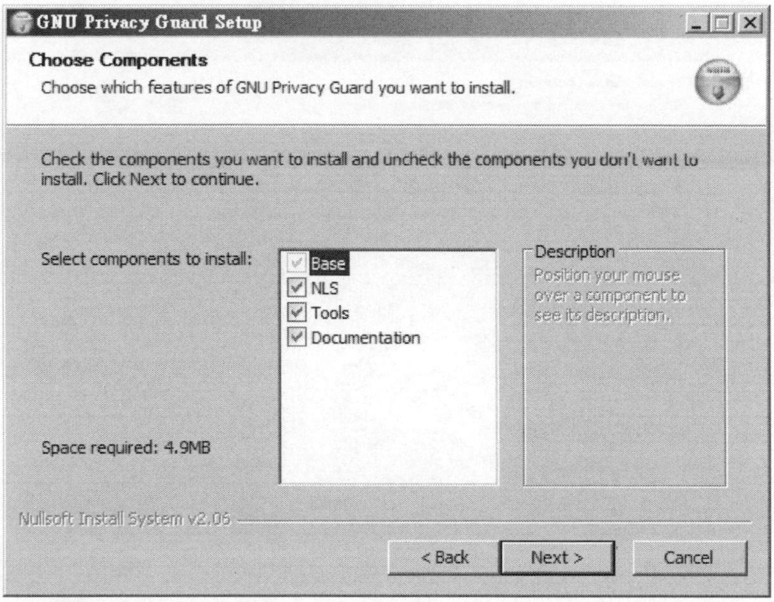

圖 15.4　選取 GPG 安裝元件

接著可以設定 GPG 的語系，請選擇繁體中文語系。

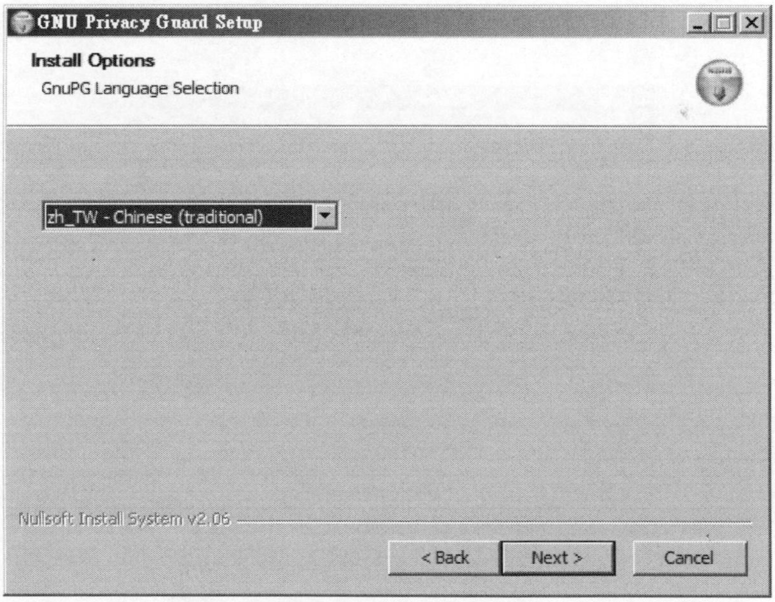

圖 15.5　設定 GPG 語系

請設定 GPG 要安裝在哪個地方（如圖 15.6），建議您將這串路徑複製起來，稍後將會用到。

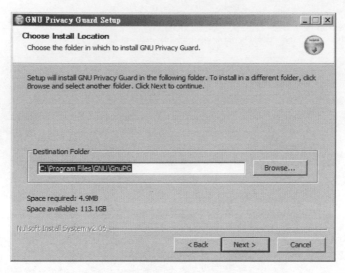

圖 15.6　設定 GPG 安裝路徑

由於 GPG 是一系列的指令，並沒有提供圖形介面讓使用者來操作，而這些指令都放在 GPG 的安裝目錄下，因此，我們必須將 GPG 的安裝目錄設定到 PATH 環境變數中。請在「**我的電腦**」按右鍵，選取「**內容**」，依序進入「**進階系統設定**」／「**進階**」頁籤／「**環境變數**」按鈕，選取圖 15.7 的「**PATH**」變數，並按一下「**編輯**」。

圖 15.7　設定環境變數

請將剛剛圖 15.6 的路徑附加到圖 15.8 的「**變數值**」一欄中，最前面或最後面皆可，請記得用分號（;）將路徑隔開。

圖 15.8　設定 PATH 環境變數

到這裡為止，我們已經可以操作 GPG 了，請直接執行以下指令：

```
gpg --help
```

將會印出可使用的參數及語法，但是在日常生活中，每次收到加密文件，或是要將訊息簽章，就必須自己輸入指令，實在是非常不方便。

因此，接下來的部分，我們將介紹"GPGshell"套件。

15.5　安裝 GPGshell

GPGshell 是一套用來支援 GPG 的圖形化程式，亦是一套免費軟體（Freeware），是介於使用者與 GPG 之間的橋樑，讓使用者能更輕鬆的應用 GPG；因此，要使用 GPGshell，務必先裝妥 GPG，亦必須在 PATH 環境變數中，加入 GPG 的安裝目錄（請見圖 15.7 及圖 15.8）。

請進入 GPGshell 網站：

```
http://www.jumaros.de/rsoft/
```

進入後閱讀簡介，之後從圖 15.9 中的 Download 來下載程式。

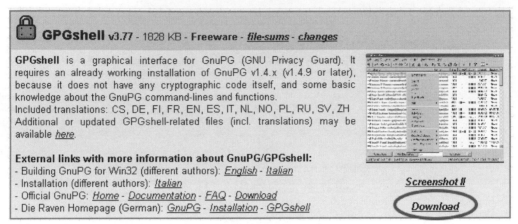

圖 15.9　GPGshell 下載點

您所下載的檔案應該是一個 Zip 壓縮檔，解壓縮後直接執行 GPGshell-Setup.exe 開始安裝。

在閱讀完版權聲明後，來到了圖 15.10 畫面。請挑選要安裝 GPGshell 的位置（依預設值即可，建議不修改）。

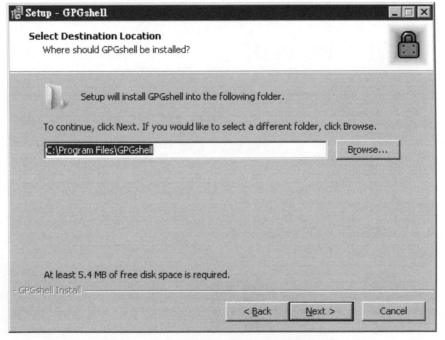

圖 15.10　GPGshell 安裝——安裝位置

接下來，請選擇「**Full installation**」來安裝所有元件。

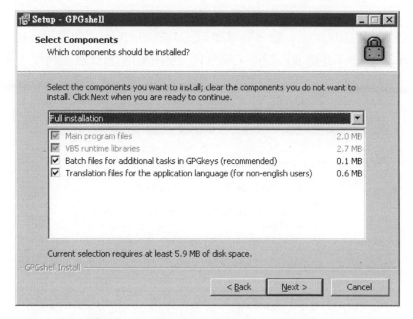

圖 15.11　GPGshell 安裝——安裝元件

請您自行決定是否要在各個地方建立捷徑。按下「**Next**」鍵後，將 GPGshell 安裝到您的電腦。

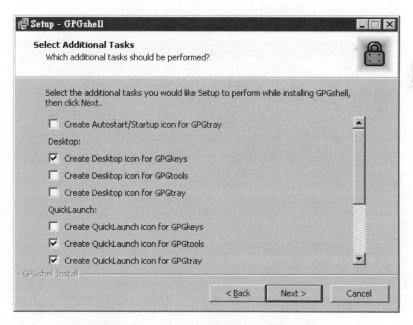

圖 15.12　GPGshell 安裝——其他工作

15.6 產生金鑰

在您安裝完 GPGshell 後,將會要求您指定 GPGshell 的工作目錄(HomeDir),基本資料及金鑰將會儲存在這個目錄下,若您接受圖 15.13 的目錄,請按「是」,否則請按「否」來指定其他位置。

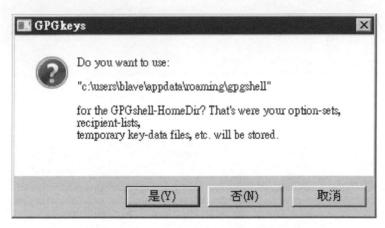

圖 15.13　指定 GPGshell 工作目錄

當您第一次執行 GPGshell,由於工作目錄下並沒有任何金鑰資訊,因此將會提示您是否要建立自己的金鑰(如圖 15.14),請按「是」繼續。

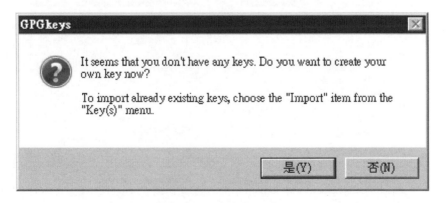

圖 15.14　建立金鑰

在圖 15.15 畫面中,您可以自行選擇金鑰類型(演算法)及長度,並為這組金鑰設定您的個人資訊;最後指定金鑰的有效期限,若不輸入則代表沒有期限。請按下「打造」開始建立金鑰,建立時將會花費一點時間,請不要關閉另外跳出來的視窗。

GPGkeys - Key Generation
金鑰:
類型: DSA
[encrypt]
[sign]
[authenticate]
大小: 1024
子鑰:
類型: ELG-E
[encrypt]
[sign]
[authenticate]
大小: 4096
使用者 ID:
姓名: Blave Huang
備註:
電子郵件: blave.huang@gmail.com
-> Blave Huang <blave.huang@gmail.com>
有效期限:
年份:
月份:
日:
進階選項
預設 (D)
打造
取消 (C)

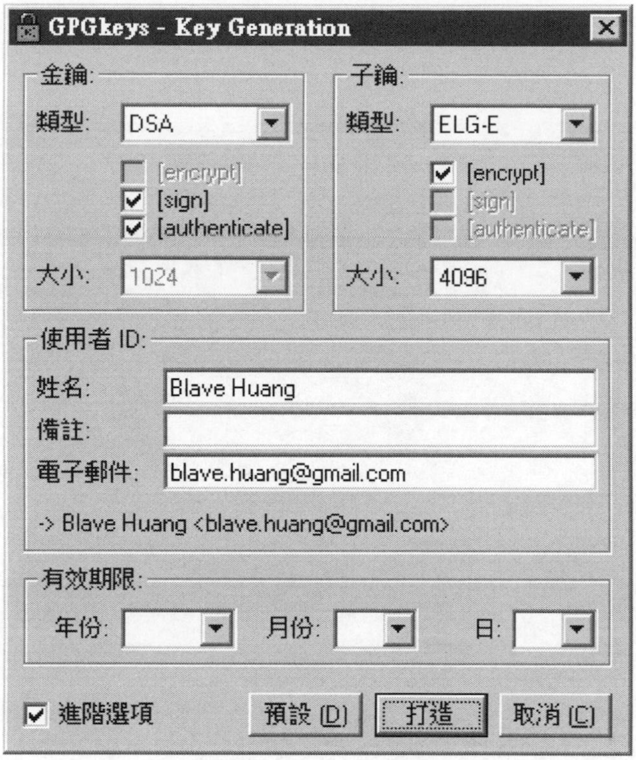

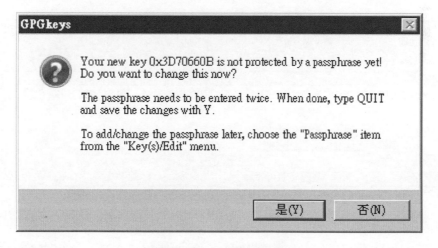

圖 15.15　設定金鑰資訊

當金鑰產生完畢後，金鑰是沒有受到密碼保護的，這時請按下圖 15.16 的「**是**」鍵，來設定通行密碼（passphrase）。也就是當要使用到私密金鑰時，必須輸入這組密碼。

GPGkeys
Your new key 0x3D70660B is not protected by a passphrase yet!
Do you want to change this now?
The passphrase needs to be entered twice. When done, type QUIT and save the changes with Y.
To add/change the passphrase later, choose the "Passphrase" item from the "Key(s)/Edit" menu.
是(Y)
否(N)

圖 15.16　設定通行密碼

接下來將會出現圖 15.17 的畫面,請輸入兩次新密碼(輸入時不會有任何提示字元出現,這是正常的),接著出現"gpg>"時,請輸入"QUIT"(大小寫皆可)離開。

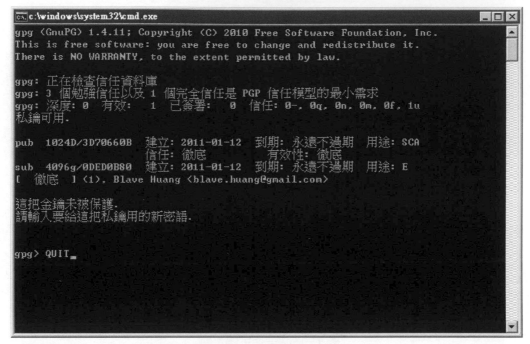

圖 15.17　輸入通行密碼

接著 GPGkeys 程式將會被執行,此時您就可以看到,剛剛產生的金鑰就會出現在視窗當中(如圖 15.18)。

圖 15.18　GPGkeys 主畫面

當您想再建立另一組金鑰時,可從圖 15.18 功能表「**金鑰**」 / 「**新建**」來完成剛剛的動作。

15.7　分享公開金鑰

由於您的朋友想要將資料加密給您時,或是要驗證您的數位簽章,都必須使用您的公開金鑰,因此必須想辦法讓所有人都知道您的公開金鑰。在這裡,我們介紹兩個方法:

15.7.1　直接匯出

在您的金鑰上按下滑鼠右鍵,點選「匯出」(如圖 15.19),並指定要匯出的檔名。請將這把公開金鑰檔,透過各種方法傳送給您的朋友。

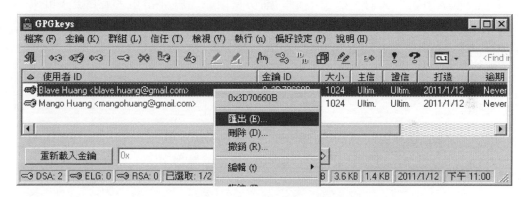

圖 15.19　匯出公開金鑰

當公開金鑰匯出後,將出現圖 15.20 畫面,便可將此檔案分享出去。

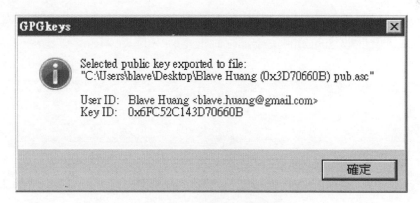

圖 15.20　匯出公開金鑰

匯出完畢後，系統會詢問是否匯出私密金鑰，若要備份私密金鑰，請按「是」來匯出私密金鑰（圖 15.21）。

圖 15.21　匯出私密金鑰

當您的電腦重新安裝時，私密金鑰的備份及復原，就非常重要，因為您的朋友曾經加密給您的資料，必須使用私密金鑰才能開啟；若遺失私密金鑰，恐怕無緣再解密了。因此圖 15.22 的這個檔案必須保存好。

圖 15.22　匯出私密金鑰

當您的朋友接收到您的公開金鑰檔時，請到 GPGkeys 功能表「金鑰」／「匯入」，並指定好檔案，就能收您的公開金鑰儲存到他電腦中的 Key Ring。

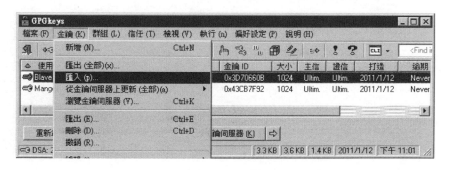

圖 15.23　匯入公開金鑰

15.7.2 傳送至金鑰伺服器

第二個方法一定要透過 Internet，也就是金鑰伺服器。目前 GPG 建立了幾個金鑰伺服器，提供使用者將自己的公開金鑰上傳至金鑰伺服器中，方便朋友們直接從網路上下載公開金鑰，類似 PKI 中 CA 的角色。

請在您的金鑰上按下滑鼠右鍵，點選「**送至金鑰伺服器**」／「**到所有的伺服器**」（圖 15.24）。

圖 15.24　將金鑰送至金鑰伺服器

您的朋友就可以在圖 15.25 下方，輸入您的代號或 Email，再下拉挑選一個金鑰伺服器，按下「**搜尋金鑰伺服器**」按鈕來尋找您的公開金鑰。

圖 15.25　搜尋公開金鑰

接著將會出現所找到的金鑰列表，挑選出最適合的一個，按下該金鑰的代號（數字）後，就可下載這把公開金鑰。

```
Searching for Blave Huang on server hkp://keys.gnupg.net . . .

gpg: 正在搜尋 "Blave Huang" 於 hkp 伺服器 keys.gnupg.net
(1)      Blave Huang <blave.huang@gmail.com>
         1024 bit DSA key 3D70660B, 建立: 2011-01-12
Keys 1-1 of 1 for "Blave Huang". 請輸入數字, N)下一頁, 或 Q)離開 >
```

15.8　GPG 數位簽章及驗證

GPG+GPGshell 是獨立的程式，由於沒有綁定某一套軟體（如 Outlook、Word 等）才能使用，因此您必須將您的訊息交由 GPG 運算，取得簽章或密文後，再透過其他軟體與朋友分享。

首先請開啟「**程式集**」裡的「**GPGshell**」／「**GPGtray**」，這時在電腦右下角將出現🔒圖示。請開啟「**記事本**」（或 Word 等皆可），並將您的訊息輸入「**記事本**」中。

請到右下角的 🔒 圖示上按滑鼠右鍵，點選「**目前的視窗**」／「**簽署**」（如圖 15.26）。

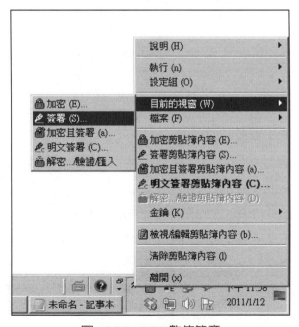

圖 15.26　PGP 數位簽章

這時候將出現圖 15.27 畫面，請您選擇一組用來簽章的金鑰。

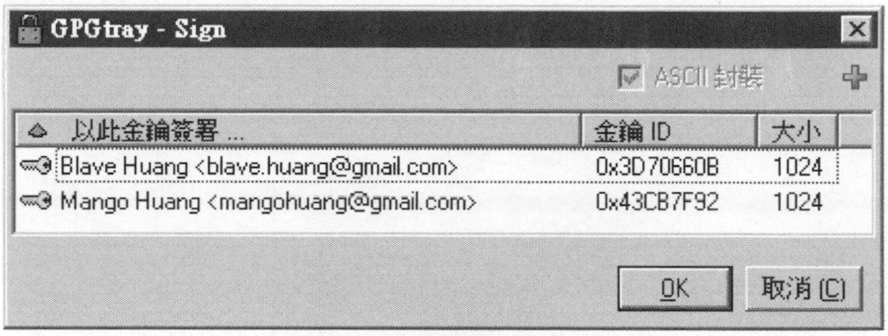

圖 15.27　選擇金鑰

由於這組金鑰預先設定了密碼，因此您必須在圖 15.28 的地方輸入密碼。

圖 15.28　輸入金鑰密碼

接著 GPGshell 就會呼叫 GPG 來將「記事本」裡的訊息進行數位簽章，簽章值就會顯示在原本的視窗中，您就可以將原本的訊息，和圖 15.29 的內容，一併傳送給對方。

圖 15.29　數位簽章

當您的朋友收到訊息及數位簽章後，可以將圖 15.29 的內容複製到剪貼簿（Ctrl+C 鍵），再到畫面右下角的圖示上，按下滑鼠右鍵，點選圖 15.30 中的「**解密... / 驗證 剪貼簿內容**」。前提是您的朋友必須要先取得您的公開金鑰。

圖 15.30　從剪貼簿驗證數位簽章

驗證數位簽章成功後，將會出現圖 15.31 畫面，此畫面為當時數位簽章前的訊息。

圖 15.31　原始數位簽章訊息

圖 15.32 為 GPG 驗證數位簽章的結果，可由這個視窗來判斷驗證結果。

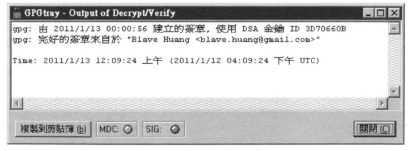

圖 15.32　驗證數位簽章結果

15.9 GPG 加密及解密

除了運用右下角的🔒圖示來將開啟的視窗，或剪貼簿中的資料進行簽章或加解密，也可以直接在某個文件檔上按下滑鼠右鍵，展開「**GPGshell**」，就可以直接將這個檔案進行一些 GPG 操作。

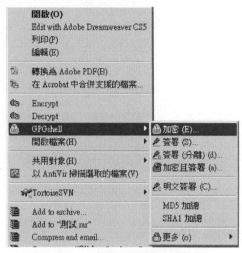

圖 15.33 直接在檔案操作 GPG

請在您要進行加密的檔案上按下滑鼠右鍵，並點圖 15.33 中的「**GPGshell**」/「**加密**」。此時將出現選取金鑰的視窗，請挑選受文者的公鑰（如圖 15.34）。也可以挑選自己的公開金鑰，用來將自己的私密文件加密，當自己想要使用時，再使用自己的私密金鑰解密。

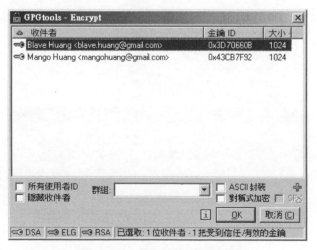

圖 15.34 選取加密公開金鑰

此時 GPGshell 便會呼叫 GPG 將剛剛的檔案加密，並另存成「原檔名 .gpg」；我們直接使用記事本來將「測試 .txt.gpg」開啓，可以發現檔案內容已經全部都是密文了（如圖 15.35），而且是用二進位（Binary）方式儲存。

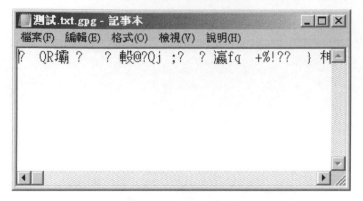

圖 15.35　密文內容

使用這個方式（二進位）較省檔案的儲存空間，但卻無法將檔案內容直接貼到 Email 來傳送給對方，必須要將整個密文檔用附件的方式來傳輸；相較於前一小節，產生出來的簽章或密文，都是經過編碼處理（請見圖 15.39），並沒有亂碼存在，因此可以直接將內容複製到 Email 內容傳送，但是經過編碼的密文（或簽章），儲存空間卻會變大，就如同一個使用 Email 傳送一個 1MB 的文件，必須先經過編碼才能傳送，而編碼之後的容量，卻成長了約 30%，因此實際傳輸時，會變成 1.3MB 左右。

要使用哪種方式來加密（或簽章），就依您的需求來設定。

當對方收到密文後，就可以使用他的私密金鑰來解密。相同的，請在密文檔案上按滑鼠右鍵，點選，「**GPGshell**」 / 「**解密...**」 / 「**驗證**」（圖 15.36）。

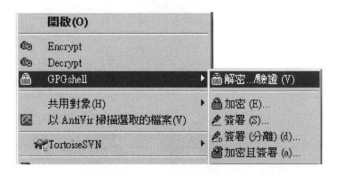

圖 15.36　檔案的解密

接下來請輸入用來保護私密金鑰的密碼（圖 15.37），完成解密後，就能取得原始明文。

```
c:\windows\system32\cmd.exe

你需要用密語來解開下列使用者的
私鑰: "Blave Huang <blave.huang@gmail.com>"
4096 位元長的 ELG-E 金鑰, ID 0DED0B80, 建立於 2011-01-12 〈主要金鑰 I

請輸入密語: _
```

圖 15.37　輸入私密金鑰密碼

習 題

1. PGP 提供資訊安全方面的哪些功能？

2. 說明什麼是 GPG 及 GPGshell？

3. 說明 PGP 加解密流程。

4. 說明 PGP 簽章及驗證流程。

5. 試比較 RSA 與 DH／DSS 的安全性。

6. 試比較 RSA 與 DH／DSS 的效率。

7. 為什麼在做數位簽章時要做雜湊？

8. 為什麼必須想辦法讓其他人知道您的公開金鑰？

9. 如何利用 GPG 簽署一份文件？

10. 如何利用 GPG 將一份文件加密？

參考文獻

[1]　PGP: https://zh.wikipedia.org/wiki/PGP

[2]　PGP Corporation and Symantec to Deliver Integrated Email Security Solution for the Enterprise
https://www.symantec.com/about/newsroom/press-releases/2004/symantec_0414_01

[3]　The GNU Privacy Guard（GPG 網站）：http://www.gnupg.org/

[4]　OpenPGP Message Format (RFC 4880): http://tools.ietf.org/html/rfc4880

[5]　Sam Simpson, "PGP DH vs RSA FAQ", http://www.scramdisk.clara.net/pgpfaq.html

[6]　GPGShell: http://jedi.org/blog/archives/003784.html

[7]　GNU Privacy Guard: https://en.wikipedia.org/wiki/GNU_Privacy_Guard

附錄 **A**

物件識別元（OID）

A.1　什麼是物件識別元

　　物件識別元英文全名為 Object Identifiers（縮寫為 OID）。OID 格式是由 ITU-U 的 X.208（ASN.1）所提出的定義，是由小數點「.」將十進位數字隔開，例如：「1.3.6.1」便是 Internet 的 OID。而 OID 是具有階層式的架構，與 DNS 不同的是，DNS 的根（root）是在最右邊；而 OID 則與 DNS 相反，如上例，Internet 的 OID 是「1.3.6.1」，屬於 Internet 之下的 Internet Mail 便是「1.3.6.1.7」。圖 A.1 為 X.509 所在的位置，其路徑由目錄服務（Directory Services）開始，接著是模組（Module）、識別框架（Authentication Framework），因此 X.509 的 OID 為「2.5.1.7.3」。

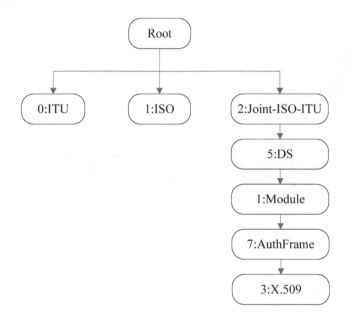

圖 A.1　OID 架構圖

　　然而，為什麼必須使用 OID？使用 OID 主要目的是讓各項資訊在 Internet 的傳遞更加方便，因此應用於網路中的各種「物件」（Object）皆必須有一個唯一的識別元（Identifier），物件的範圍相當地廣泛，從國家、單位、機構、公司、產品、標準，一直到協定，都可以有一個 OID。

　　而目前網路上有哪些 OID 存在呢？您可至下列這個網站查詢：

❖ Alvestrand Data –http://www.alvestrand.no/

❖ Object Identifiers –http://www.alvestrand.no/objectid

除了查詢全球 OID 之外，如果有需要，亦可註冊一個 OID。

A.2 物件識別元的應用

A.2.1 我國 OID

我國 OID 是列於「2.16.886」項下[1]，由中華電信及工研院電通所分別領用「2.16.886.1」及「2.16.886.2」。而廣為使用的是 GOID（Government OID），囊括了我國各平台、組織及團體的 OID，GOID 所管理的範圍如圖 A.2。

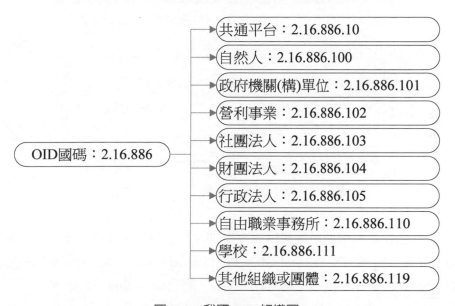

OID國碼：2.16.886

共通平台：2.16.886.10
自然人：2.16.886.100
政府機關(構)單位：2.16.886.101
營利事業：2.16.886.102
社團法人：2.16.886.103
財團法人：2.16.886.104
行政法人：2.16.886.105
自由職業事務所：2.16.886.110
學校：2.16.886.111
其他組織或團體：2.16.886.119

圖 A.2 我國 OID 組織圖

您可至 OID 物件識別碼中心網站（http://oid.nat.gov.tw/）查詢我國的 OID 狀態。以 GCA（Government Certificate Authority）為例，我國政府、組織、學校及團體等，皆可向 GCA 申請電子憑證，因此申請時您必須先提供申請者的 OID，GCA 才會以此 OID 進行驗證。有關向 GCA 申請憑證，您可至 http://gca.nat.gov.tw/ 參考相關辦法。

---

[1]中華電信在建置我國政府憑證中心時，便以台灣的電信組織國碼 886 註冊一個 OID。

A.2.2　X.509 第三版所使用的 OID

　　1996 年所發布的 X.509 第三版，新增了一個擴充欄位，乃是爲了提供未來可能出現的新規範或應用程式原則而設置。因此，若您所要發出去的電子憑證，希望能提供使用者利用他的憑證進行新的應用程式原則，就必須將這個新的規定填入到擴充欄位之中，而這些規定就是以 OID 的方式填入。以微軟爲例，Microsoft CA Server 能提供管理者直接將 OID 設定在憑證範本之中（第 9 章會另外介紹 Microsoft CA Server，包含憑證範本），圖 A.3 爲新增應用程式原則，您可輸入一組名稱及物件識別元（OID）。

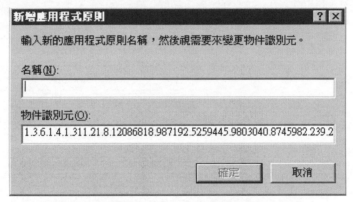

圖 A.3　微軟 CA Server 新增應用程式原則

　　表 A.1 爲微軟最廣爲使用的應用程式原則及其對應的 OID，微軟應用在密碼領域的 OID，您可參閱 "Object IDs associated with Microsoft cryptography"（http://support.microsoft.com/kb/287547/en-us），將有最詳盡的列表。

表 A.1　微軟應用程式原則及 OID 對應

應用程式原則	OID
用戶端驗證	1.3.6.1.5.5.7.3.2
CA 加密憑證	1.3.6.1.4.1.311.21.5
智慧卡登入	1.3.6.1.4.1.311.20.2.2
文件簽署	1.3.6.1.4.1.311.10.3.12
檔案修復	1.3.6.1.4.1.311.10.3.4.1
金鑰修復	1.3.6.1.4.1.311.10.3.11

表 A.1　微軟應用程式原則及 OID 對應(續)

應用程式原則	OID
Microsoft 信任清單簽署	1.3.6.1.4.1.311.10.3.1
合格的分類	1.3.6.1.4.1.311.10.3.10
根清單簽署者	1.3.6.1.4.1.311.10.3.9

表 A.2 為目前憑證之增強金鑰使用方式（Enhanced Key Usage）及其 OID 對應。

表 A.2　常用的增強金鑰使用方式及 OID 對應表

金鑰使用方式	OID
Server Authentication	1.3.6.1.5.5.7.3.1
Client Authentication	1.3.6.1.5.5.7.3.2
Code Signing	1.3.6.1.5.5.7.3.3
Email	1.3.6.1.5.5.7.3.4
IPSec End system	1.3.6.1.5.5.7.3.5
IPSec Tunnel	1.3.6.1.5.5.7.3.6
IPSec User	1.3.6.1.5.5.7.3.7
Timestamping	1.3.6.1.5.5.7.3.8

附錄 **B**

SSH 遠端連線工具

SSH 全名為 Secure SHell，用於取代 Telnet 及 FTP，以改善其安全性。使用 SSH 連線能將雙方傳輸的資料加密，所使用的加密演算法為 RSA 或 DSA，因此，伺服器於安裝完 SSH 軟體後，必須先產生伺服器的金鑰對；每當客戶端要求連線時，伺服器將會提供公開金鑰給客戶端，並完成金鑰交換程序，因此能達到機密性。時下知名的 Unix-based 作業系統，已經全部支援 SSH。

一般而言，使用 SSH 連線還是必須提供使用者帳號（ID）及密碼才能識別身分。本附錄將介紹如何不必提供帳號及密碼便能登入到伺服器。首先，必須在客戶端產生金鑰對，並將使用者的公開金鑰放置於伺服器特定的地方，當使用者要求登入到伺服器時，同時使用他自己的私密金鑰，經比對成功後則允許其登入。

B.1 PuTTY

PuTTY 為目前最為廣用的 SSH 連線工具，您可自行至下列網站下載最新版的 PuTTY（PuTTY：a free SSH and Telnet client）：

http://www.chiark.greenend.org.uk/~sgtatham/putty/

首先請您先至上列網站下載 PuTTY 及 PuTTYgen，並執行 PuTTYgen（如圖 B.1）。

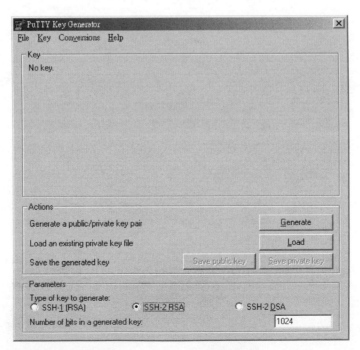

圖 B.1　PuTTY 金鑰產生器

接著選擇您所希望產生的金鑰長度、SSH 版本及加密演算法（如圖 B.1 最下面），設定完成後按下「Generate」鍵產生金鑰，產生金鑰同時，請使用滑鼠在空白地方隨意亂移動，將電腦亂數打亂（如圖 B.2 所示）。

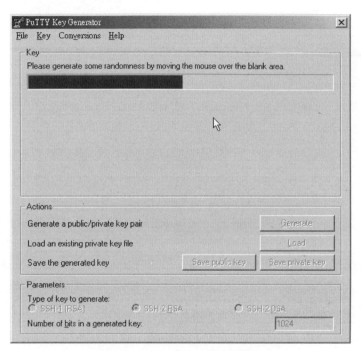

圖 B.2　PuTTYgen 產生金鑰

圖 B.3 為金鑰產生後的畫面，最上面的一長串為您的公開金鑰，請您先將這一大串的公開金鑰複製起來，接著登入到伺服器中，將公開金鑰輸入於**~/.ssh/authorized_keys**[1]之中後存檔[2]，存檔後便能登出伺服器。

處理完公開金鑰後，我們接著將私密金鑰儲存起來，請按「Save private key」鍵，將私密金鑰儲存在您的電腦中，並將此檔案嚴加管理，避免遭受他人竊取。

---

[1]「~/」就是您的家目錄。若沒有.ssh 這個目錄或 authorized_keys 這個檔案，請自行建立即可。另外，公開金鑰請貼成一行，不可斷行。

[2]PuTTYgen 產生的公開金鑰，開頭「ssh-rsa」之後是一個斷行的符號，您必須先將這個符號刪除，再按一下空白鍵後存檔，才不會誤判。

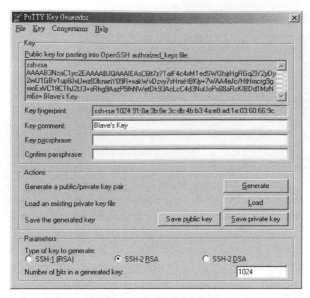

圖 B.3　金鑰產生完畢

　　將公開金鑰及私密金鑰分別處理完畢後，請開啓 PuTTY，將您所要連入的伺服器 IP（或網址）及 Port 加以設定，並在「Connection / Data」中設定好自動登入的帳號（如圖 B.4 所示）；完成後，在「Connection / Data / Auth」中指定剛剛產生的私密金鑰檔。完成上述設定後，即可使用金鑰方式登入伺服器，伺服器不會要求您輸入密碼[3]。

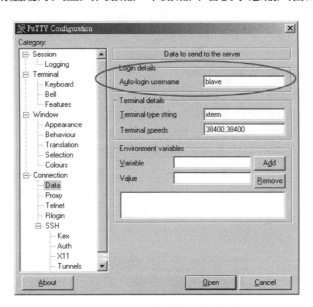

圖 B.4　設定自動登入的帳號

---

[3]當然，若是您的金鑰設定了通行碼（圖 B.3 的「Key passphrase」），在使用私密金鑰時，您還是必須輸入這組通行碼才能開啓私密金鑰。

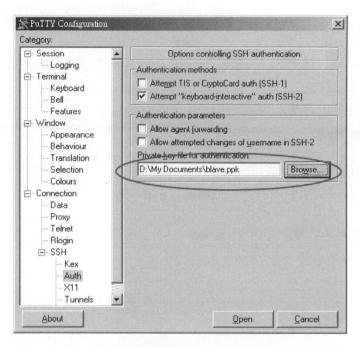

圖 B.5　設定私密金鑰來源檔

B.2　OpenSSH Client

目前幾乎所有的 Unix-based 作業系統都已預先安裝好 OpenSSH，本小節將介紹如何使用 OpenSSH 產生金鑰對，並使用公開金鑰登入對方主機。

首先我們產生一組金鑰對：

```
# ssh-keygen -t rsa -b 1024
Generating public/private rsa key pair.
Enter file in which to save the key (/root/.ssh/id_rsa): [Enter]
Enter passphrase (empty for no passphrase): [Enter]
Enter same passphrase again: [Enter]
Your identification has been saved in /root/.ssh/id_rsa.
Your public key has been saved in /root/.ssh/id_rsa.pub.
The key fingerprint is:
e4:10:8a:41:8a:a9:41:03:b3:c4:c2:9c:35:ba:da:d8 root@blave.net.tw
```

使用參數「-t」可指定使用的公開金鑰加密演算法，可供選擇的有 SSH v1 的「rsa1」，及 SSH v2 的「rsa」和「dsa」三種。使用參數「-b」指定所要產生的金鑰長度。產生金鑰後將會詢問您金鑰所要儲存的地方，直接按下「Enter」鍵將會在~/.ssh/目錄下產生公開金鑰及私密金鑰，分別為~/.ssh/id_rsa.pub 及~/.ssh/id_rsa。緊接著您必須輸入一組通行密碼，當 SSH 存取私密金鑰時，必須輸入這組通行密碼才能繼續執行，在此範例中，我們保留空白並直接按下「Enter」[4]。

　　接著請您將剛產生的公開金鑰（~/.ssh/id_rsa.pub）複製成您所要遙控主機的~/.ssh/authorized_keys[5]，如此即可使用本機的私密金鑰來登入遠端的主機：

```
# ssh [遠端主機IP或網址]
Last login: Mon Jul 31 21:56:44 2006 from 1.2.3.4
```

---

[4]若不輸入通行密碼，遠端登入對方主機時將不會詢問通行密碼；相反地，若有輸入通行密碼，在登入對方主機時則必須輸入這組通行密碼才能存取自己的私密金鑰。

[5]若是有兩個公開金鑰同時要放在~/.ssh/authorized_keys，請將這些公開金鑰分別放在每一行即可，但一個公開金鑰必須在同一行，否則將會無法辨識。

附錄 **C**

辨識名稱 **(Distinguished Name)**

Distinguished Name（辨識名稱，以下簡稱為 DN）是一個用來標示出使用者、機器、設備、系統或組織的一串文字；DN 是在 LDAP（如 Windows Active Directory）環境下使用，因為 LDAP 是階層式的架構，所以能完美的用來標示階層中的各個節點；就像是一個網址：www.abc.com，www 屬於 abc.com；而 abc 則屬於 com。然而，DN 卻可為各個節點提供更多的資訊標記。

　　表 C.1 為 DN 的欄位、名稱、說明。

表 C.1　為 DN 表示法

欄位	名稱	說明
CN	Common Name	用來標示一個節點（使用者或設備）如：CN=Alice
O	Organization	組織名稱，如：O= Tunghai University
OU	Organization Unit	組織內的單位名稱，如： OU= Department of Computer Science
L	Locality	地理位置，可以是縣、市、鄉等，如：L= Taichung
ST	State or Province name	州或省名，如：ST=Taiwan
C	Country	國家名稱，如：C=ROC
DC	Domain Component	標示網域，如：有一個節點的網域名稱（Domain Name）為 www.abc.com，表示法為： DC=www, DC=abc, DC=com
E	Email Address	用來標示節點所使用的 Email Address，如： E=alice@abc.com

國家圖書館出版品預行編目資料

數位憑證技術與應用 / 林祝興, 黃志雄編著. --
二版. -- 新北市：全華圖書, 2018.12
    面 ；   公分
    ISBN 978-986-463-995-3 (平裝)

    1.資訊安全

312.76   107020852

數位憑證技術與應用

作者 / 林祝興・黃志雄

執行編輯 / 李慧茹

發行人 / 陳本源

出版者 / 全華圖書股份有限公司

郵政帳號 / 0100836-1 號

印刷者 / 宏懋打字印刷股份有限公司

圖書編號 / 0616101

二版二刷 / 2024 年 09 月

定價 / 新台幣 480 元

ISBN / 978-986-463-995-3

全華圖書 / www.chwa.com.tw

全華網路書店 Open Tech / www.opentech.com.tw

若您對書籍內容、排版印刷有任何問題，歡迎來信指導 book@chwa.com.tw

臺北總公司(北區營業處)
地址：23671 新北市土城區忠義路 21 號
電話：(02) 2262-5666
傳真：(02) 6637-3695、6637-3696

中區營業處
地址：40256 臺中市南區樹義一巷 26 號
電話：(04) 2261-8485
傳真：(04) 3600-9806

南區營業處
地址：80769 高雄市三民區應安街 12 號
電話：(07) 381-1377
傳真：(07) 862-5562